狭义相对论入门

叶壬癸 编著

厦门大学出版社
XIAMEN UNIVERSITY PRESS
国家一级出版社
全国百佳图书出版单位

图书在版编目（CIP）数据

狭义相对论入门 / 叶壬癸编著. -- 厦门：厦门大学出版社，1988.10（2023.3 重印）

ISBN 978-7-5615-0124-5

Ⅰ. ①狭… Ⅱ. ①叶… Ⅲ. ①狭义相对论 Ⅳ. ①O412.1

中国版本图书馆CIP数据核字(2023)第052198号

出 版 人	郑文礼
责任编辑	蒋东明　李峰伟
美术编辑	李嘉彬
技术编辑	许克华

出版发行	*厦门大学出版社*
社　　址	厦门市软件园二期望海路 39 号
邮政编码	361008
总　　机	0592-2181111　0592-2181406(传真)
营销中心	0592-2184458　0592-2181365
网　　址	http://www.xmupress.com
邮　　箱	xmup@xmupress.com
印　　刷	厦门兴立通印刷设计有限公司

开本	720 mm×1 020 mm　1/16
印张	17.25
字数	292 千字
版次	1988 年 10 月第 1 版
印次	2023 年 3 月第 2 次印刷
定价	59.00 元

本书如有印装质量问题请直接寄承印厂调换

内容简介

　　本书以高中的数学和物理知识为基础,用比较轻松的笔调介绍狭义相对论。与一般狭义相对论书籍相比,本书在次序安排或具体问题的讨论方式上都有明显特色,目的是使它尽可能适于自学。

　　本书可作为大学"狭义相对论"课程的教材,也适合于中学物理教师以及有志于自学相对论的读者作为 自学教材。

说　明

　　本书的主要内容是在"文革"期间既不能看参考书,也不能写书的条件下构思的,后来才形成文字。最初是希望给大量刚刚下乡的高中毕业生有一本可进行"脑力体操"的书(至于这书能否出版则不在考虑之中),让他(她)们在乡下锻炼几年之后如有机会上大学,学习数学与物理的能力不至于荒废太多。20世纪70年代以来,书稿内容几经修改并数次油印成讲义,在厦门大学(物理系及其他系)和少数兄弟院校作为狭义相对论教材,已用过10轮,同学们普遍反映它的确很适于自学。

　　本书内容安排次序及对具体问题的讨论方式都有明显特色,目的是使它更适于自学。其中有相当一部分内容(约20%)是其他书中从未曾讨论过的,不少是属于似是而非或似非而是的问题。可以相信,弄清楚这类问题不但有趣而且有助于正确理解相对论。书中要求读者具备的背景知识不超过高中范围。虽然在全书快结束时有个别加 * 号的地方牵涉到某些大学课程的内容,但这些地方可以跳过不读而不影响全局。事实上,正确理解狭义相对论的基本内容并无须多少高深的数学与物理知识,决定需要的只是有兴趣,肯动脑筋。

　　书中从1到24是连贯一气的,只有一些附录及10除外,25以后各内容则彼此相对独立(只有29与30依赖于28,要先学28),读者完全可以根据需要与兴趣颠倒次序来学习。

1

　　全书最后附录中为爱因斯坦 1905 年发表的两篇狭义相对论论文的中文译文。翻译并附录这两篇文章是由于它们在科学史上非常重要,而一般读者又不易读到,并且也作为本书正文中只字未提爱因斯坦的一种补偿。在写本书初稿的历史条件下,提起这位伟大学者的名字可能会惹来某些麻烦,虽然在 5 中有几句话提到爱因斯坦,那是在出版前修改时添上去的。

　　希望这本入门书能给有志学习(特别是自学)相对论的读者带来方便与乐趣。同时也希望它会有益于学哲学的年轻同志正确理解科学的时空观。

作者
1988 年 5 月 26 日

目　录

1 测量光速

历史上第一位试图测量光速的人,应首推伽利略。生活于 16—17 世纪的伽利略,曾打算测量光的速度。他让两个人 A 与 B 分别位于可相望的山头,每人都带着一盏有"快门"的灯。A 先把灯的快门打开,B 看见 A 的灯光后,立刻打开自己的灯,让 A 记下从自己开灯到见到 B 的灯光所经历的时间 t。设两个山头的距离为 l,则 t 就是光来回走了 $2l$ 路程所需时间,因此光速 c 为

$$c = \frac{2l}{t}。$$

用这种方法测量光速,在原理方面是正确的,但是由于光的速度太大了,人的手及眼睛的反应太迟钝,要靠人的感官的反应来测量光在两个山头来回所需的时间 t,是办不到的。现在已知道,光速大约为每秒 30 万千米,就算两个山头相距 15 千米,$2l$ 为 30 千米,光走过 30 千米路程只需 0.0001 秒;而人手对事物的反应,一般需要 0.1 秒的时间,要想用人手的动作来测量万分之一秒的时间是不行的。因此,伽利略的实验未能成功,没有结果。

要是有两个山头既可以相望又相距极远,并且有很强的光源,事情就好办了。可是地球上无法找到距离很远又可以相望的两个山头,两个像珠穆朗玛峰那样高的山头,即使周围都是海洋,也只能在 700 千米距离内可以相望。这样的距离,按照伽利略所采用的方法来测量光速,仍然没有希望。因为光在 700 千米距离内来回跑一趟,只不过约需 0.005 秒,凭人的感官仍然无法测出这样短的时间。看来,要找很长的距离,只能在天上想办法。

太阳距地球 1.5×10^8 千米,即一亿五千万千米,太阳本身就是很强的光源,在一亿五千万千米外,看起来还是那样耀眼,真是距离又远又可以相望。可惜的是,太阳不能作为测量光速用的光信号源,因为没人给太阳安上一个"快门",让它按时发出光信号。不过别担心,我们下面将介绍,天空中

有够强的按时发出光信号的光源存在,天体间的距离也足够遥远,人类正是从天文观测第一次突破光速测量关的。

为了更容易理解天文观测如何突破光速测量关,让我们先来看一个测量声音速度的例子。

如图 1.1 所示,设某寺庙有大钟 S,每逢过旧历年(春节)时都要在半夜里撞 108 下。为了讨论方便,设钟声很准确每 5 秒响 1 次,并且让我们把习惯上叫第 1 响的钟声改为第 0 响(严格说来,在很多场合,计数应从 0 开始比较合理,比如年龄的计算)。某人听到第 0 响钟声时,看一下表是 t_0 时刻,这时他开始从所在的 A 点漫步回家并耐心地计数钟声。当听到第 100 响时,他到达途中 B 点,但此时手表所指示的时刻并非 $t_0 + 500$ 秒,而是 $t_0 + 502$ 秒,这位某人立即明白,这第 100 响钟声迟到 2 秒是由它比第 0 响多走了一段路程所致。如果设他知道 $SB - SA = 700$ 米,这 700 米就是第 100 响钟声比第 0 响多走的路程,因而他就可以算出,声音速度是

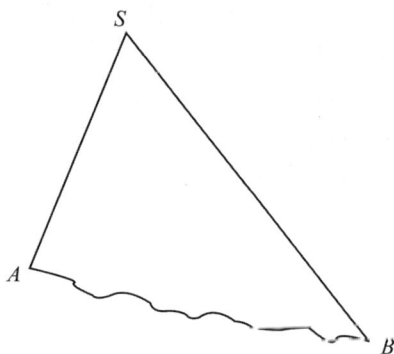

$$V = 700 \text{米}/2 \text{秒}$$
$$= 350 \text{米}/\text{秒}。$$

图 1.1

在 300 多年前(1676 年),人们就利用和上述测量声速类似的方法,第一次定出光的速度。你自然会问,光信号源在哪里?谁相当于漫步的人?回答是,木星的卫星定期进入木星的影子里发生的木卫食,就是一种光信号源(木星的卫星按时变暗),类似于大钟按时发出钟声信号;地球相当于漫步的人,以每秒 30 千米的速度在轨道上漫游,绕太阳公转。现在已知木星有 20 个左右的卫星,其中有 4 个比较亮,1610 年 1 月 7 日晚伽利略用望远镜第一次指向木星时就发现了这 4 个卫星。这 4 个当中最靠近木星的一个不到两天就会进入木星的影子里一次,发生木卫食,就和月亮进入地球的影子里发生月食一样道理,只不过月食比较不常见。我们设图 1.2 中地球在 E 处时,木星在 J 处,木卫在 M 处发生食,设这次食为第 0 次食,当地球沿轨道"漫步"到 E' 时,木卫发生第 k 次食。设此时木星在 J' 处,木星在 M' 处。人们从长期观测已知木卫平均每经过时间 T(=42 小时 28 分 16 秒)就发

生一次食,可是人们发现上述的第 k 次食并不发生于 0 次食之后再过 kT 的时刻,而是发生于比 kT 还晚一些的 $kT+t$ 时刻。可见,第 k 次食额外推迟的时间 t 就是光走过图中 $M'E'-ME$ 这段距离所需的时间,因为第 k 次食的信号比 0 次食的要多走 $M'E'-ME$ 这一段路程才能到达地球。所以光速 c 为

$$c=\frac{M'E'-ME}{t}。$$

在这个式子中,$M'E'$ 与 ME 可以由天文上的知识求得,因为地球与木星绕太阳公转的规律及木卫绕木星公转的规律早已知道。1676 年就是利用上面所说的方法,求得光速 $c=214300$ 千米/秒。这个数字从现在看来是很不准确的,但在当时能够令人信服地求出光速达每秒几十万千米,已经是很了不起的了。

今日的科学技术,与 300 多年前相比,是大大进步了。现在已经能够很准确地测量光在两三米距离内来回一趟所需的时间。近十几年来激光技术与电子技术的发展,更使光速的测量达到了极高的精度,已成为目前世界上最精密的测量之一。根据最新测量,光速的数值为

$$c=299792458 \text{ 米/秒}。$$

或　　　　$c=299792.458$ 千米/秒。

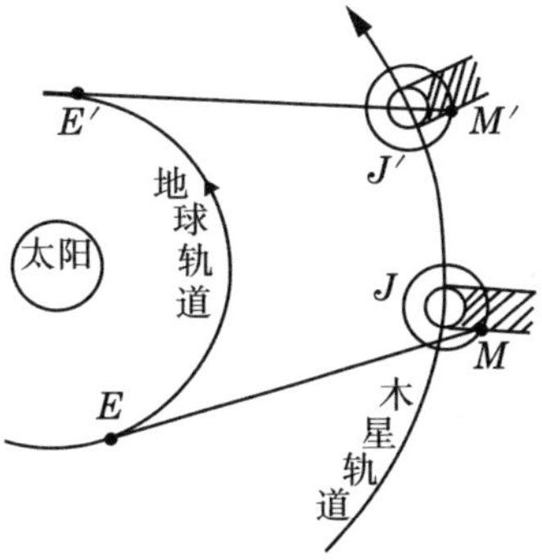

图 1.2

这就是我们这一部分的结论。这里我们要着重说明,在本书中,所有"光速"这个词,如果没有特别声明,都指真空中的光速,并且将专门用小写字母 c 表示这个速度。

2 光速与光源的运动速度有关吗？与光的颜色有关吗？

我们在 1 中最后给出的光速数值，并没有说明是什么样的光的速度，既没有说明光是从什么样的光源发出的，也没有说明光源是静止的或是运动着的。看来我们可能有疏忽之处，因为光速可能与光源的运动有关，也可能与光的颜色有关。如果真是这样，我们讲光速而没有具体说明是什么光的光速，这就不对了。

大家知道，子弹的速度和发射子弹的源（枪）的运动速度有关。从疾驰的汽车上向前方射出的步枪子弹，其相对于地球的速度为子弹出枪口的速度与汽车的速度之和，子弹的速度受到子弹发射源运动的影响。光速是否也有这个性质？光速是否与光源的运动速度有关？这个问题，我们没有先验的理由可以回答。回答这样的问题，还得依靠实验。由于光速非常大，这个实验很难做。你让光源以每秒 1 千米的速度运动，如果光速的确受光源运动的影响，每秒 30 万千米的光速最多也只变化每秒 1 千米而已。要测量这样微小的速度变化（30 万分之一），就像在体重秤上要测出由于呼吸一次对你的体重所产生的影响一样的困难。虽然如此，由于科学技术的不断发展，目前做这类实验还是有可能的。不过在几十年前，要想直接测量光源的运动对光速的可能影响，是办不到的，但是人们早在几十年前，就已经从一些间接的现象，论断光速不受光源运动的影响。我们这里介绍一个可能是最易懂的例子，这就是对双星的观察现象进行分析，使人信服地论证了光速与光源的运动速度无关。

所谓双星，指的是彼此间相距不太远，相互间引力明显发生作用的两个恒星。大家知道，太阳就是一个恒星，但太阳不是双星。不要因为太阳不是双星就认为双星在宇宙间很少见。事实上，两颗恒星互相接近构成双星系统的很常见。根据力学知识可知，这样两个恒星构成的双星系统，在万有引力支配下,都会绕着共同的质量中心做椭圆轨道运动,就如地球绕太阳做椭圆轨道运动一样,因为都是受万有引力支配的。只不过地球和太阳构成的系统,由于太阳的质量远大于地球,二者的共同质量中心在太阳上面,因此地球只好绕太阳转。双星的这种轨道运动,在天文学上早就知道了,不是什么新鲜事。问题是光速是否受光源运动的影响,可以从双星运动的观测,得到令人信服的结论。

设图 2.1 中 A、B 为双星,为了方便起见,设 A 质量远大于 B,因而这个系统的运动可以简单地看成是 B 星绕 A 星轨道运动。

A 自身的轨道运动可以忽略,因为质量中心就在 A 附近。也为了方便起见,我们更设 B 绕 A 的运动轨道为圆形,并且这轨道平面扩展后通过地球或差不多通过地球。这些假设都不影响我们所讨论问题的本质,只是使讨论方便而已。

当 B 在图中 p_1 位置时,其运动速度是在远离地球,如果光速受光源运动影响的话,在 p_1 处的星光应以比较慢的速度射向地球。设这个双星系统距离地球为 l,B 星在轨道上的运动速度

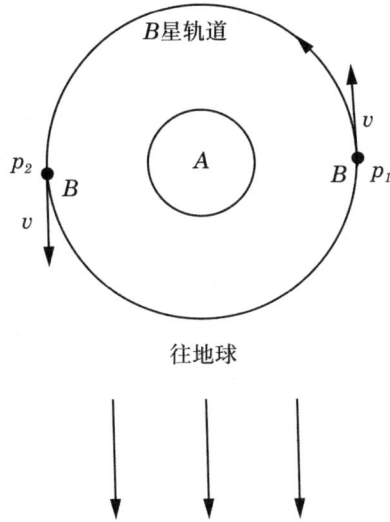

图 2.1

为 v,平常的光速为 c,则 B 在 p_1 处所发的光到达地球需时间 $l/(c-v)$,当 B 跑到 p_2 处时,由于在该处 B 星的速度是在接近地球,B 星所发的光从 p_2 到达地球只需时间 $l/(c+v)$。这两个时间之差为

$$\Delta t = \frac{l}{c-v} - \frac{l}{c+v} = \frac{2lv}{c^2-v^2}。$$

从天文学上可知,恒星距离地球极其遥远,l 很大,因此即使 v 不很大,Δt 也很可观。比方说,设 l 为 50 光年(光年是天文学上常用来表示距离的一种单位,1 光年就是光在 1 年中所走过的距离,约等于 10 万亿千米),v 为 30 千米/秒,也就是 $v=0.0001c$,则

$$\Delta t \simeq \frac{2\times 50 \text{ 年} \times c \times 0.0001c}{c^2}$$

$$= 0.01 \text{ 年}$$

$$\simeq 3.6 \text{ 天}。$$

（我们在计算这些数字时，从分母中略去了 v^2，因为 v^2 比 c^2 小得太多了。）

　　就是说，由于双星距地球极其遥远，如果光速受光源运动影响的话，只要 $l = 50$ 光年，$v = 30$ 千米/秒，就足够使得由 p_2 到地球的光比由 p_1 的少花 3.6 天的时间。如果 B 星绕 A 星的周期恰为 7.2 天的话，B 星在 p_1 处发出的光就会与半周期后从 p_2 发出的光同时到达地球，这就出现了这样的怪现象，在地球上将看到 B 星同时既在 p_1 又在 p_2。总之，由上面的分析可知，如果光速受光源运动速度影响的话，l、v 越大，B 星在轨道上不同位置发出的光到达地球所需时间就更会千差万别，我们观测 B 星的运动就会受到更大的歪曲，根本不可能看到 B 星会在轨道上老老实实按部就班地照力学规律运动。观测到的事实是怎样的呢？事实是，很多的双星距地球大于 50 光年，v 也大于 30 千米/秒，周期比 7.2 天还短的也有，可是从来没有看到类似上面所说的由于光速受光源运动的影响而引起的怪现象，看到的总是每个星皆顺序连续通过轨道上的所有点，绝不出现 B 星既在 p_1 又在 p_2 或诸如此类的怪事。因此，人们得出结论，光速不受光源运动速度的影响。

　　好吧，光速与光源运动速度无关，双星的分析很有说服力，难道光速与光的颜色也无关吗？要知道，不管是在水中还是在玻璃中，红光都比绿光跑得快，难道在真空中光速就与光的颜色无关吗？要回答这个问题，仍然可以请双星帮忙。

　　为了讨论方便，我们设某双星系统中 A 星体积大而且很暗，B 星比较小但很亮。这样的假设并不影响我们所讨论问题的本质，只是使得讨论更形象化些而已。

　　当图 2.2 中 B 星跑到 Ⅰ 处时，开始被 A 星遮住；跑到 Ⅱ 处时，B 星又开始露面。假设 B 星原是白色的，如果红光比绿光速度大（比方说），则 B 星被遮住前一瞬间所发的光，其中红光部分先到达地球，白光扣除红光部分后剩下的绿光，由于走得慢些，要晚些才到达，因此我们将看到 B 星被遮前的最后一瞬间是绿色的。反过来，B 星在 Ⅱ 处开始露面时，我们会看到它先是红色的，等到绿光也到达地球时，我们才会看到 B 星恢复白色。总之，只要各种颜色的光在真空中速度有极少许差别，由于恒星距离遥远，速度的少许差别就会使同时发出的各色光到达地球有先有后，人们就将看到 B 星被遮前与刚露面时出现截然不同的颜色。事实是什么情况呢？人们从来没看到某个双星的某个成员周期性地按上面所说的那种方式变色。因此，人们只能得出结论说，各种颜色的光在真空中传播的速度皆相同。现在已知道，光是电磁波，光的颜色不同也就是频率不同。无线电广播用的也是电磁波，雷达用的也是电磁波，医院透视用的 X 光线也是电磁波等，它们之间的差别仅仅是频率不同而已。各种频率的电磁波在真空中传播的速度皆相同，都是 $c =$ 299792458 米/秒。

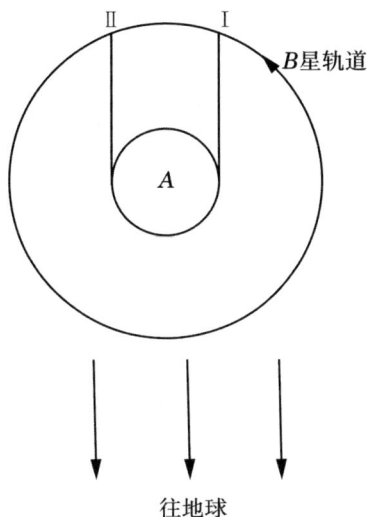

图 2.2

　　综上所述，我们本部分的结论是：光在真空中的速度与光源的运动无关，也与光的频率无关。关于光速（当然是指真空中的光速）与光源运动无关这个事实，20 世纪 60 年代以来有很好的实验事实可相当直接地予以证明。实验指出，相对于实验室而言，速度达到 $0.99975c$ 的 γ 射线源（γ 射线为频率比 X 射线更高的电磁波）所发出的 γ 射线，其速度为 $(2.9979 \pm 0.0004) \times 10^8$ 米/秒。这与 c 的数值非常一致。上面这 γ 射线的速度是直接测量 γ 射线通过 31.4503 米的路程所经历的时间计算出来的。可见，运动速度几乎接近光速的光源发出的光，其速度仍然是 c，与光源的高速运动无关。（见 *Nature*，217，p.17）。

3 力学相对性原理受到挑战

物理学中有一个基本原理,叫伽利略相对性原理或叫力学相对性原理。这个原理说,任何局限于一个系统中的力学实验,都无法判断这个系统是静止着或沿直线匀速运动着。换句话说,在各个彼此做匀速直线运动的系统中,力学规律都相同。这个原理我们在日常生活中只要稍加思索就有体会。为了明白这个原理,我们以具体例子来说明。设想有一列列车在轨道上沿直线匀速前进着,并把车窗关起来,不从车窗外,也就是不从这个系统以外接受信息。让我们在车厢里做力学实验,看看能不能探测出我们的列车是匀速直线前进着。我们将发现桌子上掉下来的苹果,笔直地落在列车的地板上,和我们在家里或列车停在车站时一样。如果我们在列车安置乒乓球桌,打起乒乓球来(这是很复杂的力学实验了),情况会怎样呢?毫无疑问,在地球上得了冠军的人,依然会打得很出色,因为乒乓球的运动规律和地球上的一样。就是说,只要我们不打开车窗,不从列车外面获得信息,比如看看外面的树木和房屋,单凭在列车里的力学实验,我们永远不能区别列车是匀速直线运动着或是停着,因为匀速直线运动着的列车里的力学规律与静止列车里的完全相同。这就是力学相对性原理所说的内容。

当列车有加速度时,比如列车在起动、制动、转弯、颠簸时,即列车速度的大小或方向有所改变时,也即有不为零的加速度时,情况就不同了。这时单是站着都不稳,更不用说打乒乓球了。这时候最自在的是乘务员同志,他比其他乘客都自在得多,因为他在列车上的时间长,较能适应;一般乘客对这新环境一时适应不来。什么新环境?力学规律与地球上不一样的新环境!力学相对性原理只适用于相互做匀速直线运动的系统,当两个系统相互间有加速度时,力学相对性原理就不成立了。

为什么老是"力学""力学"?其他物理规律还少吗?对于力学以外的物理规律,相对性原理适用吗?回答这类问题,除了实验,别无其他办法。

8

　　光速与光源的运动速度无关,为我们提供了在车厢里判断列车是否在做匀速直线运动的可能性。这怎么说呢?设车厢以速度 V 向右运动,车厢里有一个光源 S(图 3.1)发出光。虽然光源随车厢运动但光速并不受光源

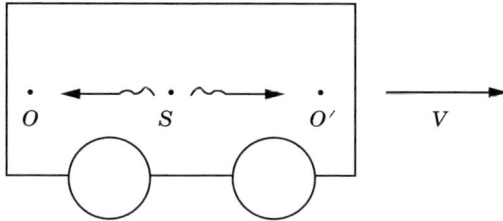

图 3.1

运动的影响。因此,车厢里 O 处的观测者,就有可能测到光速比平时快些。为什么呢?因为 O 点随着车厢向右运动去迎接自 S 来的光,因而光与 O 接近的速度当然就会比 O 不动(也即车厢不动)时快些。反之,在 O' 的观测者,将测到光速比平时小些,因为从 S 发出的光,其速度虽说与 S 的运动无关,仍为 c,但这光离开 S 后,是在追赶着随车厢向右以速度 V 运动的观测者,因而光与 O' 接近的速度将比 c 小。总之,由于光速与光源的运动无关,人们就可以利用由于观测者自身的运动对光速测量可能产生的影响来判断观测者所在系统(在我们的例子中就是车厢)是在做匀速直线运动或是静止。如果车厢是静止的,光速将是各方向都相同的。如果车厢是运动的,则如上所述,沿车厢运动方向传播的光将会走得慢些,而逆着车厢运动方向传播的光将走得快些。

　　实验的结果如何呢?结果令人"失望"。实验结果迫使人们得出结论,光速与观测者的运动无关。这就是说,要利用光速在各个方向的不同来判断一个系统是在做匀速直线运动或静止,是不可能的。

　　想些其他办法吧,我就不相信在同外界隔离的车厢里,无法区分这车厢是静止的或匀速直线运动着这样两种状态。对!物理规律很多,依据已知的物理规律设计新的有"希望"的实验应当还是可能的吧。我们不妨再介绍一个实验:

　　众所周知,一个运动的带电体,只要其运动方向与磁场方向不重合,就会受到磁场的作用力。让我们在车厢里悬挂一个带电体,在它的周围加上磁场,边让磁场方向慢慢改变,边仔细观测这个带电体是否受到磁场的作用力。(我们改变磁场方向仅是为了避免磁场方向凑巧与车厢的运动方向一

致,因为在这种情况下,带电体虽然随车厢运动,但因为运动方向与磁场方向一致,所以虽有运动也有不会受到磁场的作用力。)如果实验的结果发现带电体受到了磁场的作用力,就很容易根据电磁学规律,由当时的磁场方向与力的方向,断定带电体也就是车厢的运动方向。这就表明局限在车厢里的电磁学实验,有本事断定这个车厢是静止的或匀速前进着。实验的结果如何呢?结果是,由车厢里的人来观测,挂在车厢里的带电体不会受到磁场的作用力,尽管拖着这个车厢的"列车"以几十倍的音速运动也无济于事。总之,光学实验也好,电磁学实验也好,都没有比力学实验高明些,人们照样不可能利用局限在一个系统中所取得的信息来判断这个系统是静止的或在做匀速直线运动。电磁学规律(光是电磁波,光学规律事实上也就是电磁学规律)与力学规律一样服从相对性原理——在所有相互匀速直线运动的系统中,电磁学规律都相同,无法彼此区别。可见,对于力学或电磁学规律来说,人们无法区分一个系统是静止的或处于匀速直线运动状态。因此,匀速直线运动只有相对的意义。只能说"火车相对于地球做匀速直线运动",不好说"火车在做匀速直线运动"。因为只有用火车以外的东西作为参考,才能说火车是在做匀速直线运动,单是火车本身,无所谓匀速直线运动。同样道理,所谓运动的电荷受到磁场的作用力这种说法,也必须明白,这其中所谓的"运动"一词,是相对于观测者而言的。火车的速度再快,车厢里的观测者也永远测不到悬挂起来的带电体会受到磁场的作用力。因为在他看来,这带电体是静止不动的。

以上所谈的关于在运动的车厢里测量各个方向的光速是否有所不同,以及测量挂在车厢里的带电体是否受到磁场作用力的实验,只是形象化地介绍这些实验所依据的原理。真正的实验装置相当复杂,而且也不是在列车里做,而是在普通实验室里做。实验室可以代替列车?对,地球本身就是高速"列车",地球在绕太阳的轨道上以每秒 30 千米的速度前进[①],多快的

---

① 地球绕太阳轨道近于圆形,不是直线,因此地球在轨道上运动必然有加速度,但这加速度很小,只约为 0.6 厘米/秒²。在进行某一次实验观测所需的时间里,地球在轨道上运动速度的大小及方向完全可以看成是不变的,可当成匀速直线运动。地球除公转外,还有自转。不过,在我们本部分所谈的这些实验中,在进行一次观测所需的时间里,实验室随着地球自转及公转而具有的速度,其大小和方向仍然只有极微小的改变,因此还是可以而且应当把实验室在这段时间里的运动看成是匀速直线运动。

列车呀！这就是我们上面所说的以几十倍音速运动的列车。但是不管这些实验装置如何精细复杂,其所依据的基本原理及其结果就是我们上面所说的那些。

4　惯性参考系

福建省在我国东南部,厦门在福建南部。这类的话我们日常听过不知多少次。这类句子是用来大概描述某些物体位置的。要描写某个物体的位置,必须用另外一个物体作参考,否则就毫无意义。没有不用其他物体作参考而能确定位置的。日常生活用语尚且如此,比日常生活用语要严格得多的物理学语言,就更不能含糊了。物理学是除数学以外最精密的科学,描述某事物的位置时就更需要说清楚这位置是用什么东西作参考来定的。不仅如此,物理学并不是单纯描述位置的科学,它要描述的是形形式式的物理规律,而自然界除运动的物质以外,再没有别的东西。因此,描述自然规律就免不了要描述一些具体事物的运动、变化过程,这就需要确定时间。很多自然规律只能通过时间的流逝才能发现,也才能进行描述;而要确定一个具体过程所经历的时间,就得有一个用来作为参考、对比的标准过程,这就是所谓的"钟"。比方说,某工厂只用两年时间就建成投产,这意味着把这个工厂的建厂过程与地球绕太阳公转这个过程(钟)相比较,在建厂过程中,地球绕太阳走了两圈——两年。可见,在物理学上,所谓钟,只不过是某种客观事物的变化过程。当然,为了计量时间方便与准确起见,要求这个过程是能够尽可能严格地周而复始的周期过程。就是说,钟者,某种周期过程是也。不管你是高兴还是不高兴,你要描述任何物理过程所经历的时间,就总得和某种被你选来作为"标准过程"的过程进行比较。换句话说,要计量时间,就得有一个时间的参考物——钟。日常生活中这类的例子也很多,比如"一眨眼""一支烟""一顿饭"等,就是采用眼皮的开合、吸烟、吃饭这些过程作为时间的参考物,作为钟。当然,这些钟是不好的,但毕竟是钟,是用来确定时间的"时间参考物",只不过是比较含糊、比较不准确而已。

总之,为了定出某个事物的空间位置,或某件事情所经历的时间,就需要参考系(统)。所谓参考系,就包括用来确定一切事物位置的参考物以及和这参考物相对静止的尺(这是定量描述位置的需要)和钟。不过有一点必须提醒:单用尺来测量实际上还不足以定位置,比如说福州距厦门300千米,这句话没有把福州的位置讲清楚(以厦门作参考),必须还得指出方向才行,如果说福州在厦门东北300千米,这就真正定出了福州的位置。就是说,规定了参考物之后,要确定某个事物的位置,还要指出方向才行。这就对参考物提出了要求,参考物必须是有一定大小的物体,不能是一个点,光是一个点不能用来定方向。

描述物理规律,选用什么样的参考系最合适呢?

从原则上说,描述物理规律并不要求什么特殊的参考系,随便选取哪一个参考系都可以。在大多数场合,人们习惯于选取地球(以及和地球相对静止的尺和钟)作为参考系来描述物理规律。比方我们说,在地球附近,物体自由下落时,总是匀加速运动,其加速度就是所谓重力加速度 $g=9.81$ 米/秒^2。这里所说的加速度,就是相对于地球而言的。当然,只要你高兴,也可以颠倒过来,以正在自由下落的某个物体(比如说一个石块)来作为参考系(这就包括与该石块相对静止的尺和钟,用来测量距离和时间。往后尺和钟就不再一一申明了)。以自由下落的石块作为参考系,情况会怎样呢?设想我们"骑"在自由下落的石块上来观察周围世界,会看到什么现象呢?我们将看到我们脚下的地球,以 9.81 米/秒^2 的恒定加速度接近我们。于是我们将会得出结论说:在石块附近的自由的地球,也即不受任何阻拦的地球,是做匀加速运动的,加速度为 9.81 米/秒^2,加速度方向指向石块。可见,选取不同的参考系,尽管都是老老实实地总结观测到的物理规律,结论可以很不相同,以地球为参考系,自由的石块是在做匀加速运动;以石块为参考系,则加速运动的是地球。以地球为参考系,我们熟知的牛顿力学第二定律——力等于质量乘加速度——是适用的,因为石块受到地球的引力为 $F=mg$ (这里 m 为石块质量,g 为单位质量在地面附近所受到的地球引力),而石块的加速度为 $g=F/m$,与第二定律的要求符合。以石块为参考系,地球受到石块的吸引力也是 F,只不过方向指向石块,这个吸引力对于质量非常巨大的地球来说,是微不足道的,让这力 F 给地球巨大的质量 M 除一下,答案完全可以视为零。可是我们上面已经说过,以石块为参考系,地球的加速度为 9.81 米/秒^2,而不是零。可见,以石块为参考系,牛顿力学第二定律垮台了,第一定律即所谓惯性定律也垮台了;质量非常巨大的地球,受到微不足道的、对它来说完全可以看成是零的来自石块的引力,居然会有相当可观的加速度 9.81 米/秒²,而不是静止或保持匀速直线运动。这完全违背牛顿第二定律与惯性定律的要求。

从上面例子我们看到,惯性定律(以及第二定律)是有条件的,只是对于某些参考系而言才成立。像地球这样的参考系,惯性定律是成立的,人们就叫这样的参考系为惯性(参考)系,而叫那些惯性定律在其中不成立的参考系为非惯性系,如上面的石块参考系就是非惯性系。

根据力学相对性原理,在两个相互做匀速直线运动的参考系中,力学规律皆相同。可见,如果某个参考系 A 是惯性系,则所有相对于 A 做匀速直线运动的参考系,都是惯性系。因此,惯性系的数目是无限的。

牛顿运动定律是从考察太阳系的行星及其卫星的运动规律总结出来的,而这些天体的运动是以肉眼能看到的满天恒星为背景米进行考察的。这些肉眼可见的恒星,都是太阳的近邻。因此,太阳及其附近的恒星作为一个整体,就是一个很好的惯性参考系,因为惯性定律就正是以这个参考系作为参考物而总结出来的。上面提到的地球,因为相对于这些恒星有加速度(地球绕太阳公转,本身也有自转,公转和自转都是加速度运动),因此把地球作为惯性系是有一定误差的。问题是,所有物理概念都是近似的,不存在绝对严格、绝对精确的物理概念。惯性系当然也不例外,它也只能是一个近似的概念。地球与太阳周围这些恒星作为一个整体相比,作为惯性系是比较差的。但是在不牵涉到地球的公转或自转的许多问题中,把地球作为惯性系是相当精确的,能满足一般的需要。因此,往后我们凡是以地球为参考系而不加以特别的声明,就是把它作为惯性系看待。事实上,太阳附近的这些恒星,相对于银河系的质量中心而言,也是有微小加速度的。但惯性系既然和所有的物理概念一样,都是近似的(虽然是很精密的,但毕竟还是近似的),我们对于一个具体问题,只要选取一个对这个问题而言惯性定律能很好成立的参考系,就可以把它作为惯性系看待。太阳及其邻近恒星作为一个整体,对于几乎一切问题(除了考虑到银河系这个拥有 10^{11} 颗恒星的星系转动这类大问题)都可以把它当成很好的惯性系。上面已说过,根据惯性系的定义,任何相对于这惯性系做匀速直线运动的参考系,也都是惯性系。

由于物理学规律通常是以惯性系为参考系总结出来的,因此用惯性系作为描述物理规律的参考系,大家较习惯,也往往比较简单。在本书中,我们都限于讨论惯性系中的物理规律。

5 相对论的两个公理性假设

前面几部分所介绍的内容,是了解相对论的预备知识,有了这些知识,我们就可以介绍相对论(狭义的)的具体内容了。

人们在一些实验的基础上(这些实验我们上面已介绍了一些),对自然界的规律提出了两个公理性的假设:

(1)相对性原理:在所有惯性系中,物理规律都相同。

(2)真空中的光速与光源运动速度无关。

既然各个惯性系的物理规律都相同,匀速直线运动就只有相对的意义,光源相对于观测者做匀速直线运动与观察者相对于光源做匀速直线运动,是完全等效的,人们无法区别是光源在运动或观测者在运动。因此,光速既然与光源的运动速度无关,也就与观测者的运动无关。所以,上面的公理性假设(2)可以改写为

(3)光速(当然是指真空中的光速)在各个惯性系中皆相同。

19 世纪末,物理学的一些理论互相矛盾,为了解决这些矛盾而进行的一些实验,以及对这些实验结果所进行的分析,推动人们提出上面这两个假设。这两个假设带有公理的性质,不可能一一证明。例如,人们不可能做完所有物理实验,而只要有一个实验能够证明某物理规律在不同惯性系中有所不同,相对论就垮台。不过不用担心,从 19 世纪末到现在,所有已做过的物理实验,都不违背相对论的假设。其中一些实验还是专门为了考验相对论而精心设计的,在实验的当时,其精密度是世界上第一流的。当然,相对论正确与否,还要看它所推出来的结论,是否经得起实践的考验。自相对论提出以后的八十几年来,物理界进行了许多与相对论有关的重要实验,这些实验一再表明相对论是经得起实践考验的。虽然有个别实验似乎与相对论有所抵触,但都一直处于"似乎"阶段,未能落实。我们可以说,狭义相对论已进入物理学的各个部门,积极地起作用。在当今世界上有几十个高能加

速器,在这些加速器的有关实验室中,每日每时都在用高能粒子对相对论的一些要求进行检验。所有的这些检验可以说在误差不超过万分之一的精确度上,证明符合相对论要求的一些守恒定律,总是正确的。当然,没有一个自然科学理论是绝对完善的,相对论也不例外,我们在适当的时候将指出它的某些困难所在。正因为有困难,有矛盾,所以相对论还是继续发展的,不会停留在目前的水平上。

上面的两个假设(1)和(2),如果分开考虑,人们是易于接受的。关于(1),只不过是力学相对性原理加以推广而已。而力学相对性原理,大家都有感性知识。坐船的人如果不看外面景物,是无法区别船是平稳地前进着或是停着。有了这些感性知识,接受(1)不会使人感到不自然。关于(2),只要把光看成波动,大家知道,波的传播速度是不受波源运动影响的。以声波为例,超声速飞机发出的吼声一旦离开飞机,就只能以声波在空气中应有的传播速度传播,高速度的声源(飞机)对这吼声的速度帮不了忙,这吼声就是跑得比它的超声速的声波源慢。因此,只要把光看成波动,上面假设(2)就是理所当然的了。而光的波动特征,是大家早已熟知的事实。所以,假设(2)也是很合情合理的。

好,既然承认上面这两个假设,那就请记住它们,这两个假设是相对论的基础。两个假设合起来考虑,就会得出很多出人意料的(因为日常生活中没有体验过)结论。这些出人意料的所谓"相对论现象",事实上是人们日常生活中所遇到的速度都远比光速小,才会感到有点"怪"。一旦在日常生活中经常与接近光速打交道,这些所谓相对论现象就会变成家常便饭样的东西。

我们写这书的目的,是让相对论尽可能变得容易学懂。我们不打算多谈历史。不过有一点必须指出,是爱因斯坦在 1905 年第一次提出上面的两个公理性假设(1)和(2),从而使 19 世纪末折腾物理学界的好些伤脑筋的问题干净利索地得到解决。爱因斯坦 1905 年的文章,我们把它译成中文,作为附录放在本书后面。这文章在 80 多年后的今日,仍可以原封不动地搬上课堂讲授,这在科学史上是很少见的。这篇文章的内容并不深奥,只要学过电磁学和偏导数的人,都可以看懂它。

问题讨论:我们从光速与光源运动无关并结合相对性原理推论出"光速与观测者的运动无关",从而得到光速应是一个恒量的结论。如果注意到我们还说过,声音作为一种波动,它的传播速度与声源的运动无关,似乎也可以根据相对性原理推论出"声速与观测者的运动无关"。这可就糟透了,因为这明显违反观测事实。

我们说光速与光源运动无关,意思是说,从观测者来观测,光源运动与否不影响光的传播速度。但是当说到声速与声源运动无关时,指的是声源相对于传声介质(如空气)的运动不影响声波在介质中的传播速度。就是说,对于光来说,"速度"一词指的是由观测者所测的速度;但对于声音来说,"速度"指的是对于介质的速度而不是对于观测者的速度,因此不可能依据相对性原理推论出声速与观测者的运动无关。

我们谈到声速与声源运动无关,只是希望初学者如果把光看成是一种波动,那么"光速与光源运动无关"的公设会比较容易接受,也会感到比较自然些。事实上从上面的讨论我们看到,声速与声源运动无关和光速与光源运动无关含义不同(速度一词的含义不同)。实际上,相对论作为一种物理理论,它并不理会光是不是一种波动。"光速与光源运动无关"可以认为是以实际的观测事实(比如 2 中所介绍的)为依据并加以扩充推广而得的。任何观测事实都有一定的误差,观测事实只能得出结论,在观测所依据的技术条件下,无法发现光源运动对光速的影响。言外之意是,如果观测技术大大提高之后,光源运动对光速的影响说不定会被探测出来。但作为理论依据的公设"光速与光源运动无关",可就意味着相对论认为这是自然界的规律,不能指望观测技术大大改进后,会探测到光源运动对光速的影响。不过话又得说回来,实验物理学家的任务之一仍然是不断提高观测技术,更精密地通过观测事实看看光速是否受到光源运动的影响,以此来检验相对论的基础是否坚实。一切物理学理论都必须不断地接受实践的检验,这是毫无疑问的。

6　时间计量的相对性

　　计量时间的工具是钟,我们已说过,钟只不过是用来计量时间的某种周期过程而已。原则上任何周期过程都可用来计量时间,皆可作为钟。人们自古以来就以地球自转周期来计算时间,一周期叫一"日"。这个钟没有放在钟表店里出售。所以,一谈到钟,千万别局限理解为钟表店里陈列着的那些东西,而应当首先把钟理解为某些周期性的过程所构成的"仪器"。这仪器除了必须有周期性的过程,往往还可以有些指针、数字之类的东西,但本质的东西是周期过程。因此,我们的兴趣应当集中在钟的本质的东西——周期过程。下面我们就来讨论一种设想的钟,这种钟用周期性的光信号做成。这样的钟与其他形式的钟原则上是等效的,只不过它是用"光"做成,讨论起来较方便。在相对论中不是把"光"放在相当突出的位置吗?把"光"放进了这理论的公设(2)。

　　图 6.1 中 L 为脉冲闪光灯,R 为光电池这类的东西,当它受到光照射时,会发出微弱电信号,告诉人们这时有光照在它身上。箱子 B 是一些无线电零件构成的自动电路,这电路具有这样的性能:当 R 受到光照射一次,这电路就让 L 发一次闪光脉冲(这样电路在无线电技术中是容易办到的)。

　　M 是一面镜子,与 B 固定在一起,距 B 为 l,B 与 M 一起就构成了一个钟,要使这个钟开动很方便,只要用光对准 R 照一下,L 就发一次闪光,这闪光照射 M 被反射回来,刺激 R,于是自动电路又让 L 发一次闪光,这样循环不已,钟就开动了。这样的钟两次闪光之间

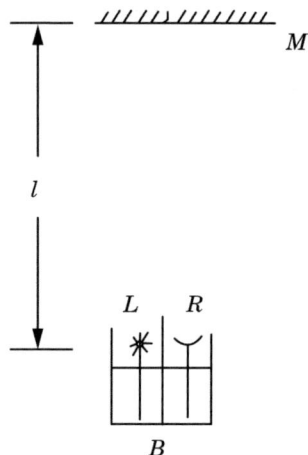

图 6.1

的时间间隔——钟的周期显然是

$$T = 2l/c。$$

式中，c 为光速，下同。

设想有一列车，以匀速 v 相对于地球向右做直线运动。列车上放上刚刚介绍的这样一个钟，在列车里的人看来，这个钟不动，周期为

$$T = 2l/c，$$

因为在两次闪光之间，光以速度 c 走完路程 $2l$。在地球上的人看来，列车以速度 v 运动，钟也就以速度 v 运动。某次钟发闪光时，如图 6.2 那样，设 B 在位置Ⅰ，镜子 M 在相应的位置Ⅰ$'$。到了下一次闪光，B 跑到Ⅲ，M 走到相应的位置Ⅲ$'$。显然，从地球上看来，在钟的两次闪光之间，光走过的路程长了，钟的周期也就相应地变了。我们设周期变为 T'，这样在两次闪光之间，B 与 M 的位置皆向右移动了 vT'，即Ⅰ、Ⅲ或Ⅰ$'$、Ⅲ$'$相距为 vT'。由图 6.2 可知，在两次闪光之间，光走过的路径为ⅠⅡ$'$Ⅲ，路程总长为

$$2\sqrt{l^2 + \left(\frac{1}{2}vT'\right)^2}。$$

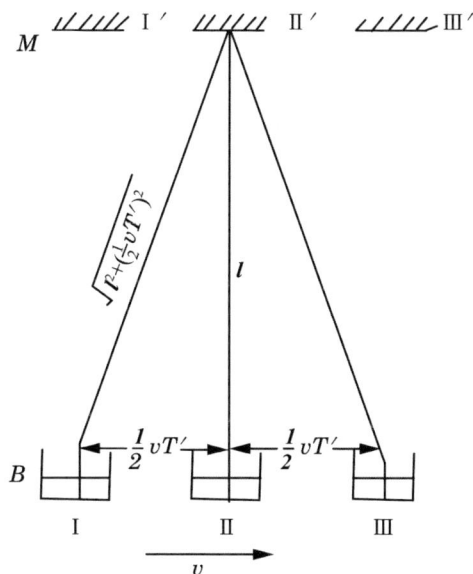

图 6.2

根据相对论公设(2),光速在各个惯性参考系中皆相同,与光源的运动无关。因此,自地球看来,钟的闪光也必然是用速度 c 走过 Ⅰ Ⅱ′ Ⅲ 这段路程的。所以,从地球上看来,钟的周期为

$$T' = \frac{2\sqrt{l^2 + \left(\frac{1}{2}vT'\right)^2}}{c}。$$

从这个式子解出 T',得

$$T' = \frac{2l}{c}\frac{1}{\sqrt{1 - \frac{v^2}{c^2}}},$$

$$= T\frac{1}{\sqrt{1 - \frac{v^2}{c^2}}}。$$

从这个式子可看出,v 只能小于 c,才能保证 T' 不会变为无意义的虚数。在 $v < c$ 的条件下,很易看出 $T' > T$。就是说,运动的钟,其周期 T' 与静止钟的周期相比,变长了。换句话说,运动的钟走得慢了,变慢的因子为 $\sqrt{1 - \frac{v^2}{c^2}}$。

根据各个惯性系的物理规律都相同因而各个惯性系皆等效的公设,从列车上看来,如果地球上也放上这样一个钟,则地球上的钟周期比列车上的长,即列车上的人会认为地球上的钟变慢。

设想在列车上有一个人,他的寿命用列车上的钟计量的结果是 10 亿个钟周期,即寿命 $= 10^9 T$。从地球上看来,列车上的钟周期变长了,$T' = \frac{T}{\sqrt{1 - \frac{v^2}{c^2}}}$,因此这个人的寿命从地球计量为

$$10^9 T' = \frac{10^9 T}{\sqrt{1 - \frac{v^2}{c^2}}}。$$

由于 $\sqrt{1 - \frac{v^2}{c^2}}$ 总是小于 1,因此 $10^9 T' > 10^9 T$,这个人的寿命从地球上看来变长了。如果以 $v = 0.866c$ 为例,这时 $\sqrt{1 - \frac{v^2}{c^2}} = 0.5$,这个人的寿命从地球

上测得的将是列车上所测得的两倍。就是说，运动着的人，寿命变长了。如果一个人在列车上活了 70 年，则从地球上计量的结果，在 $v = 0.866c$ 的条件下，此人寿命为

$$\frac{70}{\sqrt{1 - \dfrac{v^2}{c^2}}} = 140（岁）。$$

v 更大时，差别还会更大。当 v 接近 c 时，完全有可能使 $\sqrt{1 - \dfrac{v^2}{c^2}}$ 变得很小，因而不同参考系测定同一个人的寿命，也即两个事件之间的时间间隔，差别可以很大。再提醒一下，所谓寿命，从相对论角度看来，是两个事件——某个人或物的"生"和"死"之间的时间间隔。

　　但是，应当记住相对论的第一个公设，各个惯性系等效。从列车上的人看来，地球上的钟慢了，地球上一切过程也同样变慢；一个在地球上活了 70 岁的人，其寿命也不是 70 岁，而是

$$\frac{70}{\sqrt{1 - \dfrac{v^2}{c^2}}}（岁），$$

v 为地球与列车的相对速度。各个惯性系等效！

　　设想一艘宇宙飞船载着一个与我们同年龄的同志去飞行，就算 $v = 0.866c$，$\sqrt{1 - \dfrac{v^2}{c^2}}$ 恰为 0.5 吧。在我们看来，我们吸支烟用了 3 分钟，而他却花 6 分钟才吸完。他虽然按老习惯，每当飞船的钟过了 24 小时，就撕掉一张日历，可是在我们看来，他的钟慢了，他的钟过了 24 小时，我们已过了两昼夜。他的日历告诉他，他已飞行 20 年，在我们看来，他不是飞 20 年而是 40 年。总之，我们认为他的一切都缓慢，由年轻变年老也很缓慢。因此，他总比我们年轻。他飞行 20 年后，年龄由原来的 20 岁（比如说）变为 40 岁，而我们却认为他已飞行 40 年，我们的年龄已由 20 岁变为 60 岁。看来，这里存在着一个科学的防止衰老的办法!? 让飞船的 v 更大些，那就更好，在我们看起来，自己已经白发苍苍时，他可能只有 21 岁呢！

　　但是，各个惯性系等效。在飞船上的人看起来，他认为我们总是比他年轻，他从他的日历知道他已飞行 20 年时，会认为我们只是从 20 岁变为 30 岁，而他自己已是 40 岁。他总感到他一切生活正常，仍旧是每小时看 40 面

小说,可是认为我们看书慢了,钟慢了,一切都慢。情况和我们看他时完全对等。

让他飞回来吧! 看看到底是他年轻还是我们年轻? 这个问题,"狡滑"的相对论避而不答,"缴械"了,因为狭义相对论只讨论惯性系之间的物理现象,而飞船要回来,就必须破坏它的匀速直线运动状态,一直匀速直线运动,只能有去无回。可是匀速直线运动条件一破坏,就不能再作为惯性系来讨论。所以,狭义相对论无法回答飞船回来时,到底是飞行员年轻还是我们年轻。这未免太令人扫兴了,这样有趣的问题避而不答! 不过没关系,当我们后面了解了同时的相对性以后,会再找机会讨论这问题,并且会设法在狭义相对论的范围内,求出一个近似的,但是肯定的答案:飞行员年轻。那不是飞行员和我们不对等吗? 他占了便宜?! 是的,不对等,但他没有占了便宜。

先谈不对等。假如宇宙间除了地球与宇宙飞船,没有别的东西,则从地球看来,原来匀速直线飞行的飞船,减速、开倒车变成与地球互相接近,最后回地球;而从飞船看来,原来匀速直线飞行的地球,先是减速,最后倒退到与飞船再次相遇。这两者是等效的。可是大家知道,宇宙间不单是地球与宇宙飞船,而是还存在着无限数目的可以作为惯性系的天体。从各个惯性系看来,地球没有减速开倒车,因此地球始终可作为惯性系。减速开倒车的只是飞船,它没有减速开倒车就回不了地球。因此,飞船不是一直保持惯性系的资格,这就与地球不对等。我们在后面适当的时候将证明,一向处在惯性系的我们,当与宇宙飞行员再次相遇时,会发现我们比他老得快。

再来讨论所谓占便宜。这里的便宜当然指的是时间上捞到了某些好处。飞行员回来时比我们年轻(记得我们假设他出发时和我们同年龄),但他认为他一切正常地过去。虽然我们认为在这趟飞行中,我们已过了 40 年,他只过了 20 年(比方说),见面时我们比他老了,但是我们的的确确已做了 40 年的工作,而他呢,的的确确只干了 20 年活。谁也没捞到额外的时间。设想有朝一日,科学技术发展到了可以把人冰冻起来而又能保存其生命,一个和我们同年龄的人可以冰冻几十年后再把他弄醒,那时我们已是很老了而他的确年轻。可是他在时间上捞到了什么呢? 什么也没有,他依然是个年轻人,还得和我们的孙子一起上学校念中学,假如开始把他冰冻时他还未念完中学的话。问题很清楚,在冰冻的时间里,他什么事也没干,靠不干活或少干活而保留青春,有什么好羡慕的呢?

例1 设有一飞船,速度为 v,在我们地球上的钟指零时的时候,飞过我们身旁(有时说成与我们重合,总之,这时候飞船与我们的距离可以忽略不计),这时候我们注意到飞船上的钟也指零时。试问,我们的钟指1时,我们从望远镜中看到飞船钟指几时?注意,这里强调的是从望远镜中看到的。

根据本部分结论,我们知道,在我们看来,飞船钟慢了。我们的钟过了1小时,飞船钟只过了 $\sqrt{1-\dfrac{v^2}{c^2}}$ (小时),但是,如果我们以" $\sqrt{1-\dfrac{v^2}{c^2}}$ (小时)"作为本例题的答案,可就错了。因为飞船钟指 $\sqrt{1-\dfrac{v^2}{c^2}}$ (时)时,它已离开我们相当远了,这时候照在它钟面上的光,还要一段时间才会跑到我们这里,才让我们看到。所以在我们的钟指1时,是还看不到飞船钟指 $\sqrt{1-\dfrac{v^2}{c^2}}$ (时)的。

要正确回答本题,就必须算出,当我们的钟指1时这个瞬间,所看到的从飞船来的光,是什么时候从飞船出发的?

可将这个问题先简化:在零时,从地球上发出一个速度为 v 的物体,此物体在途中某一点发出一个光信号,这信号在地球钟指1时,恰好到达地球,问此信号应该在地球钟指几时的时候发出?

这就变成了简单的算术题了,与相对论无关。设此物体飞行了 l 距离后发此信号恰能满足题目要求,则

$$\frac{l}{v}+\frac{l}{c}=1(时),$$

所以

$$l=\frac{cv}{c+v}。$$

就是说,此物体应在飞行了

$$t=\frac{l}{v}=\frac{c}{c+v}(小时) \hspace{3cm} (此时间用地球钟计量)$$

后发出信号,才能使这信号在地球钟指1时的时候到达地球。

这也就是说,飞船在地球钟指 $t=\dfrac{c}{c+v}$ (时)发出的光恰好会在地球钟指1时的时候到达地球。再根据本部分结论,自地球看来(我们往后凡用"看来""认为""观测到""承认""同意"等词,都包含着当事人已经过一番思

23

考、分析之后所得到的结论,和本题中的"看到"一词意义不同,"看到"一词指的是当事人凭直观看到的现象,这位当事人可以不懂相对论),飞船钟比地球钟慢,所以飞船应当是在它上面的钟指

$$t' = t\sqrt{1-\frac{v^2}{c^2}} = \frac{c}{c+v}\sqrt{1-\frac{v^2}{c^2}} \text{(时)}$$

时发出的光,才会在地球钟指1(时)时到达地球。这就是说,在地球钟指1

时的时候,从望远镜中看到的是飞船钟指 $t' = \dfrac{c\sqrt{1-\frac{v^2}{c^2}}}{c+v}$（时）时照在该钟面

的光。换句话说,这时地球上看到飞船钟的读数为 $t' = \dfrac{c\sqrt{1-\frac{v^2}{c^2}}}{c+v}$（时）,这就是本题的最终答案。

验算:上面的计算是立足于地球上,让我们以飞船为参考系来验算一番。从飞船看来,飞船不动,是地球在向后以速度 v 离开飞船。已知飞船与地球重合时,两钟皆指零,因此飞船钟指

$$t' = \frac{c\sqrt{1-\frac{v^2}{c^2}}}{c+v} \text{(时)}$$

时,自飞船看来,地球离开飞船已为

$$l' = vt' = \frac{vc\sqrt{1-\frac{v^2}{c^2}}}{c+v}.$$

这时自飞船发出的光,即告诉人们飞船钟指 $t' = \dfrac{c\sqrt{1-\frac{v^2}{c^2}}}{c+v}$（时）的光,离开飞船去追后退着的地球。根据相对论,对于任何惯性系,光速皆为 c;对于飞船,光速当然也是 c。因此,自飞船看来,光以速度 c 离开飞船,地球以速度 v 离开飞船,光接近地球的速度为 $c-v$(注意,这是从飞船看来才是如此,如果自地球看来,光总是以速度 c 接近地球)。所以,光追上地球需时间

$$\Delta t' = \frac{l'}{c-v} = \frac{vc\sqrt{1-\frac{v^2}{c^2}}}{c^2-v^2} \text{(小时)}.$$

就是说，自飞船看来，这光追上地球时，飞船钟已指

$$t' + \Delta t' = \frac{c\sqrt{1-\dfrac{v^2}{c^2}}}{c+v} + \frac{vc\sqrt{1-\dfrac{v^2}{c^2}}}{c^2-v^2}$$

$$= \frac{1}{\sqrt{1-\dfrac{v^2}{c^2}}}（时）。$$

但是，自飞船看来，地球钟慢了，所以这光到达地球时，地球钟只指

$$t = (t'+\Delta t')\sqrt{1-\dfrac{v^2}{c^2}}$$

$$= 1（时），$$

验明无误。

例 2　同上题，但请回答，飞船上什么时候看到地球钟指 1 时？

解：飞船上知道地球钟慢，地球钟指 1 时，飞船钟已指

$$\frac{1}{\sqrt{1-\dfrac{v^2}{c^2}}}（时）。$$

这时候，地球离开飞船的距离（地球以速度 v 后退）已是

$$\frac{v}{\sqrt{1-\dfrac{v^2}{c^2}}}。$$

也就在这个时候，告诉人们地球钟指 1 时的光，开始从地球出发，向飞船射来。对于飞船而言，光一离开地球，就以速度 c 接近飞船，光速不受后退着的地球的影响，因为光速与光源的运动无关嘛。所以，这光经过

$$\Delta t'_1 = \frac{\dfrac{v}{\sqrt{1-\dfrac{v^2}{c^2}}}}{c}$$

$$= \frac{v}{c\sqrt{1-\dfrac{v^2}{c^2}}}（小时）$$

就会到达飞船。这就是说，飞船上的人应在飞船钟指

$$\frac{1}{\sqrt{1-\dfrac{v^2}{c^2}}}+\frac{v}{c\sqrt{1-\dfrac{v^2}{c^2}}}=\frac{1+\dfrac{v}{c}}{\sqrt{1-\dfrac{v^2}{c^2}}}\text{（时）}$$

时看到地球钟指 1 时。

另一种算法：上面的计算立足于飞船上，现在让我们立足于地球上来进行计算，以资对比：

自地球看来，地球钟指 1（时）时，飞船离开地球为

$$l=v\cdot 1=v_o\text{（时间以“小时”为单位）}$$

这时指示地球钟指 1 时的光，从地球出发，去追赶以速度 v 离开地球的飞船，因而自地球看来，光接近飞船的速度为 $c-v$，光追上飞船需时间

$$\Delta t_1=\frac{l}{c-v}=\frac{v}{c-v}\text{（小时）}。$$

因此，指示地球钟指 1 时的光应在地球钟指

$$1+\Delta t_1=\frac{c}{c-v}\text{（时）}$$

时到达飞船。地球上知道，飞船钟慢，所以这时飞船钟只指

$$\frac{c}{c-v}\sqrt{1-\frac{v^2}{c^2}}\text{（时）}。$$

这就是以地球为参考系所算出的答案，飞船上的人在飞船钟指 $\dfrac{c\sqrt{1-\dfrac{v^2}{c^2}}}{c-v}$ （时）时看到地球钟指 1 时。这答案和以飞船为参考系所算得的一样吗？别担心，把前面的答案按中学的老规矩设法去掉分母的开方符号，就得

$$\frac{1+\dfrac{v}{c}}{\sqrt{1-\dfrac{v^2}{c^2}}}=\frac{\left(1+\dfrac{v}{c}\right)\sqrt{1-\dfrac{v^2}{c^2}}}{1-\dfrac{v^2}{c^2}}=\frac{\sqrt{1-\dfrac{v^2}{c^2}}}{1-\dfrac{v}{c}}$$

$$=\frac{c\sqrt{1-\dfrac{v^2}{c^2}}}{c-v}。$$

两种方法所得答案完全相同！

练习题

　　本部分例 1 中地球上的观测者从望远镜中看到飞船钟指 1 时的时候，地球钟指几时？

$$\left[\text{答案：}\frac{\sqrt{1+\beta}}{\sqrt{1-\beta}}（\text{时}），\beta\equiv\frac{v}{c}\right]$$

7 同时的相对性

从本部分开始，为了方便，我们把 $\sqrt{1-\dfrac{v^2}{c^2}}$ 写成 $\sqrt{1-\beta^2}$，即令 $\beta\equiv\dfrac{v}{c}$。

在 6 的例子中，我们曾算过，对于地球人来说，地球钟指 1 时的时候，飞船钟指 $\sqrt{1-\beta^2}$（时）。这两个事件，即地球钟指 1，飞船钟指 $\sqrt{1-\beta^2}$，从地球这个参考系看来，是同时发生的。可是从飞船这个参考系看来，观测者认为地球钟慢了，因此飞船钟指 $\sqrt{1-\beta^2}$（时），地球并不是指 1 时，而是指

$$\sqrt{1-\beta^2}\cdot\sqrt{1-\beta^2}=1-\beta^2\text{（时）}。$$

就是说，自飞船看来，飞船钟指 $\sqrt{1-\beta^2}$（时）这个事件，是与地球钟指（1－β^2）（时）同时发生，而不是与指 1 时同时。

这两个观测者（参考系）的答案都是正确的。两个惯性系都等效，都认为对方的钟慢，慢的因子都是 $\sqrt{1-\beta^2}$。可见，在相对论中，同时的概念是相对的。这个参考系认为是同时的事件，从另一个参考系看来，未必也是同时的。

是不是存在着一些各参考系皆认为同时的同时事件呢？也就是说，"绝对"同时的事件存在不存在呢？所谓"绝对"，意思是说，各个参考系皆有相同的结论。

我们来看看上部分例 1 的答案：地球钟指 1 时的时候，照射出飞船钟读数为 $\dfrac{c}{c+v}\sqrt{1-\beta^2}$（时）的光从飞船到达地球。这两件事（地球钟指 1，光到达地球）同时在地球上发生。我们以地球为参考系进行计算，然后以飞船为参考系进行验算，完全一致。这表示两个参考系都认为该两事件的确同时发生，只不过地球上的人认为该两事件发生在他身旁，发生的时刻是 1 时；而飞船上认为，该两事件发生在遥远的同一地点（地球），发生的时刻是在

$\dfrac{1}{\sqrt{1-\beta^2}}$（时），因为飞船上认为地球钟走得慢。

我们再看 6 中例 2 的答案，指示出地球钟 1 时的光，在飞船钟读数$\dfrac{c}{c-v}\cdot$
$\sqrt{1-\beta^2}$（时）时到达飞船。这两个事件同时在飞船上发生。我们先以飞船
为参考系进行计算，然后又改用地球为参考系进行计算，结果一样，都认为
这两个事件的确同时发生，只不过飞船上认为它们是发生于$\dfrac{c}{c-v}\cdot\sqrt{1-\beta^2}$
（时），而地球上认为，它们发生于

$$\dfrac{\dfrac{c}{c-v}\sqrt{1-\beta^2}}{\sqrt{1-\beta^2}}=\dfrac{c}{c-v}\text{（时）},$$

因为地球上认为飞船钟走得慢。

上面两个例子让我们看出一个事实，只要两个事件在某个参考系中是
同时同地发生，则对于其他参考系来说，这两事件也必然是同时同地发生，
只不过发生的具体时刻和具体地点，从各个参考系看来，会有所不同而已。
什么？具体地点也会有所不同？难道在地球上发生的事件，会被看成是发
生于太阳上？这是误会！所谓地点不同，不是这个意思。在相对论中或物
理学、数学中，地点往往不是用地名来表示的，而是用坐标来表示。例如，发
生在地球上的事，地球人认为，这事件发生在自己身旁，发生在空间坐标 x
$=y=z=0$ 的点；而飞船上的人认为，发生事件的地点在遥远的地方，该地
点的坐标为 $x'=l,y'=z'=0$，这叫地点不同。列车从北京开到天津，以地
面为参考系，则某旅客上车和下车地点不同，一在北京，一在天津，距离超过
100 千米；可是，以列车为参考系，这位旅客上下车是在同一"地点"，因为这
两件事都发生于距火车头（作为原点，举例）一定距离的某节车厢的某个门。

根据上面所说，同时又同地的事件，"同时同地"这个性质就是绝对的，
就是说，所有参考系都毫无例外地认为是同时同地。事实上，所谓同时同地
发生的两个事件或更多的事件，指的是这些事件具有相同的空间坐标$(x,$
$y,z)$与时间坐标(t)，这些事件用它们的时空坐标来描写，具有完全相同的
坐标值。在这个意义上说，这两个事件或多个事件只能算一件事件。就是
说，所谓事件，总是包含该事件发生时的现场（当时当地）所发生的一切情
况。事件当然是绝对的。例如，在某个参考系中某具体时间、地点出生了一

个婴孩,这是一个有具体的 x、y、z、t 的事件,在任何别的参考系中,也必然得承认的确发生了这个事件,只不过具体的时间与空间坐标在各个参考系中会有所不同而已。

总之,本部分的结论是,如果两个事件在某个参考系中认为是同时发生的,但在空间有一定距离,则对于其他参考系而言,这两个事件完全有可能成为非同时事件。"同时"这个概念是相对的,只有"同时又同地"才是绝对的,也就是说与参考系无关。

我们要强调的是,同时的相对性是相对论的推论,可是同时同地的绝对性不是相对论的推论,而是客观事件不容否认这个事实在物理学中的具体体现。比方说,在地球上某处 P 点在某个时刻 t 发生一个事件 A,则 A 与 P 点的钟指 t 是同时同地事件,任何参考系都不容否认在地球上 P 点发生了事件 A,并且在事件 A 发生时,在 A 所在地的钟恰好指 t 的这个客观事实。正是在这个意义上,我们说同时同地事件是绝对的。

8　长度计量的相对性

设有两个相对静止的宇宙航行站 A、B，相距为 l。A、B 上各有一个观测者，我们也分别称他们为 A、B。有一飞船 S'，以速度 v 沿 AB 方向飞行。试问，在 S' 看来，AB 距离若干？是否也是 l？

以 S' 为参考系，则 A、B 相对于 S' 而言，都以速度 v 运动，v 的方向在图 8.1 中指向左方，该图是以 A 为参考系画出的。我们要问的是，自 S' 看来，AB 长若干？这就牵涉到测量一段飞行中的长度的问题。测量运动中的某段长度的方法不止一个，我们采用可能是最易懂的一种：

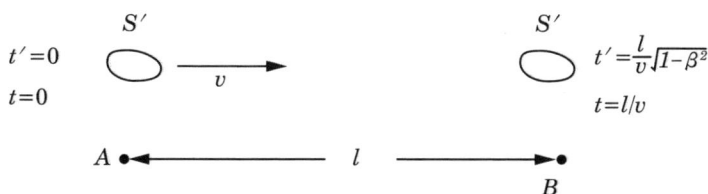

图 8.1

设想我们要测量一列速度 v 已知的列车的长度，我们可以站在铁轨边，分别记下车首、车尾两端从我们身旁经过的时刻 t'_1、t'_2，然后以 $\Delta t' = t'_2 - t'_1$ 乘以 v，这就得到了列车长度 $l' = v\Delta t'$。

把 S' 看成是我们自己，把 A、B 看成列车首、尾两端，AB 不正以速度 v 从 S' 身旁经过吗？（以 S' 为参考系，则 A、B 在运动！）

为了讨论方便，我们设 A、S' 重合时，即 A、S' 互相飞过时，A 观测到 A、B、S' 这 3 个钟皆指零。

在 A 看来，S' 自 A 至 B 需时间

$$t = \frac{l}{v}。$$

所以从 A 看来，S' 飞过 B 时，B 钟与 A 钟皆指

$$t = \frac{l}{v}。$$

但自 A 看来，S' 钟慢，所以这时 S' 钟只指

$$t' = t\sqrt{1-\beta^2} = \frac{l}{v}\sqrt{1-\beta^2}。$$

就是说，自 A 看来，飞船钟指零与 A 钟指零同时同地发生（在 A 处发生），飞船钟指 $t' = \frac{l}{v}\sqrt{1-\beta^2}$ 与 B 钟指 $t = \frac{l}{v}$ 同时同地（在 B 处）发生。因此，从 S' 看来，这两对的同时同地事件仍然是同时同地的。所以，S' 也必然认为

A 飞过 S' 时， S 钟指 0， A 钟也指 0；

B 飞过 S' 时， S' 钟指 t'，B 钟指 t。

这就等于说，从 S' 看来，A、B 分别从 S' 身旁经过的时刻之差为

$$\begin{aligned} \Delta t' &= t' - 0 \\ &= t\sqrt{1-\beta^2} \\ &= \frac{l}{v}\sqrt{1-\beta^2}。 \end{aligned}$$

因此，AB 长度为

$$\begin{aligned} l' &= v\Delta t' \\ &= vt' \\ &= l\sqrt{1-\beta^2}, \end{aligned}$$

即从 S' 看来，AB 长度 l' 比 A 或 B 自己所测得的 l 小。把 AB 这段长度看成是一条飞行中的杆，人们说，沿着杆长方向飞行的杆变短了，变短的因子为 $\sqrt{1-\beta^2}$。

附[①]:当杆的运动方向与杆长垂直时，
杆的长度和静止时一样

我们在 7 中论证了沿着杆长方向运动的杆，长度变短了。如果杆沿着垂直于杆长的方向运动，其长度与静止的杆比较，该如何呢？我们在 6 中讨论运动的钟变慢时，曾默认闪光钟的反射镜 M 与箱子 B 的距离，在地球上与列车上皆认为是 l。我们根据该部分所得"运动的钟变慢"的结论，一步步推论下来，最后才得出"沿杆长方向运动的杆缩短了"的结论。这结论使人们担心起来，在垂直两个参考系相对速度方向上的某段长度两个参考系看法是否一致呢？说得更具体些，6 中放在列车上的闪光钟，从地球上看来，BM 的距离是否与列车上所测得的一样呢？如果不是，我们 6 中得出的结论就是错误的，7 与 8 中的结论当然也就不行了，一切得推倒重来！因此，我们有必要论证一下，在垂直相对速度方向上的某段长度，两个参考系看法一致。

下面的论证，基于空间各向同性和同时同地的绝对性这两个性质。我们没有理由怀疑空间各向同性，因此必须承认光速与方向无关。至于同时同地的绝对性，我们已说过，这是各个参考系都得承认客观存在的具体事件的一种表现。同时同地事件，不管多少个，从时间坐标与空间坐标的具体数值来说，只是一个事件，而事件本身的存在，总是谁也否认不了的客观事实。我们在下面论证中要用到的这两个性质，都不是上面 6、7 和 8 中所得到各节的结论，这样的证明才是踏实的。如果论证时用到了 6、7 和 8 中所得到的结论，就不行了，因为我们正是对这几部分的结论暂时还不信任，才需要下面这番论证的。

为了使论证更为形象化，我们设有大飞船 S 和小飞船 S'，S' 相对于 S 以速度 v 向右运动。我们要论证的是，在垂直 S 与 S' 的相对速度的方向上，某段具体实物的长度，两个参考系皆有相同的结论。比方说，如果 S' 认为自己系统中的某段长度 $P_1'P_2'$ 与 S 系中的 P_1P_2 能够头尾同时重合，则 S

---

① 所有的附录都可以跳过不读而不影响全书的连贯性。

也同样认为,$P_1P_2 = P_1'P_2'$。

设 S 与 S' 相向两面是平的,它们互相飞过时,这两个面是紧挨着擦过的。就是说,S 与 S' 互相飞过时,相向两面的距离可视为零。

设 S 上有两个点 P_1、P_2,这两个点位于和 S' 相向的面上,并且 P_1P_2 与速度 v 垂直。在 P_1P_2 的中点 O 处有一个观测者,我们就叫为 O,当 S 与 S' 互相"擦"过时,O 按一下电键,使得从 P_1、O、P_2 这 3 点,同时(对于 O 而言)射出很强的闪光(由于电信号的传递需要时间,我们假设电路的设计已经考虑到电信号传到远方所引起的推迟现象,并且已采取措施进行补偿,保证了 3 处闪光同时发出),这闪光在 S' 上同时(对于 O 而言)灼出 3 个对应点 P_1'、O'、P_2'。就是说,自 O 看来,P_1、P_1' 重合并发出闪光,P_2、P_2' 重合并发出闪光,是同时发生的。由于 O 位于 P_1P_2 中点,因此他将看到,从 P_1、P_1'、P_2、P_2' 这 4 点发出的闪光,同时到达 O,而且 P_1'、P_2' 发出的闪光分别与从 P_1、P_2 发出的走同一条路径到达 O,因为闪光一离开 P_1'、P_2',其传播速度就不再受到 P_1'、P_2' 运动的影响。不止如此,O 还认为 O' 就是 $P_1'P_2'$ 的中点,因为在 O、O' 重合时,O 确知这时 P_1'、P_2' 分别与 P_1、P_2 重合,所以 $P_1'O' = P_1O = P_2O = P_2'O'$。既然是这样,$O$ 当然认为,P_1、P_2、P_1'、P_2' 所发出的闪光,同时到达 O',只不过这些闪光到达 O' 时,O' 已跑到右方某处,而 P_1'、P_2' 发出的闪光,与 P_1'、P_2' 的运动无关,分别与从 P_1、P_2 发出的一样,走图 8.2 中斜线到达 O'。最后的这句话很关键:P_1、P_2、P_1'、P_2' 这 4 点发出的闪光同时到达 O',这是 4 个同时同地事件,在 O 看来是如此,在 O' 看来也必然如此。此外,由于空间各向同性,既然 O 认为 $P_1'O' = P_2'O'$,则 O' 必然也会同意 $P_1'O' = P_2'O'$,否则就意味着在 O' 看来,$P_1'O'$ 方向与 $P_2'O'$ 方向不对等。既然如此,O' 就会得出结论,认为 P_1' 与 P_2'(还有 P_1 与 P_2)的闪光是同时发生的。由于 P_1、P_1' 重合并发闪光与 P_2、P_2' 重合并发闪光是两对在 O 看来的同时同地事

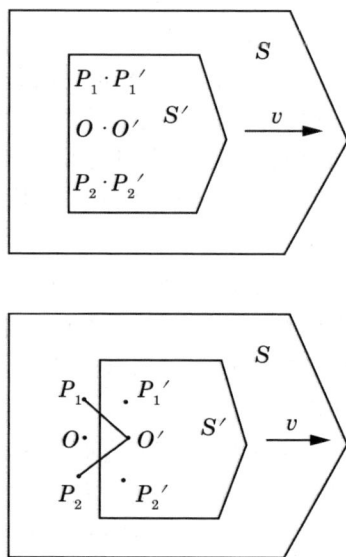

图 8.2

件,因此 O' 也得同意,这是两对同时同地事件。所以,O' 的结论应是:P_1、P_1' 重合与 P_2、P_2' 重合同时发生,这就是说,$P_1P_2 = P_1'P_2'$,P_1P_2 与 $P_1'P_2'$ 一样长。

上面的论证扼要说一下是这样的:首先是 O 明确断定了 $P_1P_2 = P_1'P_2'$,然后逐步说明:①O' 同时看到 P_1'、P_2' 来的闪光;②O' 位于 P_1'、P_2' 的中点;③O' 认为 P_1'、P_2' 的闪光同时发生;④因此 O' 断定 P_1、P_1' 重合与 P_2、P_2' 重合是同时发生的;⑤结论是 O' 也明确 $P_1P_2 = P_1'P_2'$,因而论证了两个参考系的观测者都同意 $P_1P_2 = P_1'P_2'$,"横向"的长度彼此看法一致。即,杆的运动方向如果和杆的长度方向垂直,则杆长和静止时的一样。

这种证明方法比较长些,但是比较紧扣一些基本概念,对初学者可能较有益。我们把它作为附录是因为可以跳过这些内容而不影响后面各部分的论述。在 10 及 14 的附录中,我们还会以不同的方式论证同样的内容——任何物体与运动速度垂直的方向上的长度没有随速度变化。

9 再讨论同时的相对性

在 8 的讨论中, 肯定有人会提出这样的问题, 既然 S' 认为, 当 B 与 S' 重合时, 即 B 飞过 S' 身旁时, B 钟指 $t=l/v$, S' 钟指 $t'=t\sqrt{1-\beta^2}$, $t>t'$, 那不表示 B 钟走得比 S' 钟快吗? 可是在 S' 看来, B 钟是在飞行着的呀! 运动的钟该变慢才对, 为何倒变快了? (图 9.1)

设想你的表指 9 时 18 分, 我的表指 9 时 12 分, 能不能说, 你的表走得比我的快? 未必! 还是等一会再下结论吧, 过了大约两小时后, 你的表指 11 时 17 分, 我的表指 11 时 12 分, 你的表依然领先, 不过你我都不否认, 我的表比你的走得快, 你的表只是走得早。

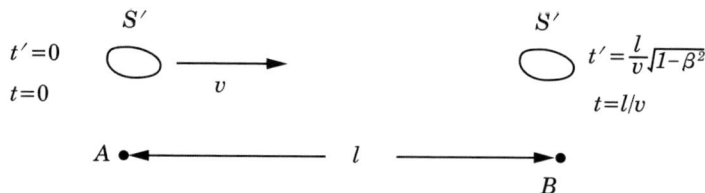

$$t'=0 \qquad\qquad S' \qquad\qquad\qquad\qquad S' \qquad t'=\frac{l}{v}\sqrt{1-\beta^2}$$

$$t=0 \qquad\qquad\qquad\qquad v \qquad\qquad\qquad\qquad\qquad t=l/v$$

$$A \quad\longleftarrow\qquad\qquad l \qquad\qquad\longrightarrow \quad\bullet$$
$$B$$

图 9.1

既然如此, S' 看到了 B 钟走在自己的前面, 当然不能就下结论说, B 钟走得比自己的钟快。可是有人会说, 问题是, 根据 8 中的假设, 在 A 与 S' 重合时(所谓起飞时), A、S'、B 这 3 钟皆指 0, 这表示 3 钟同时开步走。后来 S' 与 B 重合时, 发现 B 钟领先了, 当然只好承认 B 钟走得快, 难道这样不对吗?

错了, 什么同时开步走? 那只是 A 或 B 的看法。A 认为, S' 与 A 重合时, A、S'、B 这 3 钟都同时指零, 这没错。可是同时是相对的呀! 从 S' 看来, A、S' 重合时, A 钟和 S' 钟都指零, 这没意见。可是远方的 B 钟并不指零。在 A 看来, A 钟与相距 l 处静止的 B 钟同时指零, 但从 S' 看来, A 和 B

完全可能不同时指零,这是 7 中的结论,千万别忘记同时的相对性。由日常生活所积累起来的同时绝对性概念,只是由于日常生活中所遇到的速度都远小于 c。只有在速度远小于 c 的情况下,同时绝对性概念才能近似地适用。在相对论中,同时绝对性概念必须抛弃。

既然 S' 可能认为 B 钟并不与 A 钟同时指零,也就是不与自己的钟同时指零,那么当 S' 与 B 重合时看到 B 钟领先,怎能就承认自己的钟慢呢?很可能,在 S' 看来,就在 S' 自己的钟指零时,B 钟的读数已经不小了。可能!完全可能!否则相对论不就自相矛盾了吗?

我们来计算一下,当 S' 自己的钟指零时,在 S' 看来,B 钟读数 Δt_0 应该多大?这很简单,根据相对论,S' 认为 B 钟走得慢,所以在 S' 看来,S' 钟指零时,B 钟的读数应满足下式:

$$t - \Delta t_0 = t' \sqrt{1-\beta^2},$$

这个式子的意思是说,在飞行过程中,B 钟走过的读数只能是 S' 钟走过的 $\sqrt{1-\beta^2}$ 倍。由这个式子我们得

$$\begin{aligned}
\Delta t_0 &= t - t'\sqrt{1-\beta^2} \\
&= \frac{l}{v} - \frac{l}{v}\sqrt{1-\beta^2} \cdot \sqrt{1-\beta^2} \\
&= \frac{lv}{c^2}.
\end{aligned}$$

有人会感到这样的计算有点"蛮不讲理",为了说明相对论不自相矛盾,硬把一个 Δt_0 的初始读数,"强加"给 B 钟。

我们慎重一些吧,请 S' 别那么武断,别为了说明自己的钟快,硬塞给 B 钟一个初始读数 Δt_0。我们请 S' 在与 A 重合时,发个无线电报去 B 处询问一下吧。设 S' 在与 A 重合时,发出如下内容的一份无线电报给 B:

"接电后,立即报告钟面读数"。

当 S' 收到 B 的回电时,才"比较有依据"地[①]来确定 B 钟的初始读数,而不是等到与 B 重合时,见到 B 钟领先,才硬争辩说,B 钟一定是事先走了 $\Delta t_0 = \dfrac{lv}{c^2}$。

————————————

① 其实所有的依据都离不开相对论的要求,都与上面所谓"蛮不讲理"的计算等效。不过,这一类讨论问题的方法有助于理解一些基本概念。

S' 会收到什么样的电报呢？可这样考虑：

从 A 看来，S' 发电报时，B 在远方相距为 l 处。无线电波一离开 S'，就与 S' 的运动无关，以速度 c 向静止的 B 跑去，这电报要跑到 B 需时间

$$t = \frac{l}{c}。$$

A 还知道，B 钟与 A 钟是同步的，所以电报到达 B 时，B 钟读数应是 $t_1 = \frac{l}{c}$。这电报到达 B 与 B 钟指 t_1 这两件事，在 A 看来是同时同地事件，所以是绝对的，各个参考系都得同意。因此，S' 收到的回电将是这样：

"接电时，钟面读数为 $t_1 = \frac{l}{c}$。"

S' 收到这电报后，是不是就该认为，S' 自己的钟指零时，B 钟指 t_1？当然不是，因为 S' 知道，电报自 S' 至 B 需要一定时间，t_1 不是 B 钟的初始读数。从 S' 看来，S' 发电报时，B 距 S' 为

$$l' = l\sqrt{1-\beta^2}，$$

而且自 S' 看来，电报以速度 c 离开 S' 而 B 以速度 v 接近 S'，所以电报与 B 的接近速度为 $c+v$，因而此电报在途中耽搁时间为

$$\Delta t' = \frac{l'}{c+v} = \frac{l}{c+v}\sqrt{1-\beta^2}。$$

就是说，自 S' 看来，电报应是在发电后 $\Delta t'$ 才到达 B 的。S' 知道，B 钟走得慢，因此在 $\Delta t'$ 这段时间里，B 钟只走过

$$\Delta t = \Delta t'\sqrt{1-\beta^2}。$$

所以，S' 认为，B 钟报告的钟面读数必须扣去 Δt，才是 S' 发电报时 B 钟的初始读数 Δt_0。就是说，

$$\begin{aligned}
\Delta t_0 &= t_1 - \Delta t \\
&= \frac{l}{c} - \Delta t'\sqrt{1-\beta^2} \\
&= \frac{l}{c} - \frac{l'}{c+v}\sqrt{1-\beta^2} \\
&= \frac{l}{c} - \frac{l}{c+v}(1-\beta^2) = \frac{lv}{c^2}。
\end{aligned}$$

我们还可以计算一下，当 S' 飞到 B 时，S' 认为这时 A 钟读数该是多少？根

据运动的钟变慢,我们立即可以得出结论,由于 S' 认为 A 是运动的,而且 S'、A 重合时,两钟对准过,因此 S' 当然认为,当 S' 与 B 重合时,A 钟读数只能是自己的钟读数 t' 的 $\sqrt{1-\beta^2}$ 倍,即

$$t'\sqrt{1-\beta^2} = \frac{l}{v}\sqrt{1-\beta^2} \cdot \sqrt{1-\beta^2}$$

$$= \frac{l}{v} - \frac{lv}{c^2}。$$

为了使我们更熟悉相对论的一些基本概念,让我们再一次转弯抹角地推论出上面这个答案。这一次我们假设 S' 不是打电报去问 A,而是通过望远镜。当 S' 与 B 重合时,在远镜里看一下 A 钟的读数,然后根据这个情报来推论 A 钟"现在"读数该为多少。

首先我们来探讨,S' 在望远镜中看到 A 钟读数为多少?要知道 S' 看到什么,可先问 B 看到什么。因为 S' 是在与 B 重合时看 A 钟的,此时 S' 与 B 所看到的 A 钟读数必然相同,因为他们两人看到的都是这个时候刚到达的,来自 A 钟的光。B 会看到什么呢?从 B 看来,B 钟与 A 钟同步,相距为 l,彼此相对静止。因此,不管在什么时候 S' 都会看到 A 钟读数比自己的钟落后 l/c,这 l/c 是光从 A 到 B 所需时间。当 S' 与 B 重合时,B 钟指 $t=l/v$,所以这时 B 所看到的 A 钟读数应为(设为 t_2)

$$t_2 = \frac{l}{v} - \frac{l}{c}。$$

这也就是 S' 与 B 重合时,通过望远镜所能获得的关于 A 钟读数的情报。

S' 如何根据所看到的读数 t_2 求出此时 A 钟的读数呢?从 S' 看来,A 钟从读数为 $t=0$ 时开始,就以速度 v 离开 S',因此 A 钟读数为 t_2 时,离开 S' 已有相当一段距离了。指示 A 钟读数为 t_2 的光,从 A 跑到 S' 需要一段时间,在这段时间里 A 钟必然又再增加了一定的读数,所以当 S' 看到 A 钟读数为 t_2 时,S' 必须把这些情况考虑进去,才能得到此时 A 钟的正确读数。

对于 S' 而言,A 钟是运动的钟,比较慢,当 A 钟读数为 t_2 时,S' 钟读数已是 $t_2/\sqrt{1-\beta^2}$,在这个时刻,A 钟与 S' 的距离已经是

$$x = v(t_2/\sqrt{1-\beta^2})。$$

因此,指示 A 钟读数为 t_2 的光,从 A 出发后,得在路上耽搁 x/c 这样一段时间。在这段时间里,比较慢的 A 钟走过的读数只是

$$\frac{x}{c}\sqrt{1-\beta^2}\,。$$

因此，S' 的结论是：当他看到 A 钟读数为 t_2 时，A 钟读数事实上已是

$$t_2+\frac{x}{c}\sqrt{1-\beta^2}=t_2+\frac{vt_2}{c\sqrt{1-\beta^2}}\cdot\sqrt{1-\beta^2}$$
$$=t_2(1+\beta)$$
$$=\left(\frac{l}{v}-\frac{l}{c}\right)(1+\beta)$$
$$=\frac{l}{v}-\frac{lv}{c^2}\,。$$

这正是我们所希望的答案。

我们把上面所求出的两个结论概括一下：

(1) S' 与 A 重合时，他认为这时 A 钟指零，B 钟指 $\dfrac{lv}{c^2}$。

(2) S' 与 B 重合时，他认为这时 B 钟指 l/v，A 钟指 $\dfrac{l}{v}-\dfrac{lv}{c^2}$。

概括：以 A（或 B）为参考系，A、B 两种同步，以飞船 S' 为参考系，B 钟总是比 A 钟领先一个恒量 lv/c^2，这里 l 是以 A 或 B 为参考系所计量的 A、B 间距离。或者换另一种说法：

在参考系 A 中，沿着 S' 运动方向上相距为 l 的两个事件 Ⅰ 及 Ⅱ，如果要让 S' 认为是同时事件，则在 A 系中这两事件时间应相差

$$\Delta t_0=lv/c^2 \tag{9.1}$$

才行，假如 S' 的运动方向是自 Ⅰ 到 Ⅱ，则这个 Δt_0 必须是事件 Ⅰ 比事件 Ⅱ 提早发生的时间。例如，在上面的讨论中，A 钟指 $t-lv/c^2$（事件 Ⅰ）与 B 钟指 t（事件 Ⅱ），在 A 参考系中是 Ⅰ 比 Ⅱ 早 $\Delta t_0=lv/c^2$ 发生；而在 S' 系中，此两事件是同时发生的，发生于 S' 与 B 重合时。又例如，A 钟指零（Ⅰ）与 B 钟指 lv/c^2（Ⅱ），在 A 系也是 Ⅰ 比 Ⅱ 早 $\Delta t_0=lv/c_2$ 发生；而在 S' 系此两事件是同时发生的，发生于 S' 与 A 重合时。

通过上面这些概括，我们对同时的相对性获得了明确的量的概念。

设想有一系列相对静止着的宇宙航行站，在各个站上皆放着结构完全相同的同步的钟，从一艘相对于这些宇宙站以速度 v 飞行的宇宙飞船看来，这些钟读数并不相同。船头方向的宇宙航行站的钟，读数总是比船后的宇宙站领先，越是前头的越领先，越是后面的（前后以飞船的头尾来定）越落

后。各钟彼此间的读数差由它们沿飞船运动方向的距离 l 决定，为 lv/c^2，这里 l 是用宇宙航行站为参考系所测的距离。

且慢，这最后一句话偷塞进了一个没有论证过的东西，从这句话看来，两个宇宙站如果它们的连线恰好和飞船航线垂直，则 $l=0$，这两个站上的钟，从飞船来观测，读数也该是同步的，对吗？可是没有论证呀！我们放在 10 中论证。

练习题

9.1　当 S' 与 B 重合时，如果发个无线电报

　　"接电时请报告钟面读数"

到 A 处，收到的回电内容该是什么？并从而证明 S' 系必然认为，S' 与 B 重合时，A 钟读数是 $\dfrac{l}{v}-\dfrac{lv}{c^2}$。

$$\left(答案：回电内容应是 "\dfrac{l}{v}+\dfrac{l}{c}"\right)$$

9.2　当 S' 还在 A 时，从望远镜中看到的 B 钟读数应是什么数值？并从而论证 S' 必然认为，当 S' 与 A 重合时，B 钟的读数为 lv/c^2。

$$\left(答案：-\dfrac{l}{c}\right)$$

附：谁年轻

长时间高速度飞行的宇宙航行员返回地球时,宇航员会比待在地球上的原来同年龄的人年轻。论证如下:

由于飞船要返回地球,免不了要有一段改变速度的过程,这时飞船再也不是惯性系。对于非惯性系,狭义相对论无法完整地讨论。但是我们可以让飞船改变速度(即有加速度)的时间只占全航程的极小部分,因而比起全航程来,这段加速时间可以忽略不算,如图 9.2 所示,设飞船去程与回程皆以匀速度 v 飞行,只在远方 P 点附近拐弯这一小段有加速度。只要航程 l_0 (单程,由地球计量)尽可能长,加速度时间比起全航程来,就可以忽略不计,在这种情况下,我们略去飞船加速度的时间,对答案的影响就微乎其微。只要 l_0 足够大,这答案就总可以达到任何事先要求的精确度。

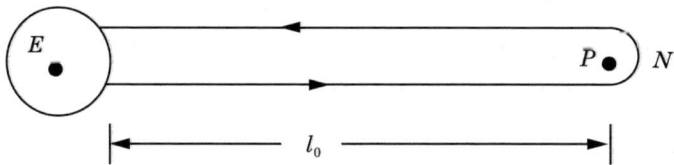

图 9.2

图 9.2 中 E 为地球,设飞船出发时,飞船钟与地球钟皆指零,自地球看来,飞行历时

$$t = 2l_0/v \text{。}$$

从飞船看来,EP 距离不再是 l_0,而是 $l' = l_0\sqrt{1-\beta^2}$,所以飞行历时

$$t' = \frac{2l'}{v} = \frac{2l_0}{v}\sqrt{1-\beta^2} \text{。}$$

t 与 t' 的关系是

$$t' = t\sqrt{1-\beta^2} \text{。}$$

如以 $v = 0.866c$ 为例,$t' = t/2$。

问题在于:自飞船看来,地球钟是运动的钟,比较慢,宇航员回来时怎能

承认地球钟的读数 t 是自己钟的两倍呢？宇航员在飞行中如果时刻注意地球钟的读数的话,他会无疑地得出结论:运动着的地球钟变慢了,这正是相对论的结论。为何回来时,地球钟的读数反而大?

原来,关键在于 N 处拐弯时,当飞船改变了原来航行方向并恢复原有速度 v 飞回地球时,他会发现,在他转弯的时间里,远方的地球钟的读数突然增加很多。在未转弯时,他测得(不是看到)地球钟总比自己的钟落后,而且越落越后;可是转弯后,他会测得地球钟尽管仍然走得比自己的慢,但读数突然领先很多。在他拐弯的过程中,地球钟的读数有了一次飞跃。这些现象可以根据本部分的结论计算出来。

设想地球人在沿途放上一系列与地球相对静止且与地球钟同步的钟,让飞船沿途进行对比,也让地球上的人派出一系列人员监视飞船经过沿途各站的时刻。当然,这些钟在飞船看来,是不同步的。

当飞船往前时,根据本部分的结论,飞船认为,距地球 l(此 l 为从地球测得的)的"路边钟"读数比地球钟超前 lv/c^2。而在飞船回程中,由于飞行速度方向倒过来,因此这些路边钟的读数就变成比地球钟落后 lv/v^2。

对于地球来说,飞船飞到 P 点时,P 点的钟的读数当然是 l_0/v。由于飞船经过 P 点以及 P 钟指 l_0/v 是重合事件,因此宇航员也承认,当飞船去程与 P 点重合时,P 钟指 l_0/v。当飞船转弯后又经过 P 点时,P 钟读数也仍然基本上是 l_0/v,因为飞船转弯所花时间比 l_0/v 小得多。对于飞船来说,飞船去程经过 P 点时,其钟的读数为

$$\frac{l_0}{v}\sqrt{1-\beta^2}。$$

因为从飞船看来,EP 长度缩短了。当飞船回程经过 P 时,飞船钟读数也基本上还是这个数值,因为转弯所需时间比 $\dfrac{l_0}{v}\sqrt{1-\beta^2}$ 小得多。

根据这些讨论,我们知道,飞船去程经过 P 点时,宇航员认为这时候地球钟读数落后 P 钟 l_0v/c^2,就是说,这时候地球钟读数为

$$\frac{l_0}{v}-\frac{l_0v}{c^2}。$$

当飞船回程再经过 P 点时,由于速度 v 方向改变了,宇航员将认为地球钟读数超前 l_0v/c^2。上面说过,在转弯过程中 P 钟与飞船钟读数改变很小很小,因此宇航员当然感到在他转弯过程中,地球钟读数来了个突变,从原来

落后 P 钟 $l_0 v/c^2$ 变成超前 P 钟 $l_0 v/c^2$，读数突然增加了 $2l_0 v/c^2$。正是这个缘故才出现这种情况：虽然从飞船看来，地球钟比飞船钟慢，在整个飞行过程中，地球钟只走过

$$\frac{2l_0 \sqrt{1-\beta^2}}{v} \cdot \sqrt{1-\beta^2} = \frac{2l_0}{v}(1-\beta^2)。$$

式中，$2l_0 \sqrt{1-\beta^2}/v$ 为飞船钟记录下来的全程飞行时间。

但加上在飞船转弯时地球钟面读数的突然增加，当飞船回到地球时，宇航员会见到地球钟读数为

$$
\begin{aligned}
t &= \frac{2l_0}{v}(1-\beta^2) + \frac{2l_0 v}{c^2} \\
&= \frac{2l_0}{v}。
\end{aligned}
$$

因此，双方（飞船及地球）对这读数都认为是理所当然的，无须争议。也就是说，整个飞行过程完了之后，宇航员虽然认为地球人变老过程比他缓慢，但由于在他转弯时，地球人突然地老很多，来了个"老的飞跃"，因此他回来时，显得比地球人年轻得多。

从地球人看来，一切都很平常，不存在什么"老的飞跃"。只是由于宇航员是运动着的人，飞船钟是运动着的钟，因此人老得慢，钟也走得慢，回来时当然年轻。

20 世纪 60 年代以来的一些实验（间接实验），表明上面的看法是可取的。实验表明，在以比较大的速度做非惯性运动的系统中的钟，相对于惯性系来说，变慢了。作为例子，我们介绍关于 μ 介子的实验：

从高能加速器获得的带负电 μ 介子（一种基本粒子，符号为 μ^-）受到磁场的约束，因而在一个环形回路中运动，这类似于宇航员沿一闭合回路飞行。μ 介子静止时平均寿命为 $\tau_0 = (2.200 \pm 0.0015)$ 微秒。实验用的 μ 介子，能量高达 1.274×10^9 电子伏特，其速度接近光速，$1/\sqrt{1-\beta^2} = 12.15$。因此，按上面所介绍的观点，这些 μ 介子平均寿命应当为 $\tau = \tau_0/\sqrt{1-\beta^2} = 26.72$ 微秒。实验的结果如何呢？实验结果为 $\tau = (26.15 \pm 0.03)$ 微秒，与理论要求符合很好。可见，上面的看法是可取的。以高速度沿闭合回路做非惯性飞行的宇航员，回地球时应该比较年轻。这里所介绍的实验见 *Nature*，217，p.17(1968)。

10 时空均匀且空间各向同性的 一些推论[①]

我们在 9 中留下一个问题,那就是需要论证同时的相对性在"横向"没有表现出来的问题。就是说,设有两个相互做匀速直线运动的惯性系 S 及 S',在 S(或 S')系中的两个同时事件,如果它们只在垂直两个参考系相对速度方向上有一定距离,则从 S'(或 S)系看来,这两个事件依然是同时事件。下面我们就来论证这一点。

我们下面的证明,用到了空间均匀且各向同性以及时间均匀的假设。所谓空间均匀,意思是说,在惯性系中任何一个点,通过观测物理现象所总结出来的物理规律都相同,无彼此之分。而所谓空间各向同性,指的是在一个惯性系中,不管从哪一个方向观测物理现象,所总结出来的物理规律都相同,空间各个方向都等效。至于时间均匀,指的是物理规律与具体时刻无关,在任何时刻,不管是 $t=t_1$ 或 $t=t_2$ 的物理规律都一样,昨天的客观物理规律和今天或明天的客观物理规律没有任何不同。这些假设是长期的大量实践所得的结论,我们在前面事实上也早已承认,其他学科事实上也早已(在狭义相对论提出之前)承认,只不过我们在这里明白点出来而已。

设有两个参考系 S 及 S',在 S 系中有 4 个静止的宇宙航行站 A_1、A_2、B_1、B_2,它们分别坐落在一个矩形的 4 个顶点,如图 10.1 所示。在 S' 系中有两艘静止的飞船 S_1'、S_2',S' 系相对于 S 系以速度 v 运动着。就是说,飞船相对于宇宙站的速度为 v,在宇宙站上都有钟,这些钟在 S 系中都同步。在飞船上也都有钟,这些钟在 S' 系中也同步。让我们还假设,从 S 系看来,飞船 S_1'、S_2' 是并排分别沿着直线 A_1B_1 及 A_2B_2 飞行的。就是说,它们会同时分别与 A_1、A_2 重合。

---

① 本部分如略去不读,不影响全书的连贯性。

由于时间是均匀的,我们可以随意选取钟的零点。设从 S 系看来,当 S_1' 与 A_1 重合时,S_1' 钟及 A_1 钟读数都是零,这就等于说,S_2' 与 A_2 重合时,A_2 钟也指零。因为我们已说过,S 认为 S_2' 与 A_2 重合是和 S_1' 与 A_1 重合同时发生的,并且 A_2 钟是和 A_1 钟同步的。这里设 S_1' 与 A_1 重合时,S_1' 钟指零,无非只是给 S_1' 钟随意规定一个零点。但我们不能更进一步假设 S_2' 与 A_2 重合时,S_2' 钟也指零。因为这就等于说,S 系承认 S_1' 钟与 S_2' 钟同步。而这一点正是我们希望论证的。

$$S_1' \xrightarrow{\quad v \quad} \qquad \qquad \overset{\bullet}{A_1} \qquad \qquad \overset{\bullet}{B_1}$$

$$S_2' \xrightarrow{\quad v \quad} \qquad \qquad \overset{\bullet}{A_2} \qquad \qquad \overset{\bullet}{B_2}$$

图 10.1

由于空间是均匀的,在 S 系中,观测者从 A_1 或 A_2 来总结物理规律都应相同,都是代表 S 系。再根据空间各向同性,并考虑到上面的题设,我们就必须承认,从 A_1 看 S_2' 钟的行为和从 A_2 看 S_1' 钟的行为,是完全对等的,因为除其中一个是在图 10.1 中从右下向左上看,另一个从右上向左下看,在方向上有所不同外,其他条件都相同。因此,既然我们设 A_2(也即 S 系)认为 S_1' 在与 A_1 重合时,其钟为零,我们就只能得出结论:从 A_1 看来,S_2' 与 A_2 重合时,S_2' 钟也为零。记得我们前面已假设过,A_1、A_2 及 S_1'、S_2' 这些钟,在各自参考系中都是同步了的。现在又论证了 S_1'、A_1 及 S_2'、A_2 分别重合时,4 个钟都指零。可见,S 系或 S' 系都应得出结论,对方那两个钟(S_1'、S_2' 或 A_1、A_2)是同步的。同时的相对性在"横向"没有表现出来。

"横向"?结论会不会下得太早呢?依据题设,从 S 系看来,A_1、A_2 两钟的连线与 S' 系的运动速度 v 的确垂直,A_1、A_2 两钟是横向安置的,这无疑问。问题在于,从 S' 系看来,线段 A_1A_2 也与 A_1、A_2 的运动速度垂直吗(从 S' 看来,A_1、A_2 向左飞行)?不错,是这样。我们花一两句话论证一下,大家放心。

我们上面论证了,在 S 系中横向的两个同步的钟,在 S' 系中仍认为同步,而 9 中已证明了,在 S 系中两个同步的钟,只要它们在 S' 的飞行方向有

一定距离 l，它们从 S' 来看读数之差就是 lv/c^2。现在 A_1、A_2 两钟从 S' 系看来，读数之差为零，所以以线段 A_1A_2 在 S' 飞行方向投影为零，A_1A_2 与 S' 和 S 的相对速度垂直，即"横向"这个东西，S、S' 也有共同的看法。

概括一下，本部分论证了 S、S' 两个参考系都认为 S_1'、S_2' 与 A_1、A_2 同时分别重合，从而证明了横向的同时事件，不出现同时相对性的问题。同时还论证了横向这一概念 S 及 S' 有共同看法。我们希望大家注意这几点：

（1）在 S 系中一段横向静止线段（如 A_1A_2），S' 系中也认为是横向的，但以速度 v 运动着。

（2）既然 S 与 S' 都认为 S_1' 与 A_1 重合时，S_2' 也恰好与 A_2 重合，可见 S 及 S' 系都同意 $S_1'S_2' = A_1A_2$，在横向的长度两个参考系看法一致。

（3）横向放置的钟不出现同时相对性的问题。

（4）第（1）点的静止两字请特别注意。如果 A_1A_2 这一线段在 S 系中有某种速度，如一条运动的杆或是一个粒子的运动轨迹，这就难说了。我们的证明都利用到 A_1 及 A_2 是在 S 系中静止的两个同步的钟。如果 A_1、A_2 在 S 系中有速度，同步就没有保证了。

难道 A_1A_2 不是在 S 系中静止的线段，"横向"这东西在 S' 系中就保不住了吗？不错。在地球上垂直落下的雨滴，在火车上看来，变成斜的。在地球上竖直立着不动的电杆，在火车上看来仍然与地面垂直，这在相对论以前就尽人皆知了。

11　因果律对速度的限制

　　根据 9 中关于同时相对性的结论,我们可以肯定地说,在 S 系中如果有两个先后发生的事件 a 和 b,它们之间相距为 l,发生时刻相差

$$\Delta t < lv/c^2 ,$$

则从另一个参考系 S' 看来,这两个事件的先后次序,就可能颠倒过来。只要 S' 相对于 S 的速度 v 是沿着事件 a(先事件)指向 b(后事件)的方向,情况就会是这样的。因为根据 9 中的结论,只要把 S' 看成飞船,把宇宙站 A 钟读数为零作为事件 a,把 B 钟指 $t < lv/c^2$ 作为事件 b,则 a、b 这两事件在 S 系中时间相差 $\Delta t = t - 0 < \dfrac{lv}{c^2}$。但是从 S' 看来,我们已说过,S' 认为 A 钟指零与 B 钟指 lv/c^2 同时。可见,S' 当然为 B 钟指 $t < lv/c^2$ 比 A 钟指零要早。因此,事件 a、b 的次序就颠倒过来了,在 S' 看来,b 先于 a。

　　我们还可以用具体的例子来说明这现象:

　　如图 11.1 所示,设在 S 系中,A 为太阳,B 为地球。已知太阳与地球的距离 l,光要走 8 分钟,即 $l/c = 8$(分钟)。我们设从 S 看来,A 钟指零时,太阳发生一次规模不小的爆发(这是常有的事),5 分钟后,即 A 钟或 B 钟读数为 5 分钟时,地球发生一次地震。

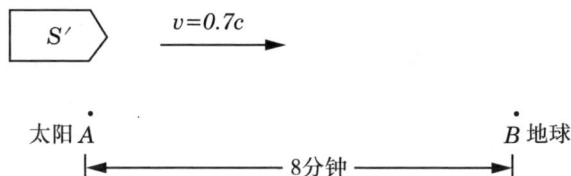

图 11.1

就是说,在 S 系中,地震在太阳爆发之后 5 分钟发生。设想有一个飞船 S'。以速度 $v=0.7c$ 沿着太阳→地球方向飞行。从 S' 看来,我们已说过,B 钟读数为 lv/c^2 与 A 钟读数为零是同时事件。在我们这个例子中,

$$\frac{lv}{c^2}=\frac{l}{c}\cdot\frac{v}{c}=\frac{l}{c}\cdot\frac{0.7c}{c}=0.7\frac{l}{c}=0.7\times8=5.6\text{(分钟)。}$$

就是说,S' 认为 B 钟指 5.6 分钟与 A 钟指零同时发生,也即与太阳爆发同时发生,因为太阳爆发与 A 钟指零是同时同地事件。可见,自 S' 看来,地震(B 钟指 5 分钟之时)发生于 B 钟指 5.6 分钟之前,也即发生于太阳爆发之前。太阳爆发与地震这两件事的先后次序在 S' 中被颠倒过来了。

"怪事"何其多?看样子相对论也许还会得出结论说,从某个高速飞行的飞船看来,我们是小学毕业然后上幼儿园?! 那不是因果倒置了吗? 在凭人类眼睛所能观测的世界里,大家公认因果规律是不容颠倒的。"因"只能先于"果",因果规律不容破坏。根据因果规律的绝对性,为了避免出现因果倒置的不合理结论,我们可以从相对论得出这样的结论:两个参考系的相对速度只能小于 c,任何物理作用的传播速度不能大于 c。下面就是我们的论证:

设想太阳某次发生爆发,8 分钟后地球上的天文台记录到这次爆发。这两个事件,爆发与记录,是有明确因果关系的,爆发是因,记录是果。因先于果,两者时间相差 8 分钟。可是,只要我们上面所说的飞船 S' 以 $v=c$ 或 $v>c$ 的速度沿太阳→地球方向飞行,则

$$\frac{lv}{c^2}=\frac{l}{c}\cdot\frac{v}{c}=8\frac{v}{c}\geqslant8\text{(分钟)}^{[①]}。$$

仿照上面的讨论可知,在 S' 系中将认为,爆发与记录同时发生($v=c$ 或 $\Delta t=lv/c^2$ 的情况),或甚至记录在先,爆发在后($v>c$ 或 $\Delta t<lv/c^2$ 的情况),这样因果次序就被破坏了。因此,为了保证因果规律不受破坏,结论只能是两个参考系之间的相对速度一定要小于 c,不能等于 c 或大于 c。

不止如此,假如宇宙间存在着某种物理作用,其传递速度超过光速,这种作用就有可能(比方说)在太阳爆发时从太阳出发,于 5 分钟后地震发生时到达地球。这样,"出发"与"到达"这两个事件也就有明确的因果联系。可是我们前面已算过,以速度 $v=0.7c<c$ 沿太阳→地球方向飞行的飞船

---

① 　符号"$\geqslant$"表示"大于或等于"。

S'，会认为"到达"（与地震同时同地）在"出发"（与太阳爆发同时同地）之前。这样，作为果的"到达"变成在作为因的"出发"之前发生，因果关系也受到破坏。可见，单是参考系的相对速度 v 一定小于 c 还不足以保证因果律不受破坏。要确保因果律，还得要求所有物理作用的传递速度不能超过光速 c。

综上所述，我们归纳出几点：

（1）由于两个参考系的相对速度只能小于 c，因此 $lv/c^2 < \dfrac{l}{c}$。我们在本部分一开头所说的，在 S' 参考系中先后次序有可能被颠倒过来的两个事件 a 及 b，在 S 系中的时间差 Δt 与空间距离 l 的关系 $\Delta t < \dfrac{lv}{c^2}$，就可以改写为 $\Delta t < \dfrac{l}{c}$，即在 S 系中两个事件 a 及 b，如果它们发生时刻差 $\Delta t < l/c$，则在其他参考系中，a、b 的次序完全有可能被颠倒过来。

（2）由于任何物理作用的传递速度不能超过 c，因此上述 $\Delta t < l/c$ 的两个事件 a、b 不可能有因果联系。因为即使以最快速度（光速）传递的物理作用，在上述 Δt 时间里所走过的距离 $c\Delta t$ 仍然小于 l，还来不及在相距为 l 的两个事件之间建立任何联系。

（3）在 S 系中，两个事件的时间间隔 Δt 与空间距离 l 的关系，如果不满足 $\Delta t < l/c$，就是说 $\Delta t \geqslant \dfrac{l}{c}$，则这样的两个事件就完全可以有因果联系。有因果联系的事件，不管从哪个参考系看来，先后次序都不会被颠倒。

上面太阳与地球的例子就是这样，太阳爆发与被记录下来，这两个事件 $\dfrac{l}{c} = 8$（分钟），$\Delta t = 8$（分钟），因此 $\Delta t = \dfrac{l}{c}$。这两个事件就是由光建立因果联系的。太阳爆发的光信号走了 8 分钟到达地球，引起地球人对这件事进行记录。这样的两件事，其先后次序是绝对的，不会颠倒。太阳爆发与地震相差 $\Delta t = 5$（分钟），$\Delta t < \dfrac{l}{c} = 8$（分钟），因此这两个事件不可能有因果联系。地震发生时，太阳爆发的任何影响都未到达地球，这样的两个事件，因为满足了 $\Delta t < \dfrac{l}{c}$ 的条件，不可能存在因果联系，其先后次序就是相对的，不同参考系可以有不同的结论。我们已说过，沿着太阳→地球方向飞行的飞船 S'，只要速度达到 $0.7c$，就会观测到地震比太阳爆发先发生。

根据上面的讨论,我们看到,所谓"光速",事实上就是宇宙间所有物理作用传递速度的极限。无怪乎光速 c 在相对论中那么突出,放进了它的基本假设之中,原来这个速度就是宇宙间各个惯性系中一切能量或信息或物理作用传递速度的极限,这个极限对于各个惯性系都一样。请注意,任何物理作用的传递也就是能量或信息的传递。

12　超光速是存在的,但相对论没因此垮台

真的没有超光速的东西吗?

有人为了试探相对论是否会垮台,设想了一些能够获得超光速的方法,这些方法是可以实现的。我们先举一个例子:

如图 12.1 所示,让一束很强的平行激光射在反射镜 M 上,M 把这束光反射到遥远的屏 P,在 P 上就会出现一个光斑。我们让镜子 M 绕着垂直

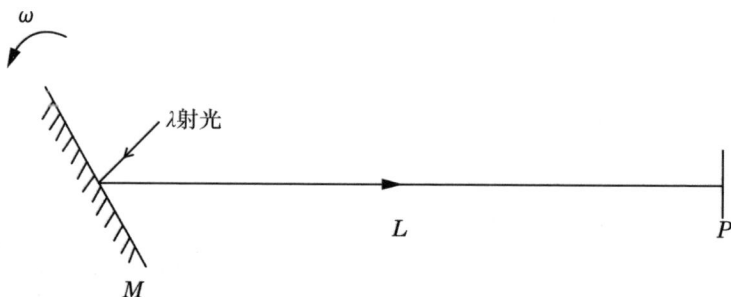

图 12.1

于图面的轴以每秒转过 ω 弧度的角速度旋转。大家知道,镜子转过角度 θ,反射光线方向就转过 2θ 角,因此反射光线就以角速度 2ω 旋转。这样,射在屏 P 上的光斑在屏上的移动速度就是

$$v = L \cdot 2\omega 。$$

这里 L 是 M 到 P 的距离。只要 L 足够大,不需多大的 ω,就可以使光斑在屏上的移动速度 v 超过光速 c。这和小孩子稍为转动手中的小镜子,就会使得反射到远方墙上的太阳光斑迅速移动的道理完全一样。设 P 是月球 $L \simeq 40$ 万千米,只要 $\omega = 0.5$ 弧度/秒,就可以使光斑在月球上的移动速度

$v \simeq 40$ 万千米/秒$>c$。$\omega = 0.5$ 弧度/秒,约相当于 12 秒多钟才转一周,是很慢的转动,很易实现。总之,超光速是实现了,但相对论并不因此垮台。

问题在于,上面所描述的光斑运动,不能在月球上某两点间传递任何作用,或者说不能传递任何信息或任何能量。其中能发生作用的东西,一切皆由地球上送去。绝不能利用这种光斑的移动在月球上任意两点建立起因果联系。总之,不能传递任何作用的东西完全可以超光速,这不会引起相对论与因果律的矛盾(相对论如果与因果律矛盾,相对论就会垮台,因为因果律是绝对的)。因此,相对论与因果律结合起来,并不一般地"禁止"超光速,而是断定"作用"或能量的传递不能超光速,唯有能够传递某种作用的东西,才能在两个事件之间建立起因果联系。有人把类似上面这种超光速的例子,叫几何学上的超光速,以与物理学上的超光速区别。几何学上的超光速是许可的。

我们还可以顺便再介绍另一个超光速的例子:

如图 12.2 所示,有一条杆 $A'B'$,与水平成 θ 角,让它用不变速度 v 落下,在其下落途中有一条水平直线 l,设 $A'B'$ 在此直线上的水平投影为 AB。当 A' 端与 A 重合时,$A'B'$ 就开始与直线 l 相交,随着 $A'B'$ 的下落,$A'B'$ 与 l 的交点显然会自左向右移动,直到这交点移到 B 点,也即 B' 经过 B 时,杆才和 l 脱离接触。我们来计算 $A'B'$ 与 l 的交点的移动速度。

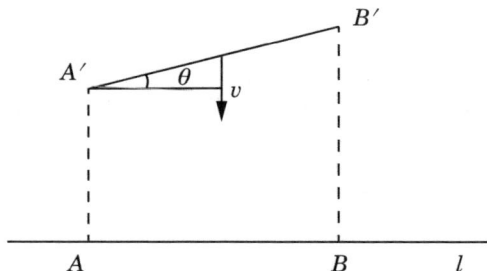

图 12.2

从 A' 经过 A 到 B' 经过 B 这段时间里,杆下落的距离为

$$A'B'\sin\theta。$$

因为杆以速度 v 下落,所以这段时间为

$$\Delta t = A'B'\sin\theta/v。$$

在这段时间里,杆与 l 的交点从 A 移到 B,所以交点的移动速度

$$u = \frac{AB}{\Delta t} = \frac{A'B'\cos\theta}{A'B'\sin\theta/v} = v\cot\theta\text{。}$$

只要 θ 足够小,v 不必很大,u 就可以超光速。当然,这个例子也只是几何超光速,不是物理超光速。我们说过,几何超光速是容许的。

　　我们生活在地球上,对于物理作用传递速度有个极限 c,不会感到不方便,因为用这个速度每秒钟可以环绕地球 7.5 圈。我们的无线电广播,大体上也就是以光速 c 传播的,一般人从不埋怨无线电波跑得慢(我们这里"大体上"这几字,只是表明这些波不是真正在真空中传播,速度比在真空中慢些)。将来和别的星球建立通讯联系时,麻烦就来了:与最近的恒星上的"人"通讯,你发出无线电波后,只能老老实实至少等待 8.6 年,方能得到回电。因为最近的恒星,距离太阳也即距离地球 4.3 光年。和大家熟悉的织女星通信,来回一趟得 54 年。如果发电报时我们年纪已不小,那只好由我们的下一代代收回电。1974 年末,有人利用巨大的射电望远镜天线,向集中着数以十万计的恒星集团 M13[①] 发出任何有理智的生物都能理解的信号,告诉那恒星集团中可能存在的"人"说:"我们这里有人类文明。"M13 距我们 2 万多光年,如果那里有类似地球上目前技术水平的"人类"社会的话,是能够收到这信号并发回信的。但是假如真的会有回信,也得将近 5 万年后才能收到。整个地球上人类文明至今只不过几千年,有无线电技术只有几十年,5 万年后是多么遥远的未来呀! 自然规律就是如此,有什么办法呢?

　　相对论虽然否定了"超电报",即否定了比无线电波或光波更快的传递信息的工具,但是从另一方面指出了克服空间距离遥远而引起的时间障碍的途径:高速飞行,亲身去一趟。只要你坐上高速飞船向 M13 飞去,如果速度 $v = 0.99c$,从飞船上看来,星团 M13 的距离就只有几十光年,只需飞行几十年就到;如果 v 更大,距离还会更缩短,按 $\sqrt{1-\beta^2}$ 的因子缩短。这方面有的只是技术上的困难。我们来算算看,如果技术上没困难,要用两三年飞到 M13,飞船速度应多大?

　　就算距离缩短 1 万倍吧,两万光年不就剩下两三光年了吗? 让

$$\sqrt{1-\beta^2} = 0.0001 = 10^{-4}\text{,}$$

---

　　① M13 是一个球状星团,位于武仙座这个星座中,肉眼看起来仅是一个勉强可见的白点,在望远镜中它是一个非常密集的球状星团,其中恒星数目约 30 万颗。

则　　　　$1-\beta^2=10^{-8}$,

即　　　　$\dfrac{v^2}{c^2}=1-10^{-8}$,

得　　　　$\dfrac{v}{c}=\sqrt{1-10^{-8}}\simeq1-\dfrac{1}{2}10^{-8}$。

(这里用到近似计算中常用的式子,当 x 远小于 1 时,$\sqrt{1-x}\simeq1-\dfrac{1}{2}x$)即

$$v=0.999999995c。$$

一些实验事实:在基本粒子家族中,有一种叫(正)μ 介子的,这种粒子平均寿命很短,只有 2.2×10^{-6} 秒。可是人们发现,在大气层上部由宇宙线与大气的原子核发生作用从而产生的 μ 介子,居然能有相当数目到达海平面。就算这些 μ 介子以光速运动,在 2.2×10^{-6} 秒里也只能跑 660 米左右,终其一生是无法从大气层上部跑到海平面的。可是从相对论看来,这是完全可能的。在海平面测得的这种粒子的速度 v 很大,速度接近光速,$\sqrt{1-\beta^2}\simeq\dfrac{1}{30}$。因此,从地球上看来,这种 μ 介子寿命比静止的长了,变为 $30\times2.2\times10^{-6}$ 秒,在其一生中能够飞行约 20 千米,这就足够使它们从大气层上部跑到海平面来。

设想我们是一个骑在 μ 介子上的小骑者,我们的看法会是怎样呢?我们将认为,这 μ 介子总是让我们骑着,它是静止的,因此平均寿命只能是 2.2×10^{-6} 秒。可是,我们将认为,高速度迎面飞来的地球,朝向我们这一面的大气层变薄了。由于地球飞来的速度很大,使得 $\sqrt{1-\beta^2}\simeq\dfrac{1}{30}$,因此即使 20 千米厚的大气层也只剩下 660 米厚。所以,在 μ 介子的小骑者看来,虽然被骑的 μ 介子寿命很短,但完全能够带着他穿透只有几百米厚的大气层。

在遥远的未来,人类飞向太阳以外的恒星时,就得乘上类似这种 μ 介子速度的飞船,以克服人的短寿命(与宇宙空间距离的光年数相比,人类是短命的)的困难。当然,也可以像 6 中所说那样,把人冰冻起来,而保存其生命,靠自动驾驶,到达目的地再把人弄醒。

13　速度应如何相加

　　有人对物理作用的传递速度不能超光速,感到不舒服,感到物理学中的规律怎么老是那些令人扫兴的东西:绝对零度不能达到呀,第一类、第二类永动机造不出来呀,人们无法同时准确确定粒子的位置与速度呀,等等,这里又冒出一个光速不能超越! 因而就想出了让物体超光速的种种方案。我们这里介绍多级列车方案。这个方案是人认真的,如果真能实现,可就不是12中那种几何学上的超光速,而是货真价实的(物理)作用传递超光速或能量传递超光速。

　　在承认单一级列车速度不能超光速的前提下,让大列车相对于地球(比方说)以速度 $v < c$ 行驶,爬在大列车上的第二级小些的列车,相对于大列车也以速度 v 行驶,如图 13.1 所示。小列车上还可以有更小的列车,依次一级骑一级,这就是多级列车方案。假如列车级数足够多,最后一级列车相对于地球的速度,总可以超光速吧!

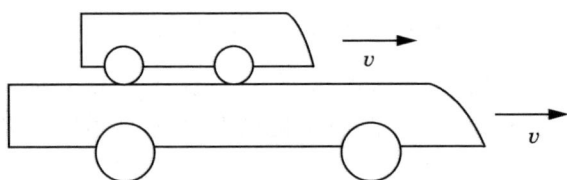

图 13.1

　　不行,即使 $v = 0.99c$,100 级列车或更多级的这种列车即使在技术上搞起来了,最后一级小列车相对于地球的速度也仍然小于 c,这是相对论的回答。

　　那岂不是

$$100 \times 0.99c < c \, (?)$$

吗？如果作为数学式子，我们承认，$100 \times 0.11c$ 就超过 c 了，不必 $100 \times 0.99c$。但作为 100 级速度依次为 $0.99c$ 的上面那种多级列车，最后一级列车相对于地球的速度仍然小于 c。

照这样说，在相对论中，速度相"加"该得有新的规律，不是简单加起来就完事（即使所有速度同方向）？对！问题又出在同时的相对性。

第一级列车速度 v 是用地球这个参考系的钟和尺计量的，因为是列车相对于地球的速度嘛！同理，第二级列车的速度 v 是用第一级列车这个参考系的钟和尺来计量的……各级列车的速度是分别用不同参考系的钟和尺来计量的。我们知道，各参考系对于时间的计量和长度的计量都是相对的，怎能把不同参考系计量的结果简单加起来，硬要地球这个参考系承认最后一级列车相对于地球的速度超过光速呢？

因此，我们应当求出相对论速度如何相"加"的式子，以便看出多级列车方案为什么行不通。这在原则上只要求出两个速度如何"合成"就可以了，假如还有第三个速度要"加"上去，可以把第三个速度与头两个速度的"总和"去"合成"，余类推。

为了往后讨论问题的需要，我们这里开始引入两个都是采用直角坐标的参考系 S 与 S'。由于空间是各向同性的，我们可以任意选取 S 和 S' 相对速度的方向。我们约定，S' 相对于 S 以速度 v 向右运动。当然，根据相对性原理，S 相对于 S' 的速度也是 v，但方向向左。由于空间是均匀的，随便选取哪一点作为坐标的原点都是等效的。因此，我们还约定，S、S' 所采用的直角坐标的原点 O、O' 连线与 OX 或 $O'X'$ 轴重合。既然我们规定了两个参考系以相对速度 v 运动，两个原点也就以 v 的速度相互运动，这就事实上要求我们沿着相对速度 v 的方向安排两个参考系的各自坐标轴 OX 及 $O'X'$，才能保证 O、O' 连线与 OX 及 $O'X'$ 轴重合。此外，我们还约定，两个参考系的 OY、OZ 轴分别与 $O'Y'$、$O'Z'$ 轴平行，并且时间的起算点都从两个原点 O、O' 重合的瞬间开始。即规定 O、O' 重合时，S 系中固定于 O 的钟和 S' 中固定于 O' 的钟分别指 $t=0$ 和 $t'=0$。正是由于我们已论证过，S 与 S' 对于静止在各自参考系中"横向"的线段有共同的看法，S、S' 才会彼此承认 OY、OZ 分别与 $O'Y'$、$O'Z'$ 平行。还由于时间是均匀的，我们才可以随意选取时间的零点而不影响到所讨论的物理问题的本质。我们假设，在 S、S' 系中各个地点都备有在各自参考系中静止的结构相同的钟，并且同一个参考系中所有的钟都同步。钟的同步可以通过（比方说）无线电对时信号来实现。比如,在 O、O' 重合时,两个参考系都从各自的原点分别发出 $t=0$ 及 $t'=0$ 的信号,两个参考系各自的钟收到自己参考系的零时信号后,就分别把钟的读数拨在 L/c 处,这里 L 为各钟与各自参考系原点的距离。因为信号从各自的原点传到钟的所在地,已经过去了 L/c 这样多的时间,这样约定的两个参考系,画在图 13.2 中,图中未能把钟画出。这样的图是 O、O' 重合以后再经过某段时间后的情况,因为 S' 已跑到 S 的右方。图中速度 v 下面符号 (S),表示是 S 系观测到的量(S 系观测到 S' 向右以速度 v 运动)。

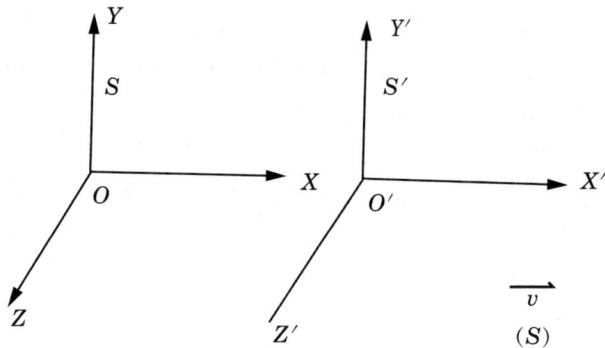

图 13.2

为了讨论速度该如何相"加",让我们设,在 S' 系中有一个质点 A 以速度 u' 沿 $O'X'$ 方向运动。我们的目的是求出:从 S 系看来,A 的速度 $u=?$。把 A 看成是第二级小列车,S' 看成是第一级大列车,S 看成是地球,我们求出了 u,就是求出第二级列车相对于地球的速度。

为了简单起见,我们设在 O、O' 重合(即 $t=t'=0$)时,A 也恰好在 O',这只是坐标原点和钟的起算点的选择问题,不影响所讨论问题的本质。这样一来,我们只要求出 $t=1$ 的时候,A 与 O 的距离就行了,这段距离就是从 S 看来,A 在单位时间里所走过的距离,也就是 S 系所测得的 A 的速度 u。

在 S 看来,$t=1$ 之时,O' 钟只指 $t'=\sqrt{1-\beta^2}$。这时候从 S' 看来,设质点 A 跑到 P 点(图 13.3),则 $O'P$ 的距离当然是 $u't'=u'\sqrt{1-\beta^2}$。因为我们说过,在 S' 中 A 是以速度 v' 运动的。不过从 S 看来,这段距离缩短了,为

$$u\sqrt{1-\beta^2}\cdot\sqrt{1-\beta^2}=u'(1-\beta^2)\text{。}$$

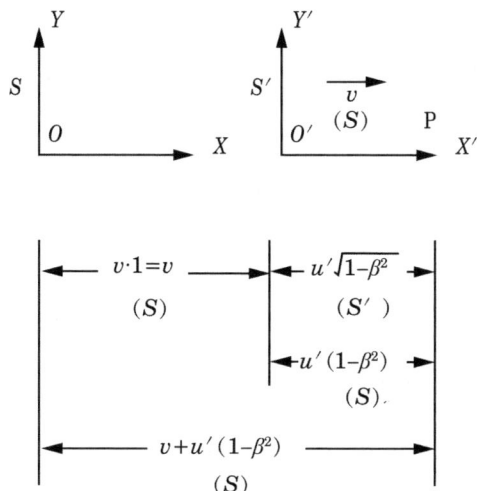

图 13.3

因此,在 S 系看来, $t=1$ 时, A 的所在地距离 O' 为 $u'\left(1-\dfrac{v^2}{c^2}\right)$,而 O' 由于以速度 v 离开 O ,这时 O' 距 O 应为 $v\cdot1=v$ 。所以,在这个时候, P 距 O 为(图 13.3)

$$u=v+u'(1-\beta^2)\text{。}$$

这就是从 S 看来, A 在 1 单位时间里所走过的路程,也就是我们所要求的 A 相对于 S 系的速度。

错了! 按这个式子,只要令 $v=u'=0.9c$,则

$$u=0.9c+0.9c\left(1-\frac{0.81c^2}{c^2}\right)$$
$$=0.9c+0.9c(0.19)>c\text{。}$$

这是违反相对论要求的。错在哪里呢? 我们不是已考虑到,在 S 看来, $t=1$ 时, O 钟指 $\sqrt{1-\beta^2}$ 吗? 我们也没有忘记把 S' 测得的 $O'P$ 长度 $u'\sqrt{1-\beta^2}$ 乘上因子 $\sqrt{1-\beta^2}$ 才得到 S 所测得的 $O'P$ 长度。 S' 系钟变慢,长度变小,都考虑到了,一个没漏! 怎么会错呢?

可就是漏了一个:在 S' 中沿 $O'X'$ 轴上不同地点的同时事件,从 S 看

来,并不同时;S'中认为 O' 钟指 $\sqrt{1-\beta^2}$ 之时,A 到达 P,S 却不这样认为。9 中的(9.1)式说的是从 S 系考察 S 系,由于各个惯性系等效,我们可以改写成从 S 系考察 S' 系的情况:在 S' 系中沿着 S 系运动方向上相距为 l 的两个事件 Ⅰ 及 Ⅱ,如果要让 S 系看成是同时事件,这两个事件在 S' 系中发生的时刻必须差 $\Delta t_0' = \dfrac{lv}{c^2}$ 才行。假如 S 的运动方向是自 Ⅰ 指向 Ⅱ,这个 $\Delta t_0'$ 必须是事件 Ⅰ 比 Ⅱ 提早发生的时间。在我们这里,S 相对于 S' 的速度方向是自 P 指向 O',质点 A 到达 P 与 O 钟指 $\sqrt{1-\beta^2}$ 在 S' 系中是同时发生而不是提早 $\Delta t_0' = O'P \cdot \dfrac{v}{c^2}$ 发生,所以 S 当然认为,A 到达 P 比 O' 钟指 $\sqrt{1-\beta^2}$ 要晚些。就是说,S 系认为,在 S 系的钟指 1 时,O' 钟指 $\sqrt{1-\beta^2}$,这没错,但此时 A 尚未到达 P 而只到达更靠近 O' 的某个 P' 点。P' 点的位置如何求得呢?它距 O' 多远?这不难,可以这样考虑:

设从 S' 看来,我们要寻找的 P' 点距 O' 为 x',则 A 到达 P' 点应当在 O 钟指 $\left(\sqrt{1-\beta^2} - \dfrac{x'v}{c^2}\right)$ 时,因为这个时刻比 O' 钟指 $\sqrt{1-\beta^2}$ 恰好提早了 $\Delta t_0' = \dfrac{x'v}{c^2}$。这样,从 S 系看来,A 到达 P' 点就正好与 O' 钟指 $\sqrt{1-\beta^2}$ 同时发生,这也就是与 O 钟指 1 同时。问题是如何求得 x'?这很容易。由于从 S' 系看来,A 的运动速度是 u',并且 O' 钟指 $t' = \left(\sqrt{1-\beta^2} - \dfrac{x'v}{c^2}\right)$,也就是 S' 系所有的钟都指 $t' = \left(\sqrt{1-\beta^2} - \dfrac{x'v}{c^2}\right)$。我们还知道,$A$ 是在 $t'=0$ 时从 O' 出发的,所以

$$x' = u'\left(\sqrt{1-\dfrac{v^2}{c^2}} - \dfrac{x'v}{c^2}\right),$$

由此式解出

$$x' = \dfrac{u'\sqrt{1-\beta^2}}{1+\dfrac{u'v}{c^2}}。 \tag{A}$$

这段长度从 S 系看来,只有 $x'\sqrt{1-\beta^2}$,因此从图 13.4 可见

$$u = v + x'\sqrt{1-\beta^2}。$$

把(A)式的 x' 代入就得

$$u = \frac{u' + v}{1 + \dfrac{u'v}{c^2}}。 \tag{13.1}$$

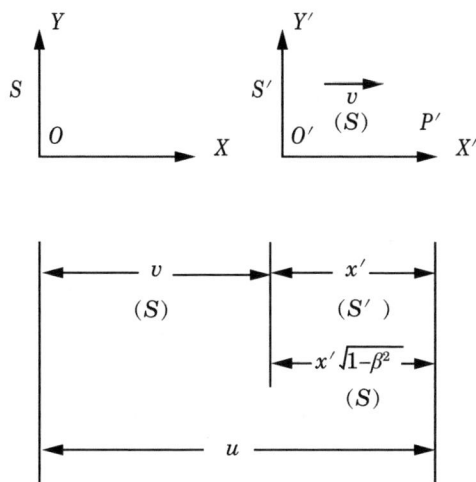

图 13.4

(13.1)式就是我们所希望知道的,从 S 看来,$t=1$ 时,A 与 O 的距离,式子中的 u 也就是自 S 看来,A 的速度。因为在 $t=0$ 时,A 在 O 点,$t=1$ 时,A 离 O 点为 u,此 u 就是单位时间里 A 走过的路程。所以,(13.1)式就是我们所要知道的速度合成的公式。

上面推导(13.1)式时,我们有意先弄错了然后再纠正,希望这样做有助于初学者搞清楚一些基本概念。初学的人最常疏忽的就是同时的相对性。下面让我们以稍为不同但比较紧凑的方式把(13.1)式再推导一次(已知条件与上面的讨论相同):

设对于 S' 系而言,质点 A 在 $\Delta t'$($\Delta t'$ 不一定是 1 秒)时间里从 O' 跑到距 O' 为 x' 的 P' 点,则(图 13.5)

$$x' = u' \Delta t'。 \tag{B}$$

对于 S' 来说,S' 系中所有的钟都是同步的,所以 A 跑到 P' 时,各处的钟读数都是 $\Delta t'$。但对于 S 来说,S' 系中所有的钟就未必同步,要知道 A 跑到 P' 时 S 系的时刻 Δt 可以这样考虑:A 到达 P',P' 钟指 $\Delta t'$,这是同时

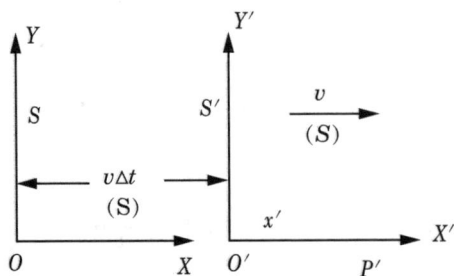

图 13.5

同地的重合事件。再注意到 S 认为 O' 钟读数总是比 P' 钟提前 $x'v/c^2$（注意，把 S 系看成飞船，则 S 系是从 P' 飞向 O' 的，所以 O' 钟读数总是比 P' 钟大 $x'v/c^2$），就可以知道，P' 钟读数为 $\Delta t'$ 时，O' 钟读数为 $\Delta t' + x'v/c^2$。由于 O 钟与 O' 钟在重合时曾经都是零读数，因此 S 系当然认为，走得比较慢的 O' 钟，其读数总是 O 钟的 $\sqrt{1-\beta^2}$ 倍。因而 O' 钟读数为 $\Delta t' + x'v/c^2$ 时，O 钟读数为

$$\Delta t' = (\Delta t' + x'v/c^2)/\sqrt{1-\beta^2} \text{。} \tag{C}$$

对于 S 系来说，自己参考系中所有的钟都对齐，O 钟读数就可以代表全体的钟。因此，质点 A 的速度应是

$$u = \frac{v\Delta t + x'\sqrt{1-\beta^2}}{\Delta t} \text{。} \tag{D}$$

这个式子中分子第一项是 O 钟指 Δt 时，O' 与 O 的距离；第二项则是从 S 系所观测到的 $O'P'$ 的长度。把（B）及（C）两式代入（D）式，消去 $\Delta t'$ 后就得

$$u = \frac{u'+v}{1+\dfrac{u'v}{c^2}} \text{。} \tag{13.1}$$

上面这些推导有 3 个关键步骤，即，S 断定：①A 到达 P' 时，P' 钟读数为 $\Delta t'$；②P' 钟为 $\Delta t'$ 时，O' 钟为 $\Delta t' + x'v/c^2$；③O' 钟读数 $=O$ 钟读数乘以 $\sqrt{1-\beta^2}$，从而求得 Δt。剩下的工作就是根据 $u = \Delta l/\Delta t$ 求出 u。只不过 Δl 包括 OO' 与 $O'P'$ 两段，而 $O'P' = x'\sqrt{1-\beta^2} = u'\Delta t'\sqrt{1-\beta^2}$。这个式子又一次用到一点相对论结论——运动的杆沿杆长方向缩短了。

从（13.1）式可知，只要 u'、v 都小于 c，u 就小于 c，这就堵塞了用多级列

车达到超光速的可能性。

从各个惯性系都等效的假设,我们只要把(13.1)式的 v 换成 $-v$,就能够对应地写出在 S 系中一个速度为 u 沿 OX 轴运动的物体。在 S' 看来,此物体的速度 u' 的式子为

$$u' = \frac{u-v}{1-\dfrac{uv}{c^2}} 。 \qquad (13.2)$$

事实上,(13.2)式只是(13.1)式的逆关系,只要从(13.1)才解出 u' 就可以得到(13.2)式,不过依据相对性原理,各个惯性系等效,S' 与 S 的差别只是彼此看到对方运动速度方向相反(S 见 S' 沿正 X 轴方向运动,S' 见 S 沿负 X' 轴方向运动),只要把 v 改成 $-v$,就可以相应地把(13.2)式改为(13.1)式或把(13.1)式改为(13.2)式,这比直接去解方程式而进行移项、通分等要轻松且不易弄错。

(13.1)式也好,(13.2)式也好,只要让"极限速度"c 趋于无限大,就得到通常速度互相加减的式子,也即变成牛顿力学中速度合成的式子。牛顿力学事实上是承认作用的传递速度可以无限大的力学,它只是相对论力学的近似(比相对论还不精密)情况。

必须指出,从"当事者"看来,速度相"加"永远不能大于 c,但从"第三者"看来,"超光速"仍是可能的。例如,飞船 S_1 相对于地球 E(图 13.6)向东以速度 v_1 飞行,飞船 S_2 向西以速度 v_2 飞行,设 $v_1 = v_2 = 0.9c$。

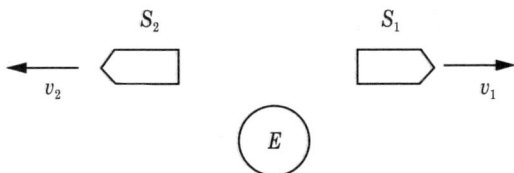

图 13.6

不管自 S_1 看 S_2 或自 S_2 看 S_1 对方的速度都是

$$v = \frac{v_1 + v_2}{1 + \dfrac{v_1 v_2}{c^2}}$$

$$= \frac{1.8c}{1+\dfrac{0.81c^2}{c^2}} = \frac{1.8c}{1+0.81} < c。$$

但自地球看来，S_1、S_2 互相离开的速度为 $1.8c$，这并不违背相对论。我们前面在计算例题时，也曾用过光接近第三者的速度大于 c 的这类事实。比方说，飞船以速度 v 接近地球，光从地球射向飞船时，从地球看来，光与飞船互相接近的速度就是 $c+v$。这类的超光速仍然不会破坏因果律。

例 设某粒子在 S' 系中沿 $O'X'$ 轴方向以速度 $u'=5$ 米/秒运动，S' 相对于 S 的速度是沿 OX 方向 $v=30$ 米/秒（每小时超过 100 千米！），求此粒子相对于 S 系的速度 u。

解：

$$u = \frac{u'+v}{1+\dfrac{u'v}{c^2}} = 34.9999999999999417（米/秒）。$$

牛顿力学的答案大家知道是 35 米/秒，两者相差极少，相对论的速度合成式子和牛顿力学的式子只在速度和光速可以相比时才显出明显差别。

练习题

13.1 设 ε、δ 为任意小的正数，证明：两个同方向的速度 $c-\varepsilon$ 与 $c-\delta$ 的合成速度总是小于光速 c。

13.2 证明：两个同方向速度 c 与 $c-\varepsilon$ 的合成速度等于 c。

14　较普遍的速度合成公式

上一节的速度合成公式,只能用于沿同一直线的两个速度的合成,这样的公式局限性太大。我们有必要探求较普遍的速度合成公式。

设想在参考系 S' 中有一质点 B,既具有 $O'X'$ 方向的速度 u'_x,也具有 $O'Y'$ 方向的速度 u'_y,求:在 S 系看来,B 的速度如何?

我们仍假设 O、O' 重合时,B 恰在 O' 点,然后按老规矩,求出,在 S 看来,$t=1$ 的时候,B 的 X 坐标值与 Y 坐标值。这两个量在数值上就分别为质点 B 对于 S 系而言的两个速度分量 u_x 及 u_y,因为 B 是在 $t=0$ 时离开 O 点的。

如图 14.1 所示,设在 S' 系中,有另一个沿 X' 轴方向运动的质点 A,它只具有 X' 方向的速度 u'_x,它与 B 同时于 $t'=0$ 时从 O' 出发。从 S' 看来,A、B 在 X' 方向的运动是同步的,它们在任何时刻都具有相同的 X' 坐标值,只是在 Y' 轴方向有一定距离。A 的 Y' 坐标总是零而 B 的 Y' 坐标则是随时间而不同,$y'=u'_y t'$。由于同时的相对性只在沿 $O'X'$ 方向有一定距离的事件才表现出来,因此 A、B 既然在 S' 系中沿 $O'X'$ 方向的距离恒为零,S 系当然也就认为,A、B 在 $O'X'$ 方向(也即 OX 方向)的运动是同步的,同一个时间具有相同的 X 坐标值。就是说,S 必然认为,A、B 两个质点在 X 轴方向的速度 u_x 相同,所以根据 13 中的结论,我们知道,B 的 X 方向速度 u_x 为

$$u_x = \frac{u'_x + v}{1 + \dfrac{u'_x v}{c^2}}。$$

剩下的问题是设法求出,从 S 看来,$t=1$ 之时,B 的 Y 坐标值,这值也就是 B 在 Y 轴方向的速度,因为它是在 $t=0$ 时离开 O 点的。

设从 S 看来,$t=1$ 时,B 跑到某点 Q',此时 A 相应地跑到 Q' 的正下方 P' 处,Q' 与 P' 的 X 坐标或 X' 坐标是相同的。

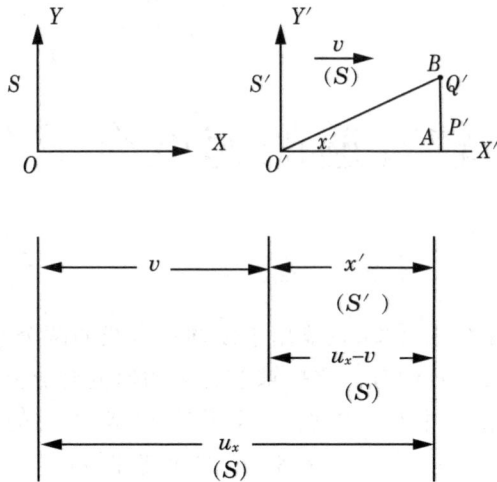

图 14.1

　　根据 13 中的讨论，自 S' 看来，A 是在 O' 钟（也即 S 系的钟，在 S' 看来，自己参考中的钟皆同步）指

$$\sqrt{1-\beta^2}-\frac{x'v}{c^2}$$

之时跑到 P' 点的。这里 x' 为 P' 点在 S 系中的坐标，即 $O'P'=x'$。可见，B 也就是在这个时候跑到 Q' 点的。既然如此，由于 B 是在 $t'=0$ 从 O' 出发的，且它的 Y' 方向的速度为 u'_y，因此 Q' 点与 $O'X'$ 的距离，也即 Q' 点的 Y' 坐标就应当是

$$y'=u'_y\left(\sqrt{1-\beta^2}-\frac{x'v}{c^2}\right)。 \tag{A}$$

从图 14.1 看出，自 S 看来，此时（即 A 到达 P' 时）$O'P'=u_x-v$，不过 S 认为 $O'P'$ 的长度不是 S' 所认为的 x'，而是要短些。这长度为

$$u_x-v=x'\sqrt{1-\beta^2}，$$

得　　　　$$x'=\frac{u_x-v}{\sqrt{1-\beta^2}}。 \tag{B}$$

把（B）式代入（A）式得

$$y'=u'_y\left[\sqrt{1-\beta^2}-\frac{(u_x-v)v}{c^2\sqrt{1-\beta^2}}\right]。$$

我们在 10 中已说过,两个参考系对于"横向"的某段长度,比如图 14.1 中的 $P'Q'$ 这段长度,看法是一致的。因此,从 S 系看来,Q' 点的 Y 坐标值为

$$y = y' = u'_y \left[\sqrt{1-\beta^2} - \frac{(u_x - v)v}{c^2 \sqrt{1-\beta^2}} \right] 。$$

我们上面已说过,这个 y 值就是 u_y,故

$$u_y = u'_y \left[\sqrt{1-\beta^2} - \frac{(u_x - v)v}{c^2 \sqrt{1-\beta^2}} \right]$$

$$= u'_y \left(\frac{1 - \dfrac{u_x v}{c^2}}{\sqrt{1-\beta^2}} \right) 。$$

把

$$u_x = \frac{u'_x + v}{1 + \dfrac{u'_x v}{c^2}}$$

代入可得

$$u_y = u'_y \left[1 - \frac{u'_x v + v^2}{c^2 \left(1 + \dfrac{u_x v}{c^2} \right)} \right] \Big/ \sqrt{1-\beta^2}$$

$$= \frac{u'_y \sqrt{1-\beta^2}}{1 + \dfrac{u'_x v}{c^2}} 。$$

同理可得

$$u_z = \frac{u'_z \sqrt{1-\beta^2}}{1 + \dfrac{u'_x v}{c^2}} 。$$

这两个式的逆变换公式分别为(把 v 改为 $-v$,并把有撇与无撇的字母对换就行!)

$$u'_y = \frac{u_y \sqrt{1-\beta^2}}{1 - \dfrac{u_x v}{c^2}} , \qquad u'_z = \frac{u_z \sqrt{1-\beta^2}}{1 - \dfrac{u_x v}{c^2}} 。$$

所以,比较普遍的速度合成公式为

$$\begin{cases} u_x = \dfrac{u'_x + v}{1 + \dfrac{u'_x v}{c^2}}, \\[3ex] u_y = \dfrac{u'_y \sqrt{1-\beta^2}}{1 + \dfrac{u'_x v}{c^2}}, \\[3ex] u_z = \dfrac{u'_z \sqrt{1-\beta^2}}{1 + \dfrac{u'_x v}{c^2}}, \end{cases} \quad (14.1) \qquad \begin{cases} u'_x = \dfrac{u_x - v}{1 - \dfrac{u_x v}{c^2}}, \\[3ex] u'_y = \dfrac{u_y \sqrt{1-\beta^2}}{1 - \dfrac{u_x v}{c^2}}, \\[3ex] u'_z = \dfrac{u_z \sqrt{1-\beta^2}}{1 - \dfrac{u_x v}{c^2}}. \end{cases} \quad (14.2)$$

例 1 在我所约定的相对速度为 v 的两个参考系 S 与 S' 之间,必然还存在另一个参考系 S^*。从 S^* 系看来,S' 沿 $O'X'$ 轴的运动速度为 ω,而 S 系沿 O^*X^* 轴的速度为 $-\omega$。求 ω 与 v 的关系式。

解: 从 S 系看来,固定在 S^* 中的点速度皆为 $u_x = \omega$,$u_y = u_z = 0$。而从 S^* 系看来,固定在 S' 中的点速度皆为 $u_x^* = \omega$,$u_y^* = u_z^* = 0$。因此,从 S 系看来,固定在 S' 系中各点的运动速度 v 就是 ω 与 ω 的合成,故

$$v = \frac{\omega + \omega}{1 + \dfrac{\omega^2}{c^2}},$$

即

$$v + \frac{\omega^2 v}{c^2} - 2\omega = 0,$$

得

$$\frac{v}{c^2}\omega^2 - 2\omega + v = 0.$$

根据初等代数学中二次方程 $ax^2 + bx + c = 0$ 的解的公式

$$x = \frac{-b \pm \sqrt{b^2 - 4ac}}{2a},$$

可知

$$\omega = \frac{2 \pm \sqrt{4 - 4\beta^2}}{2\dfrac{v}{c^2}}$$

$$= \frac{c^2}{v}(1 \pm \sqrt{1-\beta^2}).$$

由于 v 和 ω 都只能小于 c,因此式中的"$\pm$"号只能保留"$-$"号,即

$$\omega = \frac{c^2}{v}(1 - \sqrt{1-\beta^2}).$$

以 $v=0.866c$ 为例, $\omega=0.576c$。就是说, 如果 S' 系相对于 S^* 系速度为向右 $0.576c$, 而 S^* 相对于 S 系的速度也为向右 $0.576c$, 则 S' 相对于 S 系的速度就是向右 $0.866c$。两个 $0.576c$ 之"和"等于 $0.866c$。

例 2　设在 S' 系中有一杆, 长为 $2l$, 沿 $O'X'$ 轴放置, 中心在原点 O'。在 S 系中有一环, 直径为 $2l$, 环的平面与 ZOX 平面平行, 环中心在 Y 轴上。环以速度 $u_y=u, u_x=u_z=0$ 运动, 即环沿 Y 轴自下向上以速度 u 运动着。设环的速度 u 和初始位置调节得合适, 让环心于 O、O' 重合时通过 O 点, 就是说, 当 $t=t'=0$ 时, 环心与杆的中点重合。图 14.2 画出的是 O、O' 重合之前某个时刻的情况。

从 S 系看来, 杆沿杆长方向以速度 v 运动, 其长度 $2l=2l\sqrt{1-\beta^2}$, 缩短了。因此, 当环的中心与杆的中点重合时, 杆的两端与环的边缘不相接触, 向上运动着的环与自左边飞来的杆交叉通过而不相妨碍。

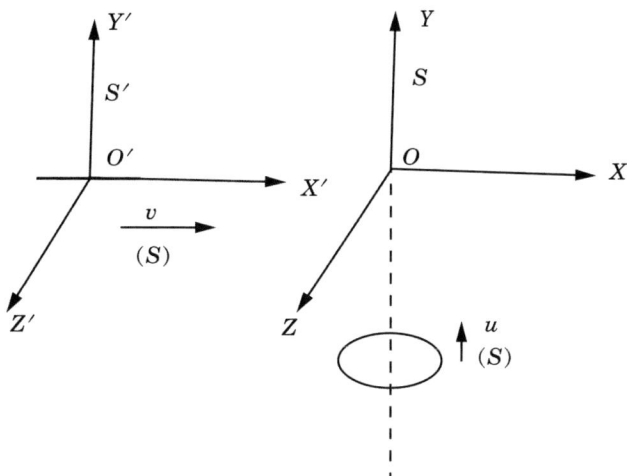

图 14.2

从 S' 看来, 环的直径沿 $O'X'$ 方向缩短了, 小于 $2l$, 杆是不动的, 长仍为 $2l$。因此, 杆长比环的直径大, 杆中心与环中心重合时, 环与杆将互相碰撞, 运动着的环将被卡住。以 $v=0.866c$, $\sqrt{1-\beta^2}=0.5$ 为例, 杆长比环在 $O'X'$ 方向的直径大多了, 环的运动不被杆卡住才怪呢?

上述 S、S' 系的结论互相矛盾。我们已说过, 事件的发生是客观事实,谁也不能否认。因此,要么杆、环相碰,要么不相妨碍,两者必居其一。你说,上面两种说法,哪一种正确?

S 的看法是正确的。后面这种看法不是真正的 S' 系的看法,是想得不周到的人替 S' 设想的看法。S' 的真正看法必然与 S 系的看法不矛盾,S' 系该是这样看的。

首先,从 S' 看来,杆是静止的,这没错,但环的运动方向是斜的,根据速度合成公式可得

$$u'_x = -v,$$
$$u'_y = u\sqrt{1-\beta^2},$$
$$u'_z = 0。$$

可见,自 S' 看来,环的运动路径是自右下向左上方,运动方向与 $O'X'$ 的交角为(图 14.3)

$$\alpha = \mathrm{tg}^{-1}\frac{u'_y}{u'_x} = \mathrm{tg}^{-1}\frac{u\sqrt{1-\beta^2}}{-v}。$$

以 $u = v = 0.866c$ 为例,

$$\sqrt{1-\beta^2} = 0.5, \alpha = \mathrm{tg}^{-1}(-0.5) = -26°30'。$$

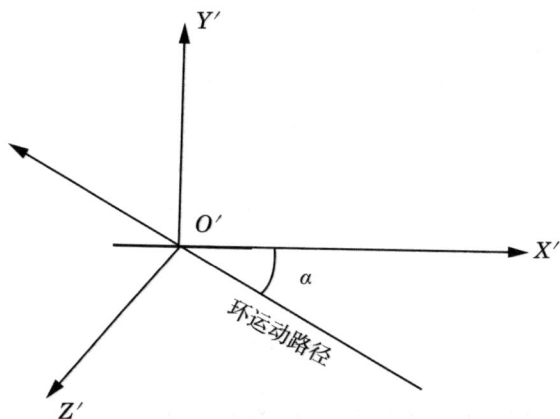

图 14.3

其次,自 S' 看来,环面也不是水平的,而是倾斜的,环面与 $Z'O'X'$ 平面有一交角,自左下向右上倾斜。因此,环与杆交会时,杆就从环的孔中穿过。

这倒有点新鲜,一个在 S 系中是水平的环,在 S' 看来,变成倾斜的,这

不意味着高速行驶的汽车,会把水平的路看成山坡吗?也许会,也许不会。这要经过一番思考、计算才好回答。

我们来计算看看,环面的倾斜度有多大,与哪些量有关。要理解在 S' 系中环面看来为何会倾斜,关键还是同时的相对性。

如图 14.4 所示,从 S 系看来,环沿着 OX 轴方向的直径的两个端点分别沿着两条与 Y 轴平行的直线上升。它们在同一时刻都处于相同的高度(同 y 值)。但是,从 S' 看来,由于同时的相对性,S' 会认为环的两端点不会同时经过同一个水平面(指平行 ZOX 的平面)。

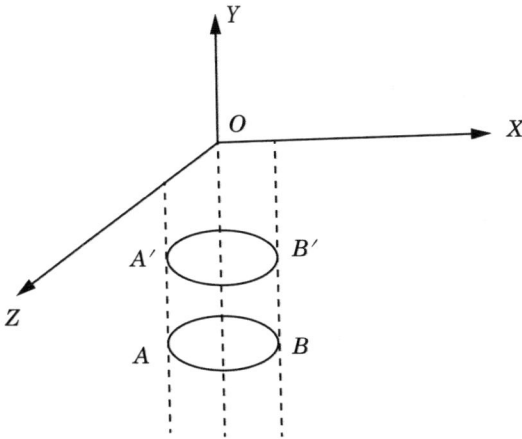

图 14.4

让我们设,在 S 系中,环的两端点于 t_0 时分别通过 A、B 两点,在 $t_0 + \Delta t$ 时,分别过 A'、B' 两点。根据同时相对性的要求,如果 $\Delta t = \dfrac{2lv}{c^2}$,$S'$ 就会认为环的左端通过 A 点与环的右端通过 B' 点是同时事件。因为从 S' 看来,S 系中放在 B' 点的钟的读数总是比放在 A 点的超前 $\dfrac{2lv}{c^2}$,B' 钟指 $t_0 + \dfrac{2lv}{c^2}$ 恰好与 A 钟指 t_0 同时,据此,S' 当然认为环的右端总是比左端高一个恒量,这个恒量就是 B' 点与 A 点的高度差 $\Delta y'$。

我们已知,环在 S 系中的速度是 $u_y = u$,所以在 S 系中,B' 与 A 的高度差 $\Delta y = u \cdot \Delta t = u \cdot \dfrac{2lv}{c^2}$。由于 Y 方向的长度两个参考系有同样看法,因此

从 S' 系看来,环的右端比左端高出

$$\Delta y' = \Delta y = \frac{2uvl}{c^2}。$$

所以我们说,从 S' 看来,环面是倾斜的。倾斜多大角度呢?(图 14.5)

在 S 系中,A、B 两钟水平距离永远是 $2l$,由于这距离是 OX 方向的距离,在 S' 看来,缩短了,为

$$2l\sqrt{1-\beta^2},$$

因此环面的倾斜角为

$$\theta = \text{tg}^{-1}\frac{2uvl/c^2}{2l\sqrt{1-v^2/c^2}} = \text{tg}^{-1}\frac{uv}{c^2\sqrt{1-\beta^2}}。$$

仍以 $u = v = 0.866c$,$\sqrt{1-\beta^2} = 0.5$ 为例,

$$\theta = \text{tg}^{-1}\frac{0.866 \times 0.866}{0.5}$$

$$= \text{tg}^{-1}1.5 = 56°20'。$$

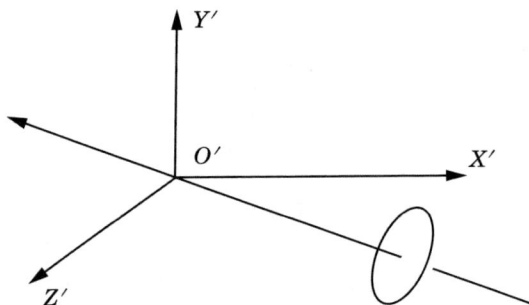

图 14.5

注意,环面并不一定与环的运动路径垂直。

上面的讨论表明,$u = 0$ 时,$\theta = 0$,因此高速行驶的汽车,不会把水平路面看成山坡,因为水平路面没有向上的速度 u。

例 3 (a)设在 S' 系中有一块三角板静止在 $O'X'$ 轴上,如图 14.6 所示,三角板平面与 $X'O'Y'$ 平面重合,斜边与 $O'X'$ 的交角为 α'。试问从 S 系来观测,这个三角板斜边与 OX 交角 $\alpha = ?$(b)如果有一束光在 S' 系中沿斜边 AB 射出,就是说,这束光的传播方向与 $O'X'$ 交角也是 α'。试问,从 S 系来观测,这束光与 OX 交角 $\alpha_1 = ?$(c)怎样直观地理解 $\alpha \neq \alpha_1$?

解: (a)从 S 系观测,三角板 AC 边缩短,BC 边不变,所以斜边与 OX 交角变大,

$$\mathrm{tg}\alpha = \mathrm{tg}\alpha' / \sqrt{1-\beta^2}。$$

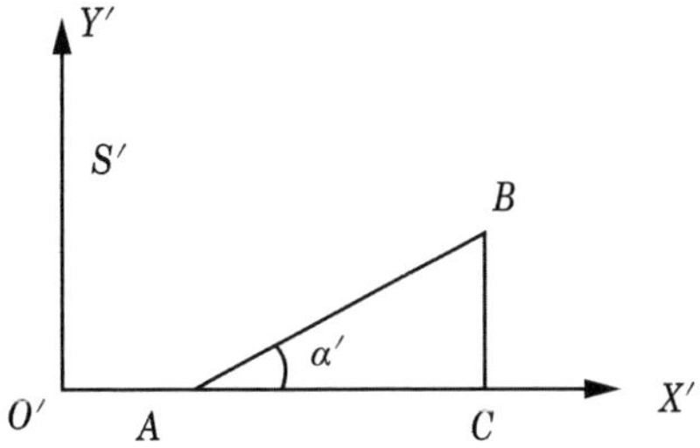

(b)光线在 S' 中的速度 $u_x' = c\cos\alpha'$,$u_y' = c\sin\alpha'$。在 S 中的速度

$$u_x = \frac{u_x' + v}{1 + \dfrac{u_x' v}{c^2}} = \frac{\cos\alpha' + \beta}{1 + \beta\cos\alpha'} \cdot c,$$

$$u_y = \frac{u_y'\sqrt{1-\beta^2}}{1 + \dfrac{u_x' v}{c^2}} = \frac{\sin\alpha'\sqrt{1-\beta^2}}{1 + \beta\cos\alpha'} \cdot c。$$

图 14.6

因此,光线在 S 系中的传播方向为

$$\mathrm{tg}\alpha_1 = \frac{u_y}{u_x} = \frac{\sin\alpha'\sqrt{1-\beta^2}}{\cos\alpha' + \beta} = \frac{\mathrm{tg}\alpha'\sqrt{1-\beta^2}}{1 + \beta/\cos\alpha'},$$

或

$$\cos\alpha_1 = \frac{u_x}{c} = \frac{\cos\alpha' + \beta}{1 + \beta\cos\alpha'},$$

$$\sin\alpha_1 = \frac{u_y}{c} = \frac{\sin\alpha'\sqrt{1-\beta^2}}{1 + \beta\cos\alpha'}。$$

可见,$\alpha_1 \neq \alpha$。

(c)如图 14.7 所示,对于 S 而言,三角板以速度 v 沿 OX 运动。光线在图中左边 A 点时,三角板位于左边的 ABC。光线跑到三角板的顶点 B 时,三角板已跑到右侧的 ABC,显然,$\alpha_1 \neq \alpha$。

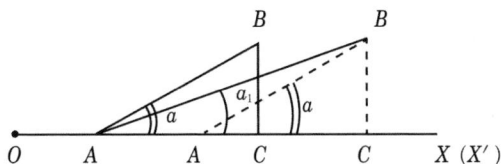

图 14.7

例 4　在 S 系中两飞船 A、B 都以速度 $c/2$ 沿相反方向运动,轨道彼此

相距 d,如图 14.8 所示。当 A、B 距离最近时,飞船 A 以速率 $3c/4$ 抛出一个小物体(速率由 S 系观测)笔直地打中 B,试问,自飞船 A 来观测,这个小物体的运动速度 $u'=$? 小物体的运动路径与飞船正前方交角 $\theta'=$?

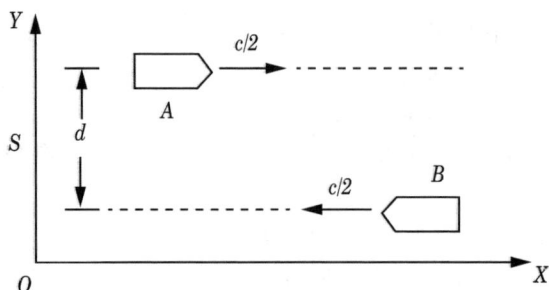

图 14.8

解:从 S 系观测,小物体速率 $\dfrac{3c}{4}=\sqrt{u_x^2+u_y^2}$,但其中 u_x 必须为 $-c/2$ 才能打中飞船 B,因为飞船 B 的 $u_x=-c/2$,所以 $u_y=\sqrt{5}c/4$。

因此,从飞船 A 来观测(A 就相当于 S',S' 相对于 S 的速度 $v=c/2$),小物体的速度为

$$u'_x=\frac{u_x-v}{1-\dfrac{u_x v}{c^2}}=-4c/5,$$

$$u'_y=\frac{u_y\sqrt{1-\beta^2}}{1-\dfrac{u_x v}{c^2}}=\sqrt{\frac{3}{20}}c。$$

所以小物体运动速度与飞船交角

$$\theta'=\text{tg}^{-1}\frac{u'_y}{u'_x}=\text{tg}^{-1}\left(-\frac{8}{\sqrt{15}}\right),$$

而小物体的运动速度

$$u'=\left[(u'_x)^2+(u'_y)^2\right]^{\frac{1}{2}}$$

$$=\frac{\sqrt{79}}{10}c。$$

练习题

14.1 有两个静止时直径都是 l_0 的圆盘 A 及 B，设它们分别在 S 系中沿 X 轴及 Y 轴以速度 v 运动，问：从固定在其中一个盘上的观测者来观测，对方圆盘是什么形状？设圆盘在 XOY 平面里。

〔答案：椭圆，长轴 l_0，短轴 $l_0(1-\beta^2)$，如从 A 观测 B，短轴与 OX 交角 $\theta = \text{tg}^{-1}\sqrt{1-\beta^2}$〕。

14.2 利用上题答案，计算从 A 盘来观测，B 盘沿 OY 方向的直径。

（答案：$l_0\sqrt{1-\beta^2}$）

附:另一条道路

让我们从 5 中的两个公设出发,绕过 6 至 14 中的所有讨论,从另外一条途径推导出 6 至 14 中的全部结论。说不定有些人会感到这条新道路更有趣,更易懂些(因为是第二遍了嘛! 尽管推导方法不同,但毕竟是第二趟)。

我们下面以几个互相关联的大段落,把问题拆开来逐个解决:

(1)直接从相对论的两个公设,推导简单的速度合成公式(13.1)。

如图 14.9 所示,设 S' 系与车厢固定在一起,闪光 L 与粒子 P 同时从车厢左壁的 A 点出发,向右方水平运动。闪光跑得快,碰上右壁 B 点后反射回来,在距左壁为 $kl'(0<k<1)$ 处的 Q 点遇上此时正跑到 Q 点的粒子 P。这里 $l'=AB$,也就是车厢的长度。根据这些条件,我们可以列出下面方程式:

$$\frac{kl'}{u'}=\frac{l'}{c}+\frac{l'(1-k)}{c}。$$

此式 u' 表示粒子 P 的速度,式子左边为粒子 P 从 A 到 Q 所花时间,右侧为闪光 L 从 A 到 B 再返回到 Q 所需时间,约去式子两边的 l' 得

$$\frac{k}{u'}=\frac{2}{c}-\frac{k}{c}。 \tag{C}$$

我们感兴趣的是,从 S 系(不妨设想为地球)来观测,粒子 P 的运动速度 $u=?$ 为了求得 u,如何用 u' 与车厢相对于 S 的速度 v 表示出来。我们应从 S 系来考虑问题:

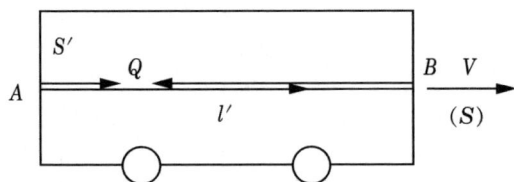

图 14.9

对于 S 系而言,车厢的长度 $AB=l$,注意,l 未必与 l' 相等。但这没有

关系，不管 l 是变长或变短（与 l' 相比较），AQ/AB 保持不变。因为 AQ 与 AB 按同样的规律变化，所以总是可写出

$$AQ = kl, \quad AB = l, \quad BQ = (1-k)l。$$

由于从 S 来观测，车厢及 Q 点、B 点等都以速度 v 向右运动，因此粒子 P 与 Q 的接近速度为 $u-v$，闪光与 B 的接近速度为 $c-v$，但闪光返回时与 Q 的接近速度则应是 $c+v$，所以我们得

$$\frac{kl}{u-v} = \frac{l}{c-v} + \frac{l(1-k)}{c+v}。$$

此式左侧为粒子 P 从 A 到 Q 所需时间，右侧为闪光 L 从 A 到 B 再从 B 返回到与 Q 相遇所需时间。消去式中公因子 l，得

$$\frac{k}{u-v} = \frac{1}{c-v} + \frac{1-k}{c+v}。 \tag{D}$$

从（C）式可解出

$$k = \frac{2u'}{c+u'},$$

从而有

$$1-k = \frac{c-u'}{c+u'}。$$

把 k 及 $1-k$ 的表达式代入（D）式消去 k，可以解出

$$u = \frac{u'+v}{1+\dfrac{u'v}{c^2}}。 \tag{13.1}$$

（2）根据 5 中的两个公设，推导 Y 方向（与车厢垂直的方向）的速度如何变换的公式，即 S 及 S' 两个参考系对同一个客观物体所观测到的 Y 方向速度 u_y 及 u_y' 之间的关系。在这里，我们只考虑在（车厢）S' 参考系中物体只有 Y' 方向速度 u_y' 的特殊情况。

如图 14.10 所示，设在车厢 S' 中有一物体 P 沿竖直方向（Y'）以速度 $u_y' = u'$ 向上运动，并且 $u_x' = 0$。设当 P 从车厢底面 A 点出发的同时，有一闪光 L 也从 A 点向上射出。L 在车顶 B 点反射后返回到离车底为 kh'（h' 为车厢的高）的 Q 处时，遇上这时才跑到 Q 点的物体 P。

根据这些已知条件，我们可得

$$\frac{kh'}{u'} = \frac{h'}{c} + \frac{h'(1-k)}{c}。 \tag{E}$$

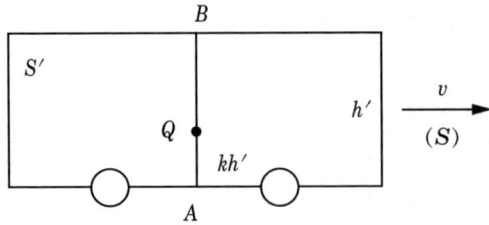

图 14.10

从 S 系（地球）来观测，P 及 L 所走的路径分别画在图 14.11 中。对于 S 系而言，车厢高为 h（h 与 h' 是否相同我们暂不管，为小心起见，在 S 系中我们用无撇的 h 以示区别）。P 在空间所走路径为 AQ，而 L 所走路径为 ABQ，请注意，车厢里 A、B、Q 各点都以速度 v 向右运动。图中 A' 点为闪光到达车顶时，从 S 系所观测到的车底 A 点的新位置，由于 A 点以速度 v 移到 A' 时，闪光以光速 c 从 A 点跑到 B（任何观测者都应测出闪光在空间移动速度为 c），因此 $AA'/AB = v/c$，也即图中 θ 角满足

$$\cos\theta = v/c$$

或

$$\sin\theta = \sqrt{1-\beta^2}。$$

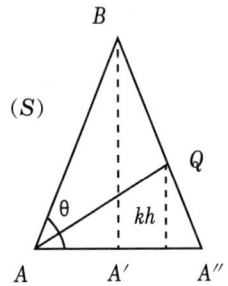

图 14.11

从已知条件，S 系得出下面关系式

$$\frac{kh}{u_y} = \frac{h}{c \cdot \sin\theta} + \frac{h(1-k)}{c \cdot \sin\theta}， \tag{F}$$

式中，$h/\sin\theta$ 为 AB 的长度。

从（C）式得

$$k = \frac{2u'}{c+u'}，\text{从而 } 1-k = \frac{c-u'}{c+u'}，$$

把 k 及 $1-k$ 的式子及 $\sin\theta = \sqrt{1-\beta^2}$ 代入（F）式，经过简单代数运算可得

$$u_y = u'\sqrt{1-\beta^2}$$

或

$$u_y = u'_y\sqrt{1-\beta^2}。 \qquad （已知 u'_y = u'）$$

请注意,这个式子只适用于在 S' 参考系中,物体 P 的 $u'_x = 0$ 的特殊情况。

(3)我们还可以直接依靠 5 中的两个公理,求出更普遍的速度合成公式。

如图 14.12 所示,设在车厢 S' 里,物体 P 以已知速度 u'_x 及 u'_y 运动,让我们引入另一个参考系 S^*,设 S^* 相对于 S' 沿 $O'X'$ 轴以速度 u'_x 运动。这样,对于 S^* 而言,物体 P 在水平方向速度 $u^*_x = 0$,只具有竖直方向的速度 u^*_y。这样,对于 S'、S^* 这两个参考系,上面(2)的结果 $u_y = u'_y \sqrt{1-\beta^2}$ 可以应用,只不过 u_y、u'_y、β 要分别改成 u'_y、u^*_y、u'_x/c。

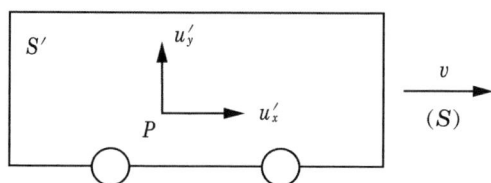

图 14.12

即

$$u'_y = u^*_y \sqrt{1-\left(\frac{u'_x}{c}\right)^2} 。 \tag{G}$$

同样道理,对于 S(地球)及 S^* 这两个参考系,(2)的结果也可用,只不过 u'_y、β 要分别改成 u^*_y、ω/c,这里 ω 为 S^* 相对于 S 的速度。即

$$u_y = u^*_y \sqrt{1-\frac{\omega^2}{c^2}} 。 \tag{H}$$

把(G)式 $u^*_y = u'_y / \sqrt{1-\left(\frac{u'_x}{c}\right)^2}$ 代入(H)式得

$$u_y = \frac{u'_y}{\sqrt{1-\frac{u'^2_x}{c^2}}} \sqrt{1-\frac{\omega^2}{c^2}} 。 \tag{I}$$

问题是 ω 如何求得呢?ω 是 u'_x 与 v 合成的结果,据(1)的结果,即(13.1)式,我们有

$$\omega = \frac{u'_x + v}{1 + \dfrac{u'_x v}{c^2}},$$

从而得

$$\frac{\omega^2}{c^2} = \frac{u'^2_x + v^2 + 2u'_x v}{c^2 \left(1 + \dfrac{u'_x v}{c^2}\right)^2},$$

即

$$1 - \frac{\omega^2}{c^2} = \frac{(1 - \beta^2)\left(1 - \dfrac{u'^2_x}{c^2}\right)}{\left(1 + \dfrac{u'_x v}{c^2}\right)^2},$$

则

$$\sqrt{1 - \frac{\omega^2}{c^2}} = \frac{\sqrt{1 - \beta^2}\sqrt{1 - \dfrac{u'^2_x}{c^2}}}{1 + \dfrac{u'_x v}{c^2}}。$$

把这代入(G)式即得

$$u_y = \frac{u'_y \sqrt{1 - \beta^2}}{1 + \dfrac{u'_x v}{c^2}}。$$

这不正是(14.1)式的中间那个式子吗?

总之,我们到此已由 5 中的公设得到了 14 中所有的速度合成式子。

(4)推导运动的钟变慢:

①先论证横向(与 S、S' 相对速度垂直的方向)的长度,S、S' 两个参考系都有相同的看法。

如图 14.13 所示,设有两条直杆 AB 及 $A'B'$,让我们把 AB 及 $A'B'$ 分别静止地安置在 S 及 S' 系中,并且让 AB 及 $A'B'$ 都在共同的 OXY 及 $O'X'Y'$ 平面里。沿 S、S' 相对速度 v 的方向任取一条直线作为两参考系的公共 X 轴,并且令杆 AB 及 $A'B'$ 在 S、S' 系中安置得分别

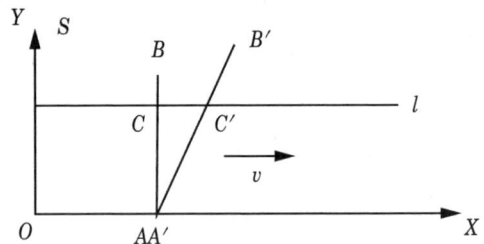

图 14.13

与各自的 OX 或 $O'X'$ 轴垂直,且杆的下端 A 及 A' 紧靠 OX 或 $O'X'$ 轴。由于 S、S' 的相对运动,可以让两杆有机会擦身而过,我们不妨假设:当杆的下端重合时,从 S 来观测,固定在 S' 系中的杆 $A'B'$ 的上端向前倾(图 14.13)。这个现象用 S 系的语言可以说成"杆 $A'B'$ 越是远离 OX 的部分跨过 AB 杆(或 AB 的延长线)的时间越早",可以论证,这样的假设与空间均匀相抵触。因为空间如果均匀,就容许选取 OX 以外任何一条与 OX 平行的直线 l 作为新的 OX 轴。选取 l 作为 OX 轴时,由于 A' 点跨过 A 显然就比 C' 点跨过 C 来得晚些,可是 A' 比 C' 更远离新的 OX 轴(直线 l)。所以,空间如果是均匀的,B' 就不能往前倾。同理可论证,B' 也不能往后倾。一句话,只要空间是均匀的,从 S 系来观测,$A'B'$ 总是与 AB 平行,它们只要有一点重合,就整体在同一直线上。空间均匀意味着物理规律不随地点而不同,我们没有理由可以怀疑这一点,所以空间应当是均匀的。既然如此,如果 AB 与 $A'B'$ 静止时长度彼此相同的话,它们擦身而过时,如果 A、A' 重合,则 B、B' 也必然重合,就是说两杆的两端分别同时重合,谁也不该显得比谁长些,这才符合各个惯性参考系地位平等,谁也不比谁优越。因此,横向的长度各个参考系看法是一致的。

②既然横向长度一致,让我们假设在车厢 S' 中,物体 P 以速度 $u'_y = \pm u'$ 自图 14.14 中 A 跑到 B 又从 B 跑回 A。从 S' 来观测,整个过程花去的时间为

$$\Delta t' = \frac{2h'}{u'}。$$

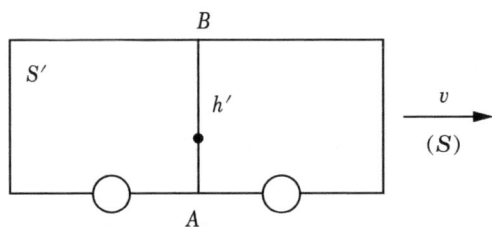

图 14.14

对于 S 来说,车厢高度 $h = h'$。据(2),S 认为 P 在 Y 方向的速度 $u_y = u'_y \cdot \sqrt{1-\beta^2}$,所以这个过程所花时间为

$$\Delta t = \frac{2h}{u} = \frac{2h'}{u'\sqrt{1-\beta^2}} = \Delta t'/\sqrt{1-\beta^2}。$$

把物 P 在 A、B 间振荡一周作为钟的一个周期,我们就得出结论,运动的钟周期变长了:

$$T = \Delta t = \Delta t'/\sqrt{1-\beta^2} = T'/\sqrt{1-\beta^2} > T',$$

即运动的钟变慢了。

(5)推导运动的尺变短。

如图 14.15 所示,让粒子在 S' 系中以速度 $u'_x = \pm u'$ 从 A 到 B 又返回到 A。对 S' 而言,这个过程所花时间为

$$\Delta t = \frac{2l'}{u'}。$$

对于 S 来说,这段时间为

$$\Delta t = \frac{l}{u_1 - v} + \frac{l}{u_2 + v},$$

式中,u_1、u_2 分别为 P 自 A 到 B 及自 B 到 A 的速度。按(13.1)式可知

$$u_1 = \frac{u'+v}{1+\dfrac{u'v}{c^2}}, u_2 = \frac{u'-v}{1-\dfrac{u'v}{c^2}},$$

即

$$u_1 - v = u'(1-\beta^2)\Big/\left(1 + \frac{u'v}{c^2}\right),$$

$$u_2 + v = \frac{u'(1-\beta^2)}{1-\dfrac{u'v}{c^2}}。$$

因此,

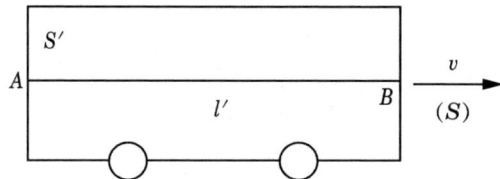

图 14.15

$$\Delta t = \frac{l\left(1+\dfrac{u'v}{c^2}\right) + l\left(1-\dfrac{u'v}{c^2}\right)}{u'(1-\beta^2)} = \frac{2l}{u'(1-\beta^2)}。$$

根据(4)可知,$\Delta t = \Delta t'/\sqrt{1-\beta^2}$,得

$$\frac{2l'}{u'\sqrt{1-\beta^2}} = \frac{2l}{u'(1-\beta^2)},$$

所以

$$l = l'\sqrt{1-\beta^2}。$$

运动的车厢的长度变短了,也就是运动的尺沿运动方向缩短了。

(6)同时的相对性。

如图 14.16 所示,设在车厢 S' 中点 O 处,在 $t=0$ 时发出一个闪光。对于 S' 来说,这闪光于 $t' = \dfrac{l'}{2c}$ 之时同时分别到达车厢前、后壁 B、A。闪光到达 A(事件 I)与到达 B(事件 II)同时发生。

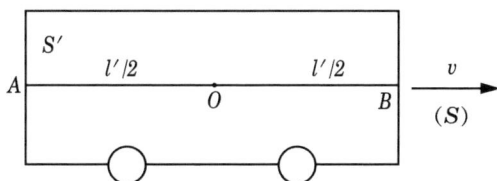

图 14.16

对于 S 系来说(设闪光发生时,S 钟也指零),由于 A、B 都以速度 v 向右运动,因此闪光于

$$t_2 = \frac{l/2}{c-v}$$

时到达 B(事件 II),于

$$t_1 = \frac{l/2}{c+v}$$

时到达 A(事件 I)。事件 II 在事件 I 之后

$$\Delta t = t_2 - t_1 = \frac{lv}{c^2(1-\beta^2)}$$

才发生,S 知道,S' 系的钟比较慢,所以 II 比 I 的延迟时间 Δt 如果用 S' 系的钟来计量,应当是

$$\Delta t' = \Delta t\sqrt{1-\beta^2}$$

$$= \frac{lv}{c^2\sqrt{1-\beta^2}}$$

$$= \frac{l'v}{c^2}。 \qquad (l' = \frac{l}{\sqrt{1-\beta^2}})$$

这个结果表明,从 S 来观测,B 钟指 $\frac{l'}{2c}$(事件 II)如果提早 $\Delta t' = \frac{l'v}{c^2}$(用 S' 钟来计量)发生,就会与事件 I $\left(A \text{ 钟指} \frac{l'}{2c} \right)$ 同时。即,S 认为,B 钟指 $\frac{l'}{2c} - \frac{l'v}{c^2}$ 与 A 钟指 $\frac{l'}{2c}$ 同时发生,这正是 9 中的 (9.1) 式所说的内容。请注意,相对于 S' 而言,S 是自 B "飞向" A 的,所以 S 认为 A 钟超前。

15　质量和速度的关系

上面已论证过,用速度合成的方法,不能使某物体运动速度超过光速,多级列车方案行不通,但还存在着一个似乎可能使物体运动速度超光速的途径。这就是对某物体持久不断地加恒力 f,让这物体持久不断地获得加速度 a,就会使得速度越来越大,最后达到光速或超过光速。按牛顿力学运动第二定律,一个质量为 m 的物体,受到力 f 的作用时,加速度 a 为

$$a = f/m。$$

只要加力的时间 t 足够长,这个物体的速度 $v = at$ 就会超过光速 c。

即使有可能对一个物体长期地加以恒力 f,也不能使这物体的速度超过光速 c,这又是相对论的结论。相对论认为,物体的质量 m 不是常量,物体的质量随着速度的增加而增加。因此,在恒力作用下,加速度 a 不是常量,速度随时间的增加关系 $v = at$ 不适用。随着物体的速度逐步与 c 接近,物体的质量会逐步趋于无限大。对于有限的力而言,物体所获得的加速度逐步向零趋近,因而其运动速度永远不可能达到或超过光速。光速是一个不可超越的速度极限。

下面我们就来推导物体的质量随速度变化的关系式。我们以粒子的运动为例来讨论。所谓粒子,指的是对所讨论的具体问题而言,物体的具体大小无关紧要,可以无须考虑,只把它作为点状东西来讨论。在这种情况下,物体的位置只用 3 个坐标(x,y,z)就能够完全确定,而它的运动可以只用沿着 3 个坐标轴的速度分量 u_x、u_y、u_z 来描述。例如,当讨论地球如何绕太阳公转时,地球的大小及其内部构造或表面情况就无关紧要,因而可以把它当成一个粒子(但在讨论地球自转时,地球的大小就不能忽略了,没有大小的粒子就无所谓自转)。

设有两个相同的粒子(静止时质量相等的粒子)P_1 及 P_2,它们在 S 系中的运动速度大小相等,方向相反,如图 15.1 所示。对于 S 系来说,这两个

粒子的总动量为零。

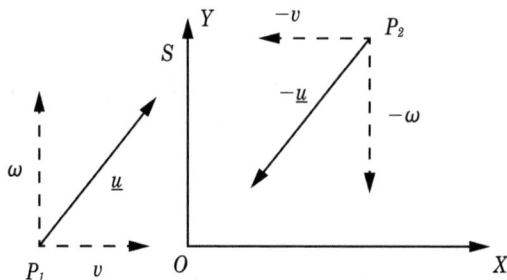

图 15.1

对于 S' 系而言,由于 S' 系相对于 S 系只沿 X 轴方向运动,沿 Y 轴方向没有相对速度,因此从 S' 系来观测,粒子 P_1 及 P_2 在 Y' 方向的总动量仍然为零。

根据速度合成公式,我们可求得 P_1 及 P_2 在 S' 系中的运动速度。

P_1 的速度:

$$u'_x = \frac{u_x - v}{1 - \dfrac{u_x v}{c^2}} = 0, \qquad (u_x = v)$$

$$u'_y = \frac{u_y \sqrt{1 - \beta^2}}{1 - \dfrac{u_x v}{c^2}} = \frac{\omega \sqrt{1 - \beta^2}}{1 - \dfrac{v^2}{c^2}}.$$

P_2 的速度

$$u'_x = \frac{u_x - v}{1 - \dfrac{u_x v}{c^2}} = \frac{-2v}{1 + \dfrac{v^2}{c^2}}, \qquad (u_x = -v)$$

$$u'_y = \frac{u_y \sqrt{1 - \beta^2}}{1 - \dfrac{u_x v}{c^2}} = \frac{-\omega \sqrt{1 - \beta^2}}{1 + \dfrac{v^2}{c^2}}.$$

上面刚说过,对于 S' 来说,这两个粒子的 Y' 方向总动量为零,所以我们得

$$m'_1 \left(\frac{\omega \sqrt{1 - \beta^2}}{1 - \dfrac{v^2}{c^2}} \right) + m'_2 \left(\frac{-\omega \sqrt{1 - \beta^2}}{1 + \dfrac{v^2}{c^2}} \right) = 0.$$

其中 m_1' 及 m_2'，分别表示 P_1 与 P_2 在 S' 系中的质量，从这个式子我们得到

$$\frac{m_1'}{m_2'}=\frac{1-\dfrac{v^2}{c^2}}{1+\dfrac{v^2}{c^2}}。\tag{A}$$

(A)式表明，在 S' 系中，粒子 P_1 与 P_2 的质量之比与 ω 无关；并且只要 $v\neq 0$，两个粒子的质量就不相等。这表明，静止时质量相等的粒子，有了不同速度后，它们的质量就未必相等。粒子的质量与它们的运动速度有关。

既然 m_1' 与 m_2' 之比与 ω 无关，我们索性让 $\omega=0$。$\omega=0$ 表示什么呢？表示粒子 P_1 的速度为

$$u_x'=0,$$

$$u_y'=\frac{\omega\sqrt{1-\beta^2}}{1-\dfrac{v^2}{c^2}}=0。$$

即 P_1 在 S' 系中静止不动，但粒子 P_2 的速度是

$$u_x'=\frac{-2v}{1+\dfrac{v^2}{c^2}},$$

$$u_y'=0。$$

即 P_2 的速度数值为

$$\frac{2v}{1+\dfrac{v^2}{c^2}}。$$

因此，此时(A)式中 m_1' 所表示的是粒子静止时的质量，让我们以 m_0 表示之；而 m_2' 表示的是速度数值为

$$\frac{2v}{1+\dfrac{v^2}{c^2}}$$

的同样粒子的质量，让我们以 m_u 表示之。这里我们让 u 表示粒子的运动速度，即

$$u=\frac{2v}{1+\dfrac{v^2}{c^2}}。\tag{B}$$

(从空间各向同性可知，粒子的质量不该与速度的方向有关，一个粒子以同

样的速度向东运动或向西运动,它的质量应相同。因此,在讨论粒子质量与速度的关系时,我们总是只管速度的大小而不管速度的方向,就是说 m_u 的下标 u 只管速度 u 的大小)。引进了 m_o 及 m_u,我们可把(A)式写成

$$m_u = m_o \frac{1 + \dfrac{v^2}{c^2}}{1 - \dfrac{v^2}{c^2}} \text{。} \tag{C}$$

(C)式就是我们正在寻找的,粒子的质量随速度变化的公式。这个式子说明,当粒子速度为

$$u = \frac{2v}{1 + \dfrac{v^2}{c^2}}$$

时,粒子的质量等于该粒子的静止质量乘以因子

$$\frac{\left(1 + \dfrac{v^2}{c^2}\right)}{\left(1 - \dfrac{v^2}{c^2}\right)} \text{。}$$

(C)式是一个很蹩脚的式子,使用极不方便,比如要知道粒子速度 $u = 0.5c$ 时,它的质量是静止质量的几倍时,我们要先利用(B)式,让

$$0.5c = \frac{2v}{1 + \dfrac{v^2}{c^2}}$$

求出 v,然后代入(C)式,算出因子

$$\frac{\left(1 + \dfrac{v^2}{c^2}\right)}{\left(1 - \dfrac{v^2}{c^2}\right)} \text{。}$$

因此,(C)式有必要进行一番改造,我们不是让

$$u = \frac{2v}{1 + \dfrac{v^2}{c^2}}$$

吗?从这个式子出发,我们得

$$\frac{u}{c^2} v^2 - 2v + u = 0 \text{。}$$

把此式看成 v 的二次方程, 解得

$$v=\frac{2\pm\sqrt{4-4\dfrac{u^2}{c^2}}}{2\dfrac{u}{c^2}}$$

$$=\frac{c^2}{u}\left(1\pm\sqrt{1-\frac{u^2}{c^2}}\right)。$$

由于 u、v 都应小于 c, 故上式"$\pm$"号只能取"$-$"号, 即

$$v=\frac{c^2}{u}\left(1-\sqrt{1-\frac{u^2}{c^2}}\right)。$$

因而

$$\frac{v^2}{c^2}=\frac{c^2}{u^2}\left(1-\sqrt{1-\frac{u^2}{c^2}}\right)^2,$$

则

$$1+\frac{v^2}{c^2}=\frac{u^2+c^2\left(1-\sqrt{1-\dfrac{u^2}{c^2}}\right)^2}{u^2},$$

$$1-\frac{v^2}{c^2}=\frac{u^2-c^2\left(1-\sqrt{1-\dfrac{u^2}{c^2}}\right)^2}{u^2}。$$

所以

$$\frac{1+\dfrac{v^2}{c^2}}{1-\dfrac{v^2}{c^2}}=\frac{u^2+c^2\left(1-\sqrt{1-\dfrac{u^2}{c^2}}\right)^2}{u^2-c^2\left(1-\sqrt{1-\dfrac{u^2}{c^2}}\right)^2}$$

$$=\frac{2c^2-2c^2\sqrt{1-\dfrac{u^2}{c^2}}}{2u^2-2c^2+2c^2\sqrt{1-\dfrac{u^2}{c^2}}}$$

$$=\frac{1-\sqrt{1-\dfrac{u^2}{c^2}}}{\dfrac{u^2}{c^2}-1+\sqrt{1-\dfrac{u^2}{c^2}}}$$

$$= \frac{1}{\sqrt{1-\dfrac{u^2}{c^2}}},$$

从而(C)式变为

$$m_u = \frac{m_0}{\sqrt{1-\dfrac{u^2}{c^2}}}。 \tag{15.1}$$

这个式子表示,一个静止的质量为 m_0 的粒子,当速度为 u 时,它的质量 m_u 如何用 m_0 与 u 计算出来。(15.1)式表明,当 $u \to c$ 时,$m_u \to \infty$,因此不能利用加恒力的办法使物体速度达到光速,更不用说超光速。

习惯上人们还常常免去(15.1)式左侧 m 的下标 u,写成

$$m = \frac{m_0}{\sqrt{1-\dfrac{u^2}{c^2}}}, \tag{15.1}$$

式中,m 就是对应于右侧出现的速度 u 的质量。

例 试问,$v = 0.99c$ 的电子,其质量是静止质量 m_0 的几倍?

解:按(15.1)式,速度为 v 时电子质量 m 与 m_0 之比为

$$\frac{m}{m_0} = \frac{1}{\sqrt{1-\dfrac{v^2}{c^2}}}。$$

已知 $\dfrac{v}{c} = 0.99$,$\dfrac{v^2}{c^2} = 0.9801$,

$$\sqrt{1-\frac{v^2}{c^2}} = \sqrt{1-0.9801}$$

$$= \sqrt{0.0199}$$

$$= 0.1\sqrt{2-0.01}$$

$$= 0.1\sqrt{2}\left(\sqrt{1-0.005}\right)。$$

利用 $x \ll 1$ 时,$\sqrt{1-x} \approx 1-\dfrac{1}{2}x$ 的近似式,可知

$$\sqrt{1-0.005} = 1-0.0025。$$

所以

$$\sqrt{1-\frac{v^2}{c^2}} = 0.1414(1-0.0025)$$

$$= 0.1411$$

$$\frac{m}{m_0} = \frac{1}{0.1411} = 7.09。$$

答：速度 $v=0.99c$ 的电子，其质量约为静止质量的 7 倍。

练习题

某同步回旋加速器能够把电子加速到速度 $v=c(1-1/8000000)$，此时电子质量 m 是静止质量 m_0 的几倍？

（答案：$m=2000m_0$）

16　动量守恒要求质量守恒

15 中我们论证了粒子的质量与其速度有关,并推导了这种关系的具体形式(15.1)式。现在让我们考虑下面的问题:

如图 16.1 所示,设在 S 系中有两个静止质量相同的粒子 P_1、P_2,各以初速度 v 迎面相向运动。为简单起见,我们便设两个粒子的速度都与 OX 轴平行,当这两个粒子迎面碰撞后,假设它们彼此结合在一起,合成一个整体(这叫非弹性碰撞),我们叫这个合成为一个整体的东西为 P。根据动量守恒的要求,由于原来两个物 P_1、P_2 的总动量为零,因此碰撞后的整体产物 P 的动量也为零,因而 P 静止不动。

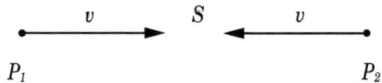

图 16.1

设 P_1、P_2 的静止质量都是 m_0,在碰撞前因为它们都具有速度 v,所以其质量都是 $m = m_0/\sqrt{1-\beta^2}$。由于碰撞后的 P 静止不动了,因此它的质量当然要作为静止质量看待。我们设这质量为 M,现在问题来了:静止质量 M 该等于原先两个物体 P_1、P_2 的静止质量之和 $2m_0$ 呢,还是等于 P_1、P_2 碰撞前所拥有的质量之和 $2m_0/\sqrt{1-\beta_2}$? 即下面两个式子:

$$M = 2m_0 \tag{A}$$

或
$$M = 2m_0/\sqrt{1-\beta^2} \tag{B}$$

哪一个正确?

这个问题倒有些新鲜,如何回答呢? 相对论的拿手本事是在两个惯性系之间讨论问题,让我们请 S' 参考系的观测者来作为裁判吧!

对于 S' 来说,根据速度合成规律,原先在左侧(图 16.1)的 P_1 速度为

零,静止不动。而右侧的 P_2 速度为 v 的"两倍",即 P_2 仅有的速度分量

$$u_x' = \frac{u_x - v}{1 - \dfrac{u_x v}{c^2}}$$

$$= \frac{-v - v}{1 + \dfrac{v^2}{c^2}}$$

$$= \frac{-2v}{1 + \dfrac{v^2}{c^2}}。$$

为了方便起见,让我们令 $u = 2v/(1 + \beta^2)$,因而 P_2 的 $u_x' = -u$。

接下来我们考虑动量的问题,对于 S' 而言,碰撞前 P_1、P_2 的动量(只有 X' 方向动量)总和为

$$0 + \frac{m_。}{\sqrt{1 - \dfrac{u^2}{c^2}}}(-u)。$$

这是因为其中之一速度为零,而另一速度 $u_x' = -u$。根据动量守恒的要求,碰撞后合成的粒子 P 也应具有相同的动量。让我们设碰撞后形成的单个粒子 P 的质量为 M'(S' 所观测的质量),由于 P 静止在 S 系中,因此对于 S' 来说,它就应具有沿 X' 轴方向的速度 $-v$。所以,P 的动量为(只有 X' 方向动量)$M'(-v)$,因而动量守恒要求

$$M'(-v) = \frac{m_。(-u)}{\sqrt{1 - \dfrac{u^2}{c^2}}}。$$

请记得我们在 15 中从(C)式得到(15.1)式的过程中,曾经算得

$$\frac{1 + \dfrac{v^2}{c^2}}{1 - \dfrac{v^2}{c^2}} = \frac{1}{\sqrt{1 - \dfrac{u^2}{c^2}}},$$

其中 $u = \dfrac{2v}{\left(1 + \dfrac{v^2}{c^2}\right)}$ 和本部分相同。

我们可以借用 15 中的运算,但倒过来,把

$$\frac{1}{\sqrt{1-\dfrac{u^2}{c^2}}} \quad \text{变成} \quad \frac{(1+\beta^2)}{(1-\beta^2)},$$

这样我们就可有

$$M'(-v) = \frac{m_。}{1-\beta^2}(1+\beta^2)\left(\frac{-2v}{1+\beta^2}\right),$$

从而得

$$M' = \frac{2m_。}{1-\beta^2}。$$

我们已说过,粒子 P 在 S' 系中具有速度 v(这速度沿 $-X'$ 轴方向),所以这个 M' 是具有速度 v 的粒子的质量。因比,根据(15.1)式可知,这粒子的静止质量应该是

$$M'\sqrt{1-\beta^2} = 2m_。/\sqrt{1-\beta^2}。$$

所以 S' 的裁判结论是:P 的静止质量应当是 $2m_。/\sqrt{1-\beta^2}$ 而不是 $2m_。$。

可见,从 S' 来裁判,(A)式是不对的,(B)式才是正确的。就是说,动量守恒原理要求 S 系中静止的 P 的质量,不等于构成 P 的两个粒子 P_1 与 P_2 的静止质量之和,而应等于碰撞前 P_1 与 P_2 原来拥有的质量之和。也就是说,在碰撞过程中,不但动量守恒,质量也守恒。

同样是静止,P 的质量为何比构成它的两个粒子 P_1 与 P_2 的静止质量之和要大?

原因在于,P 不是由静止的 P_1、P_2 构成的,而是由运动的 P_1、P_2 构成的,由静止的 P_1、P_2 构成的 P 与由运动的 P_1、P_2 碰撞后构成的 P 是有区别的。那有什么区别?

两个运动的 P_1、P_2 具有动能,经受非弹性碰撞后,动能不见了。根据能量守恒及转化原理,这动能不会消失,只能转化为其他形式的能量。碰撞后的 P 温度升高了,难道温度升高质量会变大?不错,在我们的例子中,P 的温度升高,意味着其中的分子热运动平均速度增大。根据 15 中的结论,分子的平均质量也就增大。这不挺合理吗?原来,P_1、P_2 的宏观运动动能,转化为分子不规则热运动的动能。而原来由于 P_1、P_2 有一定速度而增加了的质量,也没有消失,转化为每个分子的平均质量增大的部分,由运动着的 P_1、P_2 碰成的 P 与静止的 P_1、P_2 合成的 P 就是不同!前者分子平均质量会大些,总质量也就大些。

由上面的讨论我们可以得出结论:动量守恒原理与相对论结合起来,不但要求粒子的质量随速度按(15.1)式变化,还要求质量守恒。粒子由于具有速度而增加的质量不会消失,只能转移。人们自然会问,这样说来,静止的 P_1、P_2 变为运动的 P_1、P_2 所增加的质量从何而来? 从让 P_1、P_2 增加速度的物体得来。谁把 P_1、P_2 由静止状态变为运动状态,谁就得付出一些质量给 P_1 与 P_2。质量不能消灭也不能无中生有,只能从一个客体转移到另一个客体。

17 质量与能量的普遍联系：$E = mc^2$

在 16 中我们看到，一个物体如果让它的物理状态发生变化，它的静止质量就可能不同。比如，让一块石头温度升高，它虽然继续保持静止，但质量会增加。因为其中每个分子的平均热运动速度增加，因而质量有所增加。我们还可以举一些其他例子来说明这个现象。

让我们考虑弹簧 A 及球 B 所构成的系统的两种状态，如图 17.1 所示，状态（Ⅰ）是弹簧 A 处于自然状态，没有拉伸也没有压缩。状态（Ⅱ）是弹簧

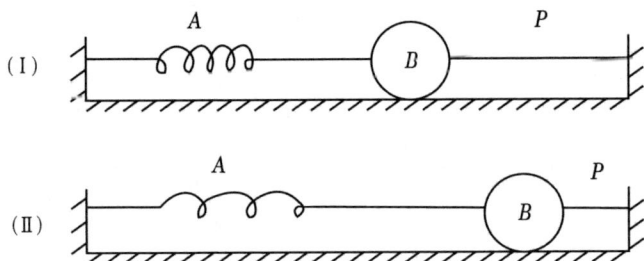

图 17.1

受到了拉伸。你说，这两个不同状态中由 A、B 构成的系统，哪一个质量大？我们说，状态Ⅱ比状态Ⅰ质量大。不信的话，我们只要把细线 P 剪断，就分晓。P 断后，图 17.1（Ⅰ）的 A、B 无动于衷，一切照旧；图 17.1（Ⅱ）中的则不然，A 迅速收缩，A、B 皆获得速度，根据(15.1)式，A、B 的质量就都比图（Ⅰ）的大。再根据质量守恒的要求，可见图（Ⅱ）P 断之前，A、B 总质量就比图（Ⅰ）的大。图（Ⅰ）与图（Ⅱ）的差别，在于 A 是否被拉伸。可见，拉伸的弹簧质量要比没有拉伸的大！想不到相对论中有这么烦琐的东西，一个物体的质量不但与其速度有关，也可能与温度有关。假如这物体是弹簧的话，其质量还和这物体是否受到拉伸或压缩有关。多烦琐！事实上并

96

不烦琐,只要我们找出这些"有关"的共同点,找出规律性的东西,问题就会变得很简洁。一个物体速度增加,或由于非弹性碰撞而具有较高的温度,或者一个弹簧受到拉伸,这其中有什么共同点？共同之处就是能量增加了。要么是宏观运动的动能增加,要么是微观的分子动能增加,要么是弹性势能增加,等等。原来,质量的增加是由于能量的增加引起的？不错,是这样。由于能量守恒并能够互相转化,我们可以像论证拉伸的弹簧拥有大些的质量那样,论证任何形式的能量皆具有质量。既然如此,我们倒很想知道,1焦耳的能量,会有几千克的质量？据(15.1)式,速度为 v 时,质量为 $m=m_0/\sqrt{1-\beta^2}$,所以质量的增加量为

$$\Delta m = \frac{m_0}{\sqrt{1-\beta^2}} - m_0$$
$$= m_0 \left(\frac{1}{\sqrt{1-\beta^2}} - 1 \right).$$

我们已知道, v 总是小于 c ,所以 $\beta^2 < 1$,因而 $1/\sqrt{1-\beta^2}$ 也就是 $(1-\beta^2)^{-\frac{1}{2}}$ 可以按二项式定理展开。按

$$(1+x)^n = 1 + nx + \frac{n(n-1)x^2}{2!} + \frac{n(n-1)(n-1)}{3!}x^3 + \cdots,$$

所以

$$[1+(-\beta^2)]^{-\frac{1}{2}} = 1 + \left(-\frac{1}{2}\right)(-\beta^2) + \frac{\left(-\frac{1}{2}\right)\left(-\frac{3}{2}\right)}{2!} \times$$
$$(-\beta^2)^2 + \cdots$$
$$= 1 + \frac{1}{2}\beta^2 + \frac{3}{8}\beta^4 + \cdots.$$

因此,

$$\Delta m = m_0 \left(\frac{1}{\sqrt{1-\beta^2}} - 1 \right)$$
$$= m_0 \left(\frac{1}{2}\beta^2 + \frac{3}{8}\beta^4 + \cdots \right).$$

让我们先看看在 v 很小的情况下, Δm 有多大,它和物体具有的动能有什么样的关系。在 v 很小的情况下,牛顿力学已受过几百年的考验,能很好地运用。因此,在 v 很小的情况下,物体的动能就是牛顿力学所指出的 $U_k =$

$\frac{1}{2}m_0v^2$。这动能与 Δm 有什么关系呢？v 很小时，$\left(\frac{v}{c}\right)^4$ 或更高次方的项，都非常小，与 $\frac{v^2}{c^2}$ 比起来，都可忽略。因此，

$$\Delta m = m_0\left(\frac{1}{2}\beta^2\right) \qquad （当 v 很小时）$$

$$= \frac{U_k}{c^2}。$$

即，对于运动速度很小的物体来说，其质量的增加量为动能 U_k 与 c^2 的比值。或者说，动能和它所具有的质量的关系是

$$质量 = \frac{能量}{c^2}。$$

这个式子就是能量与它所具有的质量的关系式，且慢，这个关系式是在 v 很小的情况下由运动物体的动能和它所增加的质量求出的，v 大时，能行吗？对于其他形式的能量，能行吗？能行。因为各种形式的能量是互相转化的，但在数量上保持不变。因此，能量和它所具有的质量的比值应该是一个自然界里的常数。只要从某种特殊形式的能量求出这个比值，就可以适用了其他形式的能量。所以，不管什么形式的能量 E，只要让它用 c^2 除一下，就得到这些能量所具有的质量 m，即

$$E = mc^2。 \tag{17.1}$$

这样一来，当一个物体的速度 v 不是很小时，动能的表示式就不再是 $U_k = \frac{1}{2}m_0v^2$，而应当是

$$动能 = \Delta mc^2 = (m - m_0)c^2$$

$$= m_0c^2\left(\frac{1}{\sqrt{1-\beta^2}} - 1\right)$$

$$= m_0c^2\left(\frac{1}{2}\beta^2 + \frac{3}{8}\beta^4 + \cdots\right)$$

$$= \frac{1}{2}m_0v^2 + \frac{3}{8}m_0\frac{v^4}{c^2} + \cdots,$$

即动能总是两个项之差：

$$mc^2 - m_0c^2 = \frac{m_0}{\sqrt{1-\beta^2}}c^2 - m_0c^2,$$

其中第一项有时叫总能量，而第二项叫静（止）能（量），两者之差就是动能。静能是什么意思呢？有什么物理意义呢？且看下面的例子：

设有两个各由 N 个同样原子构成的物体 A 及 B，就算两块黄金吧。设 A 温度很高，B 只是常温。根据上面的讨论，A 的静止质量 m_{A_0} 大于 B 的静止质量 m_{B_0}，因此 A 的静能 E_A 大于 B 的静能 E_B，即

$$E_A = m_{A_0}c^2 > E_B = m_{B_0}c^2.$$

我们可以把 A 放在一杯水中，让它降温而把水煮沸。这时 A 的静能减少了，质量也按 $\Delta E = \Delta mc^2$ 的关系减少。可见，静能也是可以转化成其他形式的能量的，与动能并不存在一条不可逾越的鸿沟。从原理上说，上面煮沸的水，可用其水蒸气去推动机器，这不就是 A 把静能的一部分转化成其他物体的动能了吗？对于常温的 B，也未尝不可如此。让它与更低温的物体接触，它的静能也还是可以转化的，至少转化一部分。可见 m_0c^2 这份能量与通常的能量原则上没有什么区别，皆是能量，皆可以互相转化，但在量的方面守恒。结论只能是，一定的能量具有一定的质量，一定的质量也具有一定的能量，其关系式就是 $E = mc^2$。

一块 1 千克的砖头，这值不了几分钱，可是按(17.1)式，它具有能量

$$\begin{aligned}
E &= mc^2 \\
&= 1000 \text{ 克} \times (3 \times 10^{10} \text{ 厘米/秒})^2 \\
&= 9 \times 10^{23} \text{（尔格）} \\
&= 9 \times 10^{16} \text{（焦耳）} \\
&\simeq 3 \times 10^{10} \text{（度）} = 300 \text{（亿度）}.
\end{aligned}$$

就是说，1 千克的砖头，拥有 300 亿度电那么多的能量。这样巨大的能量能够利用吗？从物理学的角度说，所谓能量的利用指的是能量按我们所需要的方式转化。遗憾的是我们还未能掌握如何让砖头之类所拥有的静能按我们所需要的方式转化。但话得说回来，人类从来也不缺少能量，不缺少我们已知道如何让它们按我们的愿望转化的能量。太阳能几乎是无穷无尽的，我们也知道如何利用它，但是暂时尚缺少必要的设备而已。

上面关于质量和能量关系的观点，实验方面批准了吗？批准了，早就批准了。

早在 20 世纪 30 年代，人们就从原子核的反应中发现原子核反应时，有时静止质量 m_0 会减少千分之几，这是了不起的事，表示有空前大量（与原有的静能比较）的静能转化成别的能量形式。以往所知道的所有化学反应，

所释放(所谓释放指的是变成较易于指挥之意)的能量只有静能的极其微小的部分。比如,氢和氧合成水的反应中,发热量是很大的了;合成 1000 克水,所释放的能量还不到 $3×10^8$ 焦耳,这个数字还不到 1000 克水的静能的一亿分之一。因此,在几百年间定量地研究化学反应中,未能测出化学反应时所伴随的静止质量的变化。把原子核反应的"残渣"的动能除以 c^2,人们证实,恰好等于静能的减少,即验证了(17.1)式。这类核反应的发现,最后导致了原子弹与氢弹这类东西的出现,这些东西就是利用了核反应时大量静能的释放。

不止如此,人们早在上述原子核反应发现之前,就观测到普通电子与带正电的电子相遇时发生的湮没现象。正负电子没有了,两者的静止质量 $2m_0$(正电子与电子具有相同的静止质量)皆不见了。可是把湮没过程所产生的两个光子(有时是 3 个光子)的能量测量一下,人们发现这些光子的能量恰好为不见了的一对正负电子质量 $2m_0$ 乘以 c^2。可见,在湮没过程中,静能全释放了,百分之百转化了。没有人能见到静止的光子,光总是以速度 c 运动的,光子没有静止质量。但光子还是有质量的,其质量按 $m=E/c^2$ 计算,因而也就有动量 $mc=E/c$。一束强的激光束射在一个小物体上,会有很大的推力,使这小物体获得很大的加速度。

不止如此,人们还观测到,能量很大的光子,即 γ 射线,在原子核附近的适当条件下,这光子会消失,从而产生一对正负电子。把正、负电子的质量(包括由于有速度而增加了的质量)加在一起,恰好等于原来光子的能量(扣除去被原子核所捞去的那一部分)除以 c^2。总之,诸如此类的反应中,总是观测到能量守恒,质量也守恒,总是按 $E=mc^2$ 的关系行事。

在质子与反质子之间,也能观测到类似上面说过的电子与正电子的湮没那类的反应,也依然按 $E=mc^2$ 行事。目前 $E=mc^2$ 这类关系式,已经在物理学的各个分支中,经常使用。

例 在地球附近,与阳光垂直的随便一个平面上每秒每平方米可以接收到太阳能 1400 焦耳,或者说,每平方米可以接收到太阳能 1.4 千瓦。试计算,太阳每秒减少多少质量?

解:太阳距地球 $r=1.5×10^8$ 千米 $=1.5×10^{11}$ 米。以太阳为心,太阳距离地球 r 为半径的球,其表面积为

$$A=4\pi r^2$$
$$=4\pi(1.5×10^{11}米)^2$$

$$= 2.84 \times 40^{23}（米^2）。$$

可见，太阳每秒送出的能量为

$$1.4 \times 10^3 \text{ 焦耳/米}^2 \times 2.84 \times 10^{23} \text{米}^2 = 4.0 \times 10^{26} \text{焦耳}。$$

按

$$m = \frac{E}{c^2}$$
$$= \frac{4.0 \times 10^{26} \text{焦耳}}{(3 \times 10^8 \text{ 米})^2}$$
$$= 4.5 \times 10^9 \text{ 千克}$$
$$= 4.5 \times 10^6 （吨）。$$

就是说，太阳以光的形式向周围空间每秒输送 450 万的质量。这个数字与太阳总质量 2.1×10^{27} 吨相比，是微不足道的。不难算出，按这样挥霍质量 10 亿年后，太阳质量还不会减少万分之一。太阳除了以光的形式向外输出质量，还以直接输出粒子的形式（所谓太阳风）向外输出质量，但太阳风输出的质量较少。

练习题

速度 $v = c\left(1 - \dfrac{1}{8000000}\right)$ 的电子，动能多大？已知，电子静止质量 $m_0 =$ 9.11×10^{-31} 千克 $= 0.511$ 百万电子伏特 $/c^2$。

（答案：约 10^9 电子伏特）

18 洛伦兹变换

我们已经介绍了相当多的、在两个相互做匀速直线运的参考系 S 与 S' 中会认为数值完全不同的物理量:时间、长度、速度、质量,当然也就包含能量,因为任何质量都有一份相应的能量,任何能量都具有相应的质量。照这样下去,物理量一个一个地考察,何时是了,虽然这样考察会遇到一些新鲜事,如让我们了解到所谓"砖头的能量"即与静止质量相应的数值巨大的能量这一类相对论以前完全不了解的东西。但这是零敲碎打的方式,很凌乱。如果所讨论的物理量更多了,单是记忆它们在 S 及 S' 系中相互变换的关系式都会有困难。的确,不该照老方式继续下去了。搞清楚一些基本概念之后,应该总结提高一下,再深入下去。

所有前面介绍过的东西,根本问题都在于 S 及 S' 系对具体事件都有各自的 (x,y,z,t) 与 (x',y',z',t'),因此出现同时的相对性,长度计量的相对性,速度加法与牛顿力学不一样,物体的质量随速度而增加等现象。所以,我们有必要对这个总根头探讨一下。把 S 及 S' 系对于某个具体事件分别所观察到的 (x,y,z,t) 与 (x',y',z',t') 之间的关系搞出来,然后利用这些坐标和时间的变换关系来考察其他问题,这样就抓住了比较根本的东西,讨论起具体问题来,会简洁、方便得多。下面我们就来推导 S 与 S' 系分别对同一个事件所测得 (x,y,z,t) 及 (x',y',z',t') 之间的关系。

首先,沿 Y、Y' 或 Z、Z' 方向放置的某条杆的长度,从 S 及 S' 看来,没有什么不同。这一点在 10 中已经讨论过,因而我们得

$$y = y'。$$

类似道理可知

$$z = z'。$$

剩下问题是找出 x、t 与 x'、t' 之间的关系。我们记得,S' 与 S 在 OX 或 $O'X'$ 方向有相对速度 v。

设在 S' 中,有一事件,我们叫它为 A 事件,它的空间和时间坐标为(x',y',z',t')。我们的目的是要知道,从 S 系看来,事件 A 的 x、t 的数值与(x',y',z',t')的关系。

先求 t 吧,这还不简单? 从 S 系看来,S' 钟慢了,慢的因子为 $\sqrt{1-\beta^2}$,所以 S' 钟指 t',S 钟指

$$t=t'/\sqrt{1-\beta^2}。 \tag{A}$$

这就是 S 及 S' 系对事件 A 发生的时刻分别进行观测后所该得到的关系式。错了,又是一次冒冒失失的回答! 自 S 看来,S' 系中各不同地点的钟一般并不同步。S' 系中放在 O' 点的钟和 S 系的钟,其读数由(A)式联系(自 S 系看来)是正确的,因为当 O'、O 重合时,S 确认,O' 钟与 O 钟同时起步,只是由于 O' 钟走得慢,因此 t、t' 才按(A)式比例联系着。对于放在 O' 点以外的钟,在 S 看来,与 O' 钟并不一定同步。因此,它们的读数和 S 钟就未必存在着(A)式那样简单的比例关系。

从 S' 系看来,事件 A 发生于时刻 t',这就意味着事件 A 和 S' 系各处的钟指 t' 同时发生,因为 S' 认为自己参考系中所有的钟都同步。可是,在 S' 系的许许多多钟当中,只有放在事件 A 发生的地点,即坐标为(x',y',z')处的钟指 t' 才是与 A 同时同地发生。根据同时同地的绝对性,S 当然认为,事件 A 是与 S' 系中坐标为(x',y',z')的钟指 t' 同时(同地)发生,而不是与 O' 钟指 t' 同时。

根据 9 中的讨论,从 S 系看来,O' 钟比(x',y',z')处的钟读数总是多一个恒量 $x'v/c^2$。由于从 S 系看来,O' 钟与 S 系的钟的读数由(A)式联系,因此据(A)式可以知道,从 S 系看来,A 事件发生时,也即 O' 钟指 $t'+\dfrac{x'v}{c^2}$ 时,S 系的钟的读数为

$$t=\frac{t'+\dfrac{x'v}{c^2}}{\sqrt{1-\beta^2}}。$$

这 t 就是自 S 系所测得的 A 事件的发生时刻。这个式子就是对于同一个客观事件 A,两个参考系分别观测到的 t 和 t' 之间的换算关系。

接下来我们讨论从 S 系看来,事件 A:(x',y',z',t') 的 X 坐标应若干? 即求出事件 A 与 YOZ 平面的距离(图 18.1)。

既然从 S 系看来,A 事件发生于 O' 钟指

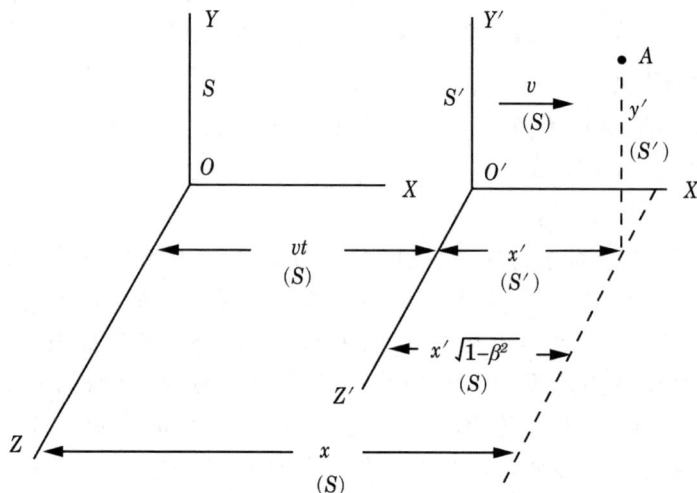

图 18.1

$$t' + \frac{x'v}{c^2},$$

也即自己的钟指

$$t = \frac{t' + \dfrac{x'v}{c^2}}{\sqrt{1-\beta^2}}$$

之时,当然此时 O' 距 O 为

$$vt = \frac{vt' + x'\beta^2}{\sqrt{1-\beta^2}} \, \text{。}$$

由图 18.1 看出,由于 A 与 $Y'O'Z'$ 的距离在 S' 中为 x',因此从 S 看来,这段距离为

$$x'\sqrt{1-\beta^2},$$

因而 A 的 X 坐标为

$$\begin{aligned}
x &= vt + x'\sqrt{1-\beta^2} \\
&= \frac{vt' + x'\beta^2}{\sqrt{1-\beta^2}} + x'\sqrt{1-\beta^2} \\
&= \frac{x' + vt'}{\sqrt{1-\beta^2}} \, \text{。}
\end{aligned}$$

到这里,我们已求得了 S 和 S' 系对于同一客观事件 A 的空、时坐标变换关系,即

$$\begin{cases} x = \dfrac{x' + vt'}{\sqrt{1-\beta^2}}, \\[2mm] y = y', \\[2mm] z = z', \\[2mm] t = \dfrac{t' + \dfrac{x'v}{c^2}}{\sqrt{1-\beta^2}}。 \end{cases} \tag{18.1}$$

把这些式子中 x'、y'、z'、t' 作为未知数,把 x、y、z、t 作为已知数,联立求解可得

$$\begin{cases} x' = \dfrac{x - vt}{\sqrt{1-\beta^2}}, \\[2mm] y' = y, \\[2mm] x' = z, \\[2mm] t' = \dfrac{t - \dfrac{xv}{c^2}}{\sqrt{1-\beta^2}}。 \end{cases} \tag{18.2}$$

当然,也可以根据 S 与 S' 等效(只是彼此见到对方沿 OX 或 $O'X'$ 轴的速度一为 v 另一为 $-v$),只要把(18.1)式中有撇字母与无撇字母对调位置,并把 v 改为 $-v$ 就可以得到(18.2)式,不必解联立方程。

有了 S 与 S' 系的坐标变换公式(18.1)和(18.2),我们就可以很方便地求出(举例说)$u'_x = \mathrm{d}x'/\mathrm{d}t'$ 与 $u_x = \mathrm{d}x/\mathrm{d}t$ 的变换关系(未学过导数概念的,这个例子可以不管它,这对下面内容的理解并无妨碍)。

由(18.2)式得

$$\mathrm{d}x' = \frac{\mathrm{d}x - v\,\mathrm{d}t}{\sqrt{1-\beta^2}},$$

$$\mathrm{d}t' = \frac{\mathrm{d}t - v\,\mathrm{d}x/c^2}{\sqrt{1-\beta^2}},$$

所以

$$\frac{\mathrm{d}x'}{\mathrm{d}t'} = \frac{\mathrm{d}x - v\,\mathrm{d}t}{\mathrm{d}t - \dfrac{v\,\mathrm{d}x}{c^2}} = \frac{\dfrac{\mathrm{d}x}{\mathrm{d}t} - v}{1 - \dfrac{v\dfrac{\mathrm{d}x}{\mathrm{d}t}}{c^2}},$$

即

$$u_x' = \frac{u_x - v}{1 - \dfrac{u_x v}{c^2}}。$$

这正是前面所求得速度合成公式(14.2)的第一式。

(18.1)或(18.2)式称为洛伦兹变换式,这些变换早在相对论以前就找到了。洛伦兹为了让当时已经知道的电磁理论的基本方程式在各个惯性系保持同样形式,他发现,不同参考系中空间和时间的变换关系必须具有这样的形式才行。按照牛顿力学,力学规律要在各个惯性系中保持相同的形式,S 及 S' 系的坐标变换关系应为

$$
\begin{aligned}
x &= x' + vt', & x' &= x - vt', \\
y &= y', & y' &= y, \\
z &= z', & z' &= z, \\
t &= t', & t' &= t,
\end{aligned}
$$

这样的坐标变换关系叫伽利略变换,它们相当于洛伦兹变换中 $c \to \infty$ 的情况。如果让空、时按伽利略变换式变换,电磁理论的基本方程在各个惯性系中形式不一样,只有空、时坐标按洛伦兹变换式进行变换,才能使电磁理论的基本方程式在各个惯性系中保持相同的形式。洛伦兹虽然找到了洛伦兹变换,但他当时未能说出其中的道理。今日看来,问题很显然,由洛伦兹变换所反映的时空概念,比由伽利略变换所反映的时空概念更能正确地反映客观世界的规律。在洛伦兹当时就已经总结出来的以麦克斯韦方程组为主体的包括电磁现象的规律,也是比牛顿力学更能反映客观世界的规律。牛顿力学只能适用于低速运动的客体,而麦克斯韦方程组对于以接近光速运动的带电粒子,仍能适用,并且也能相当正确地反映出电磁波(光也就是电磁波)的运动规律。麦克斯韦方程组在洛伦兹变换条件下,在各个惯性系中形式相同,这表明这些规律反映出了各个惯性系皆能共同同意的客观规律。牛顿力学则不然,在洛伦兹变换下,这些规律在各个惯性系中面目不同,这表明这些规律尚未能反映出各个惯性系皆共同同意的客观规律。从相对论

的角度看来,这样的规律必须修改,因为物理规律在各个惯性系中都应相同。物理规律必须是在洛伦兹变换下能保持不变形式的才行。后面我们将会看到,牛顿力学规律该如何修改才能满足相对论的要求,才能适用于高速运动的物体。

例 利用洛伦兹变换,论证沿尺的长度方向运动的尺变短。

解:设在 S' 系中有一静止的尺,其两端分别固定于 x_1' 及 x_2'(Y'、Z' 坐标值皆为零)。这尺在 S' 系中的长度显然就是

$$l' = x_2' - x_1'。 \qquad (设 x_2' > x_1')$$

据洛伦兹变换,这尺的两端在 S 系中的 X 的坐标分别为

$$x_1 = \frac{x_1' + vt'}{\sqrt{1-\beta^2}},$$

$$x_2 = \frac{x_2' + vt'}{\sqrt{1-\beta^2}},$$

所以此尺在 S 系中的长度为

$$\begin{aligned}
l &= x_2 - x_1 \\
&= \frac{x_2' - x_1'}{\sqrt{1-\beta^2}} + \frac{v(t'-t')}{\sqrt{1-\beta^2}} \\
&= \frac{l'}{\sqrt{1-\beta^2}}。
\end{aligned}$$

因此,

$$l > l'。$$

又出毛病了,我们本来是要论证 $l < l'$,本来要论证运动的尺变短,却证出了 $l > l'$。问题出在哪里?

问题在于轻易地把 $x_2 - x_1$ 作为尺在 S 系的长度 l,而不问是什么时刻的 x_2 与 x_1。由于从 S 系看来尺在运动,尺的两端的坐标 x_2 与 x_1 都与时间有关,不问青红皂白抓来一对的 x_2 及 x_1,随便一减就出毛病了。

我们上面的计算,用的是同一时刻 t' 的 x_2 及 x_1 的值,这不行。对于 S 系而言,尺在运动,必须是同一个 t 值(不是同一个 t' 值)的 x_2 与 x_1 之差才能表示运动的尺的长度。因此,得先求出用 t 表示的 x_2 及 x_1。按洛伦兹变换,t' 与 t 关系为

$$t' = \frac{t - \dfrac{xv}{c^2}}{\sqrt{1-\beta^2}},$$

所以

$$x_1 = \frac{x_1' + vt'}{\sqrt{1-\beta^2}}$$

$$= \frac{x_1' + v \dfrac{\left(t - \dfrac{x_1 v}{c^2}\right)}{\sqrt{1-\beta^2}}}{\sqrt{1-\beta^2}}。$$

同理 $$x_2 = \frac{x_2' + v \dfrac{\left(t - \dfrac{x_2 v}{c^2}\right)}{\sqrt{1-\beta^2}}}{\sqrt{1-\beta^2}}。$$

对于相同的 t ,

$$x_2 - x_1 = \frac{x_2' - x_1'}{\sqrt{1-\beta^2}} - \frac{\beta^2(x_2 - x_1)}{1-\beta^2} ,$$

则 $$(x_2 - x_1)\left(1 + \frac{\beta^2}{1-\beta^2}\right) = \frac{x_2' - x_1'}{\sqrt{1-\beta^2}} ,$$

$$x_2 - x_1 = (x_2' - x_1')\sqrt{1-\beta^2} ,$$

即

$$l = l'\sqrt{1-\beta^2} ,$$

则 $$l < l'。$$

练习题

两把尺 A 及 B ,静止时长度都是 l_0。让 A、B 两尺在 S 系中分别沿 OX 及 OY 轴以速度 v 运动,并且尺身分别与 X 及 Y 轴平行。试根据洛伦兹变换的式子计算:一个固定在 A 尺上的观测者,会观测到 B 尺是多长?请与 14.2 题进行比较。注意,圆盘的某条直径也可以作为尺。

(参考答案:$l' = l_0\sqrt{1-\beta^2}$)

提示: B 尺两端的坐标是时间 t 的函数。

19 时空间隔不变

18 中我们推导出了洛伦兹变换(18.1)与(18.2)式,从这些式子看出,时间坐标与空间坐标纠缠在一起,时间 t 或 t' 变换式子中,混进了 x' 或 x,这是伽利略变换所没有的。时间、空间出现了不可分割的联系,这意味着与相对论以前传统的时空观(由伽利略变换所反映出的时空观)比较,人类对时间、空间性质的认识,发生了革命性的变化。因此,我们有必要对洛伦兹变换所反映出来的时空性质,多说几句话。

对于(18.1)与(18.2)式,有一个极重要的性质,须指出:

如果在 S' 系中有两个事件 Ⅰ :(x_1', y_1', z_1', t_1') 和 Ⅱ :(x_2', y_2', z_2', t_2'),把这两个事件的时空坐标变换到 S 系时,立刻可以知道,一般说来

$$x_2' - x_1' \neq x_2 - x_1,$$
$$t_2' - t_1' \neq t_2 - t_1 。$$

但是,永远存在着这样的关变式

$$(x_2' - x_1')^2 - c^2(t_2' - t_1')^2 = (x_2 - x_1)^2 - c^2(t_2 - t_1)^2 。$$

这很容易由(18.1)或(18.2)式直接验明。由于 $y = y', z = z'$,可见,上面这个式子还可以写成

$$(x_2' - x_1')^2 + (y_2' - y_1')^2 + (z_2' - z_1') - c^2(t_2' - t_1')^2$$
$$= (x_2 - x_1)^2 + (y_2 - y_1)^2 + (z_2 - z_1)^2 - c^2(t_2 - t_1)^2 \tag{19.1}$$

或写成

$$l'^2 - c^2(\Delta t')^2 = l^2 - c^2(\Delta t)^2, \tag{19.1'}$$

式中,$\Delta t'$、Δt 及 l'、l 分别表示两个事件的时间间隔和空间距离。方程(19.1)或(19.1')的任何一侧所表示的量就统称为时空间隔(的平方),有时就简称为间隔。这两个式子表明,两个事件的间隔是绝对的,各个参考系有共同的数值。这是一个很重要的事实。大家知道,在牛顿力学所习惯了的三维空间中,两个点(两个事件发生的地点)距离的平方

$$l^2 = (x_2 - x_1)^2 + (y_2 - y_1)^2 + (z_2 - z_1)^2$$
$$= (x_2' - x_1')^2 + (y_2' - y_1')^2 + (z_2' - z_1')^2$$
$$= l'^2$$

是绝对的,各个参考系都有相同的数值。在牛顿力学中,两个事件的时间间隔 $\Delta t = (t_2 - t_1) = (t_2' - t_1') = \Delta t'$ 也是绝对的,根本不存在什么同时的相对性问题。这些性质都在伽利略变换中表现出来。在相对论中则不然,绝对的量不是 l^2,也不是 Δt,而是两者结合在一起的量 $l^2 - c^2(\Delta t)^2 = l'^2 - c^2(\Delta t')^2$ 才是绝对的。在相对论中,时间总是和空间纠缠在一起,这从洛伦兹变换就可一目了然。因此,讨论问题时,得把空、时一起讨论,不像牛顿力学中时间 t 是绝对的,是与空间没有关系的量。这就使得在相对论中,总是要 x、y、z、t 这 4 个量一起对付,这在数学上就是与四维空间打交道。在相对论中,把这叫四维时空或四维空时,反正时空与空时都一样顺口。每一个事件的 4 个坐标 (x, y, z, t) 就是四维时空中的一个点——叫世界点。而两个世界点的间隔(类似于三维空间中两个点的距离)就是两个事件的间隔。据 (19.1) 式,间隔是绝对的,这与三维空间中两个点的距离是绝对的类似。无限数目的连续事件的世界点就在四维时空中构成一条曲线,叫世界线。

人们还有时令

$$\tau = ict, \tau' = ict' \quad (i = \sqrt{-1})$$

来代替 t 和 t' 这两个量。这样一来,(19.1) 式变为

$$(\tau_2' - \tau_1') + (x_2' - x_1') + (y_2' - y_1')^2 + (z_2' - z_1')^2$$
$$= (\tau_2 - \tau_1)^2 + (x_2 - x_1)^2 + (y_2 - y_1)^2 + (z_2 - z_1)^2, \qquad (19.2)$$

这在形式上就更类似于三维空间中两个点的距离的平方,只不过增加了第四个量 $(\tau_2 - \tau_1)$ 或 $(\tau_2' - \tau_1')$ 而已,讨论起来很方便。当然,不用 $\tau = ict$,直接用 ct 或 t 作为第四坐标,也可以讨论,只不过 (19.1) 式不能写成 (19.2) 式这样整齐对称,这样与三维空间(两点距离的平方的写法)类似。这种依据洛伦兹变换的要求,把时间与空间一起考虑的四维时空,就叫明可夫斯基空间或明可夫斯基时空。

从间隔不变的 (19.1) 或 (19.1') 式可以看出,如果两个事件在某参考系中是同时发生的,则这两事件在该参考系中所测得的空间距离比其他参考系所测的短——同时事件空间间隔最短。例如,某两个事件 A、B,如果在 S' 系中同时,则 $\Delta t' = 0$,因而

$$l'^2 - c^2(\Delta t')^2 = l^2 - c^2(\Delta t)^2$$

变为　　　$l'^2 = l^2 - c^2 \Delta t^2$。

可见　　　$l' < l$。

如果两个事件在某参考系中是同地发生的,则此两事件在该参考系中的时间间隔最短——同地发生的事件时间间隔最短。例如,设 A、B 两事件在 S' 系中同地发生,则

$$l' = 0,$$

$$l'^2 - c^2 \Delta t'^2 = l^2 - c^2 \Delta t^2$$

变为　　　$c^2 \Delta t'^2 = c^2 \Delta t^2 - l^2$。

可见,　　$\Delta t > \Delta t'$。

如图 19.1 所示,飞船 S' 自宇宙站 A 至 B 的飞行,S' 与 A 重合是一个事件 I,S' 与 B 重合是另一个事件 II。I、II 在飞船看来,皆发生在飞船身旁,所以是同地事件,因而自飞船测得的这段飞行时间,也即事件 I 与 II 的时间间隔 $\Delta t' = \dfrac{l}{v} \sqrt{1 - \beta^2}$ 就比宇宙站上的观测者 A 或 B 所测得的 $\Delta t = l/v$ 小。

$$\Delta t' = \Delta t \sqrt{1 - \beta^2}。$$

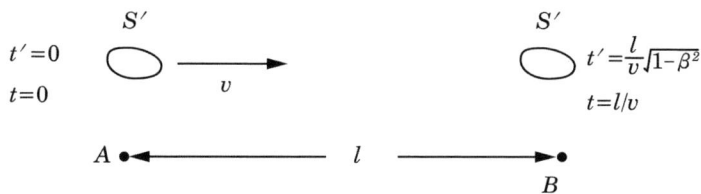

图 19.1

A 钟指零是事件 I,B 钟指零是事件 II,从观测者 A 或 B 看来,I、II 同时,所以 AB 的距离应该比 S' 所测得的 AB 距离 l' 短?

怪了,又出乱子了! 在 8 中已算过,S' 所测得的 AB 长 l' 为

$$l' = l \sqrt{1 - \beta^2}$$

则　　　$l' < l$。

这是怎么说呢? 对于 S' 而言,事件 I 与 II 的距离不是 l',l' 是宇宙站 A、B 的距离,而不是事件 I 与 II 的距离。这就是问题所在。

让我们设身处地设想自己在飞船 S' 上,我们就容易明白 l' 的确不是事件 I 与 II 的距离。

从 S' 看来,B 钟指零比 A 钟早,在 9 中已知道,S' 认为 A 钟指零时,B 钟已指 lv/c^2,因此 S' 认为,B 钟指零是在自己与 A 重合之前,即 A 钟指零之前

$$\Delta t' = \frac{lv}{c^2} / \sqrt{1-\beta^2} \text{。}$$

这个 $\Delta t'$ 是 S' 用自己的钟计量的,S' 认为自己的钟走得比较快,B 钟走过 lv/c^2,S' 钟就应走过 $\frac{lv}{c^2} / \sqrt{1-\beta^2}$。

因此,S' 认为,B 钟指零是在 B' 钟指

$$-\Delta t' = -\frac{lv}{c^2} / \sqrt{1-\beta^2}$$

之时。此时从 S' 看来,S'、A、B 三者的位置关系,约如图 19.2 所示。

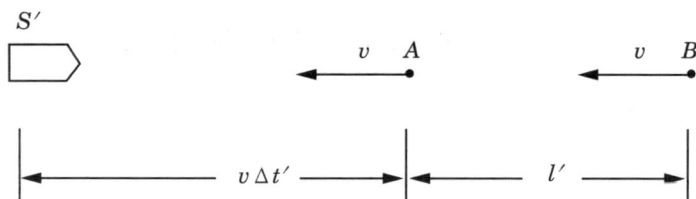

图 19.2

在这时候,以速度 v 向 S' 飞行而来的宇宙站 A,离 S' 尚有一段距离 $v\Delta t'$,要再过 $\Delta t'$ 后 A 才会与 S' 重合。因而事件 II,即 B 钟指零这个事件,距 S' 为

$$l' + v\Delta t' = l\sqrt{1-\beta^2} + \frac{l\frac{v}{c^2}}{\sqrt{1-\beta^2}} \cdot v$$

$$= \frac{l}{\sqrt{1-\beta^2}} \text{。}$$

而事件 I 呢?A 钟指零时,S' 恰在 A 旁边,因此事件 I 距 S' 为零。所以 S' 认为,事件 I 与 II 距离为

$$\frac{l}{\sqrt{1-\beta^2}} - 0 = \frac{l}{\sqrt{1-\beta^2}} > l \text{。}$$

我们花了不少力气算得 S' 认为事件 I 和 II 的距离为 $l/\sqrt{1-\beta^2}$ 这个结

论。如果利用(18.1)或(18.2)式来计算,会方便得多,但是对物理内容的理解远不如这里"设身处地"到 S' 去一趟来得深刻。据(18.2)式,

$$x_2' - x_1' = \frac{x_2 - vt_2}{\sqrt{1-\beta^2}} - \frac{x_1 - vt_1}{\sqrt{1-\beta^2}} = \frac{x_2 - x_1}{\sqrt{1-\beta^2}} - 0$$

$$= \frac{l}{\sqrt{1-\beta^2}} > l。$$

在这里的计算中,我们用到了事件 Ⅰ 和 Ⅱ 在 S 系中(也即 A 或 B 参考系中)同时发生,$t_2 = t_1$,而且 Ⅰ、Ⅱ 在 S 系中距离为 $l = x_2 - x_1$。

建议记住这里的"两个最短",同时事件空间距离最短,同地事件时间间隔最短。这很易记忆,在具体问题中也很常用到。

在相对论的讨论中,常常用到"类空间隔"与"类时间隔"这样的术语。当两个事件的空间距离 l 的平方大于这两个事件的 $c^2 \Delta t^2$ 时,这两个事件的间隔就叫类空间隔;反之就叫类时间隔。这样的两个事件不可能存在因果联系。由于间隔的绝对性,"类空"和"类时"的性质也就是绝对的,各个参考系都有同样的结论。因此,两个事件是否可能存在因果联系,也就是绝对的,各个参考系有同样看法。有可能存在因果联系的事件,先后次序不容颠倒;而不可能存在因果联系的事件,先后次序是相对的。这些在 9 中已讨论过,但从"间隔"这个角度来考虑,更显简单明了。

练习题

19.1 有一支尺 A,静止时长为 l_0,让这尺在 S 系中沿着 OX 轴以速度 u 运动(尺身与 X 轴平行)。利用洛伦兹变换,求:从 S' 系来观测尺 A 的长度。

$$\left[\text{答案}: l' = l\sqrt{1-\beta^2} \Big/ \left(1 - \frac{uv}{c^2}\right)。\ l \text{ 为 } S \text{ 系所测得的 } A \text{ 尺的长度。} \right.$$

$$\left. l = l_0\sqrt{1 - \frac{u^2}{c^2}} \right]$$

19.2 在 S' 系中有一块静止的透明立方体,边长都是 l_0,立方体的各棱分别与 X'、Y'、Z' 这 3 坐标轴平行,设此立方体的折射率为 n(光在其中的速率为 c/n),试根据两个事件的时空间隔是不变量的性质,计算:从 S 系来观测,在 S' 系中分别沿着与 $O'X'$ 或 $O'Y'$ 平行的方向前进的光线穿过这

个立方体所需的时间。

[答案:光线在 S' 系中沿 $O'X'$ 方向穿过立方体所需时间为

$$\frac{nl_。}{c}\left(\frac{1+\dfrac{v}{nc}}{\sqrt{1-v^2/c^2}}\right)。（从 S 系观测）。$$

光线在 S' 系中沿 $O'Y'$ 方向穿过立方体所需时间为

$$\frac{nl_。}{c}\left(\frac{1}{\sqrt{1-\beta^2}}\right)]$$

（从 S 系观测。注意:从 S 系观测,这样的光线不与 OY 平行）。请思考,让这两个答案的 $n=1$,表示什么意思?

20 空间、时间与动量、能量，四(维)矢量

我们已找到了两个相互以速度 v 运动着的参考系 S 及 S' 之间，空间和时间坐标的变换公式。有了这些公式，我们该得把前面已讨论过的物理量，从空间和时间的变换角度来比较全面地考察一下，看看是否能找出什么规律来。至少整理复习一下也有必要，有整理就会理出头绪来。

前面已介绍过的物理量，除了时间、长度在 19 中已有所整理，还有速度、动量、质量、能量等。先抓动量！它与速度及质量都直接相关，与能量也有一定联系，因为能量与质量是用 $E=mc^2$ 紧紧联系在一起的。把动量在 S 及 S' 之间的一些规律性弄清楚了，其他几个概念就不难弄清楚。

设在 S 系中，有一个粒子 A，其速度为

$$u=\sqrt{u_x^2+u_y^2+u_z^2},$$

按动量的定义，其动量就是

$$P_x=m_u u_x=\frac{m_0}{\sqrt{1-\dfrac{u^2}{c^2}}}u_x,$$

$$P_y=m_u u_y=\frac{m_0}{\sqrt{1-\dfrac{u^2}{c^2}}}u_y,$$

$$P_z=m_u u_z=\frac{m_0}{\sqrt{1-\dfrac{u^2}{c^2}}}u_z。$$

同样这个粒子，从 S' 看来，动量为

$$P'_x = m_{u'} u'_x = \frac{m_0}{\sqrt{1-\dfrac{u'^2}{c^2}}} u'_x,$$

$$P'_y = m_{u'} u'_y = \frac{m_0}{\sqrt{1-\dfrac{u'^2}{c^2}}} u'_y,$$

$$P'_z = m_{u'} u'_z = \frac{m_0}{\sqrt{1-\dfrac{u'^2}{c^2}}} u'_z。$$

u' 与 u 的各个分量的关系我们已知为

$$u'_x = \frac{u_x - v}{1-\dfrac{u_x v}{c^2}}, \qquad u'_y = \frac{u_y \sqrt{1-\beta^2}}{1-\dfrac{u_x v}{c^2}},$$

$$u'_z = \frac{u_z \sqrt{1-\beta^2}}{1-\dfrac{u_x v}{c^2}}。$$

我们想知道的是,在 S 与 S' 系中,动量的变换规律是什么样子?

先对付 P'_x,看它如何由 S 系中的量表示出来:

按

$$P'_x = \frac{m_0}{\sqrt{1-\dfrac{u'^2}{c^2}}} u'_x$$

$$= \frac{m_0}{\sqrt{1-\dfrac{u'^2}{c^2}}} \cdot \frac{u_x - v}{1-\dfrac{u_x v}{c^2}}, \tag{A}$$

其中,

$$u'^2 = u'^2_x + u'^2_y + u'^2_z$$

$$= \left(\frac{u_x - v}{1-\dfrac{u_x v}{c^2}}\right)^2 + \left(\frac{u_y \sqrt{1-\beta^2}}{1-\dfrac{u_x v}{c^2}}\right)^2 + \left(\frac{u_z \sqrt{1-\beta^2}}{1-\dfrac{u_x v}{c^2}}\right)^2$$

$$= \frac{(u_x - v)^2 + (1-\beta^2)(u_y^2 + u_z^2)}{\left(1-\dfrac{u_x v}{c^2}\right)^2},$$

所以

$$1-\frac{u'^2}{c^2}=\frac{c^2\left(1-\frac{u_xv}{c^2}\right)^2-\left[(u_x-v)^2+(1-\beta^2)(u_y^2+u_z^2)\right]}{c^2\left(1-\frac{u_xv}{c^2}\right)^2}。$$

因而（A）式的分母

$$\sqrt{1-\frac{u'^2}{c^2}}\left(1-\frac{u_xv}{c^2}\right)$$

$$=\sqrt{\left(1-\frac{u_xv}{c^2}\right)^2-\frac{1}{c^2}\left[(u_x-v)^2+(1-\beta^2)(u_y^2+u_z^2)\right]}$$

$$=\sqrt{1-\frac{u^2}{c^2}}\cdot\sqrt{1-\beta^2}，\tag{20.1}$$

这是一个很常用的式子。注意，在整理这个式子时，用到了 $u^2=u_x^2+u_y^2+u_z^2$ 或 $u_z^2+u_y^2=u^2-u_x^2$ 的关系式，把（20.1）式代入（A）式得

$$P'_x=\frac{m_0(u_x-v)}{\sqrt{1-\frac{u^2}{c^2}}\cdot\sqrt{1-\beta^2}}$$

$$=\frac{m_0u_x}{\sqrt{1-\frac{u^2}{c^2}}}\frac{1}{\sqrt{1-\beta^2}}-\frac{m_0v}{\sqrt{1-\frac{u^2}{c^2}}}\frac{1}{\sqrt{1-\beta^2}}$$

$$=\frac{P_x-m_uv}{\sqrt{1-\beta^2}}$$

$$=\frac{P_x-mv}{\sqrt{1-\beta^2}}，$$

式中，我们以无撇的 m 表示粒子 A 在 S 系中的质量，即 m_u。

类似道理，我们得

$$P'_y=\frac{m_0u_y\sqrt{1-\beta^2}}{\sqrt{1-\frac{u^2}{c^2}}\cdot\sqrt{1-\beta^2}}=\frac{m_0}{\sqrt{1-\frac{u^2}{c^2}}}u_y=P_y，$$

$$P'_z=P_z。$$

P'_y 与 P'_z 的变换与坐标 y'、z' 的变换多类似呀！还有 P'_x 与 P_x 之间的关系，如果把 m 代替（18.2）第一式的 t 的位置，则 P'_x 与 P_x 的变换关系，就

和 x' 与 x 的变换关系对应。是不是 $m'=m_{u'}$ 与 $m=m_u$ 的变换关系，也会恰好和 t' 与 t 的变换一样呢？有希望，试计算看看吧。按

$$m'=m_{u'}=\frac{m_0}{\sqrt{1-\dfrac{u'^2}{c^2}}},$$

利用（20.1）式得

$$m'=\frac{m_0\left(1-\dfrac{u_xv}{c^2}\right)}{\sqrt{1-\dfrac{u^2}{c^2}}\cdot\sqrt{1-\beta^2}}$$

$$=\frac{m-\dfrac{P_xv}{c^2}}{\sqrt{1-\beta^2}}。$$

太好了，只要让 P_x 代替（18.2）第四式的 x，则 m' 与 m 的变换关系就和 t' 与 t 的完全对应！

可见，(P'_x,P'_y,P'_z,m') 与 (P_x,P_y,P_z,m) 的变换和 (x',y',z',t') 与 (x,y,z,t) 的变换完全对应。就是说，它们服从同样的变换规律，集中写下来就一目了然：

$$\begin{cases}P'_x=\dfrac{P_x-vm}{\sqrt{1-\beta^2}},\\[2mm]P'_y=P_y,\\[2mm]P'_z=P_z,\\[2mm]m'=\dfrac{m-\dfrac{P_xv}{c^2}}{\sqrt{1-\beta^2}}。\end{cases}\quad(20.2)$$

$$\begin{cases}x'=\dfrac{x-vt}{\sqrt{1-\beta^2}},\\[2mm]y'=y,\\[2mm]z'=z,\\[2mm]t'=\dfrac{t-\dfrac{xv}{c^2}}{\sqrt{1-\beta^2}}。\end{cases}\quad(18.2)$$

其逆变换为

$$\begin{cases}P_x=\dfrac{P'_x+vm'}{\sqrt{1-\beta^2}},\\[2mm]P_y=P'_y,\\[2mm]P_z=P'_z,\\[2mm]m=\dfrac{m'+\dfrac{P'_xv}{c^2}}{\sqrt{1-\beta^2}}。\end{cases}\quad(20.3)$$

$$\begin{cases}x=\dfrac{x'+vt'}{\sqrt{1-\beta^2}},\\[2mm]y=y',\\[2mm]z=z',\\[2mm]t=\dfrac{t'+\dfrac{x'v}{c^2}}{\sqrt{1-\beta^2}},\end{cases}\quad(18.1)$$

这样一来，记忆动量与质量(乘以 c^2 就是粒子的能量)的变换公式就变成很容易的事了，只要记住时空的变换关系就行了，剩下的只是记住各量的对应关系。

问题还不单在于帮助记忆，而是反映了比牛顿力学更深刻的物理内容，还牵涉四维时空中的矢量问题。

在牛顿力学中，矢量多着呢，位移、速度、加速度、动量等都是矢量。什么样的量叫矢量呢？往往有人说，"矢量就是有方向的量"。这是不妥当的。宇宙间方向性最"强"的恐怕莫过于时间，你只能看到时间的流逝，从来未能捞回一秒钟，有去无回，完全彻底单方向。但是大家知道，时间不叫矢量。有人说，至少在三维空间中可以这样说，矢量是必须用 3 个分量来描述的物理量。一个房间的大小，也得用 3 个量来描述：长、宽、高，这也不好算矢量。

比较合适的说法是(在我们学习到这里的阶段来说)，在 N 维空间中，如果某个物理量必须用 N 个分量才能完整表示出来，并且当描述物理现象的空间坐标框架更换时，这 N 个分量和两个点的坐标之差按同样规律变换，这个物理量就叫 N 维空间的矢量。为了简单起见，我们用两维空间作为例子来说明。为此，我们把矢量的定义改为：如果某个物理量必须用两个分量来描述，并且当坐标框架变换时，这两个分量按两个点的坐标差的变换方式变换，这个物理量就是二维空间的矢量。具体说明如下：

设坐标框架 OXY 相对于 $O'X'Y'$ 而言，原点在 (a,b) 点，而 X'、Y' 坐标轴与 X、Y 交角分别为 θ，则某个在 OXY 坐标系中坐标为 (x,y) 的点，在 $O'X'Y'$ 坐标系中其坐标 (x',y') 与 (x,y) 的变换关系如下

$$\begin{cases} x'=x\cos\theta+y\sin\theta+a, \\ y'=-x\sin\theta+y\cos\theta+b, \end{cases} \tag{B}$$

这个变换关系很容易从图 20.1 看出来。图中为了简单起见，让 x'、y'、x、y 这 4 个字母既分别作为 4 个点的记号也作为该 4 个点分别与 O' 或 O 的距离(也就是 P 点分别在两个坐标系中的坐标)。在式子中，当这几个字母单独出现时，就表示 P 点的坐标，但如果与别的字母一起出现时，如 xQ，就意味着把 x 看成一个点的记号，因而 xQ 和 TR 类似，表示一段线段。从图 20.1 可知

$$x'=y'P=TR+QP=a+x\cos\theta+y\sin\theta,$$
$$y'=xQ-xR+b=y\cos\theta-x\sin\theta+b。$$

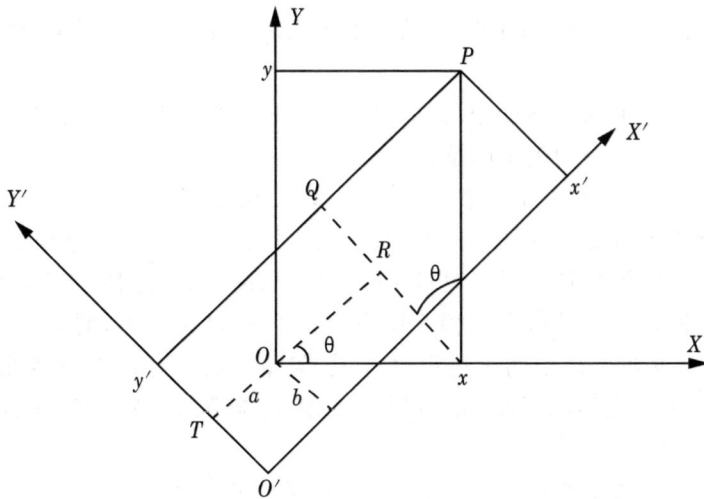

图 20.1

当把空间任意两个点，(x_1, y_1) 及 (x_2, y_2) 变换到 $O'X'Y'$ 坐标系中时，此两点坐标对应地按(B)式变为 (x_1', y_1') 及 (x_2', y_2')，

$$x_1' = x_1\cos\theta + y_1\sin\theta + a，$$
$$y_1' = -x_1\sin\theta + y_1\cos\theta + b，$$
$$x_2' = x_2\cos\theta + y_2\sin\theta + a，$$
$$y_2' = -x_2\sin\theta + y_2\cos\theta + b。$$

于是我们有

$$(x_2' - x_1') = (x_2 - x_1)\cos\theta + (y_2 - y_1)\sin\theta，$$
$$(y_2' - y_1') = -(x_2 - x_1)\sin\theta + (y_2' - y_1')\cos\theta，$$

或简写成

$$\Delta x' = a_{11}\Delta x + a_{12}\Delta y，\tag{C}$$
$$\Delta y' = a_{21}\Delta x + a_{22}\Delta y。$$

其中 $\Delta x' = x_2' - x_1'，\Delta y' = y_2' - y_1'，\Delta x = x_2 - x_1，\Delta y = y_2 - y_1，a_{11} = \cos\theta，a_{12} = \sin\theta，a_{21} = -\sin\theta，a_{22} = \cos\theta$。

很显然，位移矢量的两个分量必然按(C)式变换，因为设位移矢量起点为 (x_1, y_1)，终点为 (x_1, y_2)，则(C)式当然就是位移矢量的变换公式。还可以很容易地证明(由于在相对论以前的力学中，时间 t 在各坐标系中都一

120

样),某个粒子的速度的两个分量 v_x、v_y 在坐标框架变换时,也按(C)式变换,即 $O'X'Y'$ 坐标系中,v'_x、v'_y 可分别按下面式子从 v_x、v_y 算出:

$$v'_x = v_x\cos\theta + v_y\sin\theta,$$
$$v'_y = -v_x\sin\theta + v_y\cos\theta.$$

因此,速度是矢量。同理,加速度、动量等,一切相对论以前已知为矢量的物理量,在坐标变换时,都按(C)式变换。

依此类推,在相对论中,空间是四维的时空,联系着 S 及 S' 系,对于具体事件的坐标(x,y,z,t) 与 (x',y',z',t') 的变换是洛伦兹变换。很易明白,两个事件(x_1,y_1,z_1,t_1) 及 (x_2,y_2,z_2,t_2),其坐标之差的变换规律也类似于洛伦兹变换,即

$$\Delta x' = \frac{\Delta x - v\Delta t}{\sqrt{1-\beta^2}}, \qquad \Delta y' = \Delta y, \qquad \Delta z' = \Delta z,$$

$$\Delta t' = \frac{\Delta t - \frac{\Delta x v}{c^2}}{\sqrt{1-\beta^2}}.$$

因此,在四维时空中,一个矢量应具有 4 个分量,这 4 个分量在不同参考系中的数值应当按照和洛伦兹变换对应的方式进行变换。可见,我们已考察过的,一个粒子的动量和质量:P_x,P_y,P_z,m 构成一个四维矢量,叫四(维)动量。由于质量 $m = E/c^2$,人们有时把四动量矢量叫动量、能量矢量,即分量为 P_x、P_y、P_z、E/c^2 的矢量。四矢量通常用一个拉丁字母加上一个希腊字母下标来表示。比如,四动量矢量就记为 $\boldsymbol{P}_\mu$(或 $\boldsymbol{P}_\nu$ 等也可以),下标 μ 或 ν 这些东西表示它们可以是 1、2、3、4 中的任何一个。就是说,$\boldsymbol{P}_\mu$ 就是 P_1、P_2、P_3、P_4 中的任何一个,而让 $P_1 \equiv P_x,P_2 \equiv P_y,P_3 \equiv P_z,P_4 \equiv P_t$(人们往往把四矢量的第四个分量叫时间分量)。这样,$\boldsymbol{P}_\mu$ 就表示一个有 4 个分量的四维矢量。

作为例子,让我们来审查通常的速度(我们以粗体字母表示三维矢量)$\boldsymbol{u}:u_x,u_y,u_z$,看看它在相对论的四维时空中是不是矢量? 首先,它只有 3 个分量,当然不够资格成为四维时空的矢量,但是它能不能像动量拉来质量(或能量除以 c^2)作为伙伴以构成四矢量那样,也去什么地方拉来一个伙伴以构成四矢量? 不行。u_x、u_y、u_z 的变换规律我们已领教过了,它们按(14.1)或(14.2)式变换,这些变量没有一个与 x、y、z 的变换对应。因此,在四维矢量中,没有给速度 $\boldsymbol{u}$ 留下一个座位,哪怕去拉来一个伙伴也不行。

这未免太冤枉了,一向是矢量的速度,居然未能获得四维时空批准作为矢量! 别着急,首先看看牛顿力学中的动量 P_x、P_y、P_z 是如何被通过作为四矢量的(前头 3 个分量),就会有所启发。我们知道,牛顿力学中的动量 $P_x = m_0 u_x$,$P_y = m_0 u_y$,$P_z = m_0 u_z$,原是把质量作为一个和速度无关的量。在相对论中,质量与速度有关,$m = m_0 \Big/ \sqrt{1 - \dfrac{u^2}{c^2}}$。可见,牛顿力学的动量是经过了修改,把质量看成速度 u 的函数,把 m_0 改为 $m_0 \Big/ \sqrt{1 - \dfrac{u^2}{c^2}}$,才被吸收进四矢量行列。当然,还去拉了一个伙伴 $m = E/c^2$,以作为第四个分量——时间分量。速度是否也可以改造一下使之成为四矢量的前 3 个分量(空间分量)呢?

让我们比较仔细地考察一下,作为四动量的 4 个分量 P_x、P_y、P_z、$P_t = m$ 的表示式:

$$\begin{cases} P_x = m u_x = \dfrac{m_0}{\sqrt{1 - \dfrac{u^2}{c^2}}} u_x = m_0 \dfrac{u_x}{\sqrt{1 - \dfrac{u^2}{c^2}}}, \\[4mm] P_y = m u_y = \dfrac{m_0}{\sqrt{1 - \dfrac{u^2}{c^2}}} u_y = m_0 \dfrac{u_y}{\sqrt{1 - \dfrac{u^2}{c^2}}}, \\[4mm] P_z = m u_z = \dfrac{m_0}{\sqrt{1 - \dfrac{u^2}{c^2}}} u_z = m_0 \dfrac{u_z}{\sqrt{1 - \dfrac{u^2}{c^2}}}, \\[4mm] P_t = m = m_0 \dfrac{1}{\sqrt{1 - \dfrac{u^2}{c^2}}}。 \end{cases} \tag{D}$$

我们已知,(D)式左边是四个矢量 $\boldsymbol{P}_\mu$ 的 4 个分量。众所周知,矢量只能和矢量相等。比如在牛顿力学中,加给一个粒子的力等于粒子质量乘加速度,可以写成

$$\boldsymbol{f} = m\boldsymbol{a}, \tag{E}$$

其中粒子质量 m 在牛顿力学中视为不变量(或叫标量),标量与加速度矢量 $\boldsymbol{a}$ 的乘积 $m\boldsymbol{a}$ 仍为矢量。(E)式表示,矢量 $m\boldsymbol{a}$ 与表示力的矢量 $\boldsymbol{f}$ 相等。这样的式子事实上包含 3 个式子:

$$\begin{cases} f_x = ma_x, \\ f_y = ma_y, \\ f_z = ma_z, \end{cases} \tag{F}$$

就是说，矢量 f 的各个分量分别和矢量 ma 的相应分量相等，这叫两个矢量相等。(E)和(F)两式完全等效。既然如此，在四维时空中，(D)式中左侧是 P_μ 的 4 个分量，其右侧 m_o 是不变量(不随参考系而变的量，注意，变化的是 m 不是 m_o)，因此，右侧的 4 个量也必然是某个四矢量的 4 个分量。就是说，$\dfrac{u_x}{\sqrt{1-\dfrac{u^2}{c^2}}}$、$\dfrac{u_y}{\sqrt{1-\dfrac{u^2}{c^2}}}$、$\dfrac{u_z}{\sqrt{1-\dfrac{u^2}{c^2}}}$、$\dfrac{1}{\sqrt{1-\dfrac{u^2}{c^2}}}$ 依次为一个四矢量的 4 个分量。

可见，u_x、u_y、u_z 只要都乘以因子 $1\big/\sqrt{1-\dfrac{u^2}{c^2}}$，就可以进入四矢量的行列。这个矢量就叫四速度矢量，可以用 U_μ 表示，U_μ 的第四个分量就是 $1\big/\sqrt{1-\dfrac{u^2}{c^2}}$，其中 $u^2=u_x^2+u_y^2+u_z^2$。我们看到，四动量 P_μ 只不过是标量 m_o 与四速度矢量之积，标量与矢量之积仍为矢量，可以写成

$$\boldsymbol{P}_\mu = m_o \boldsymbol{U}_\mu。 \quad (\mu=1,2,3,4)$$

这个式子事实上包含 4 个式子，只要分别让 $\mu=1,2,3,4$，就可以写出这 4 个式子。其中

$$\boldsymbol{U}_\mu : U_1 = U_x = \frac{u_x}{\sqrt{1-\dfrac{u^2}{c^2}}}, \quad U_2 = U_y = \frac{u_y}{\sqrt{1-\dfrac{u^2}{c^2}}},$$

$$U_3 = U_z = \frac{u_z}{\sqrt{1-\dfrac{u^2}{c^2}}}, \quad U_4 = U_t = \frac{1}{\sqrt{1-\dfrac{u^2}{c^2}}}。$$

把一般速度除以 $\sqrt{1-\dfrac{u^2}{c^2}}$，不单纯是为了凑成四矢量，它包含更深刻的物理内容，这就是采用固有时间的问题。所谓固有时间，指的是与粒子相对静止的参考系所计量的时间。与粒子相对静止的参考系，认为粒子总是在同一地方，所计量的时间间隔最短。和观测到粒子以速度 u 运动的参考系相比较，后者所测量到的时间间隔(对于两个客观事件，比如粒子分别和两

个客观点 A、B 重合)较长,两者之比为 $\sqrt{1-\dfrac{u^2}{c^2}}$。因此,设在 S 系中观测到粒子的速度为 u,S 系用来计量粒子运动速度的时间间隔,必须乘以因子 $\sqrt{1-\dfrac{u^2}{c^2}}$ 才会等于固有时(间)。而速度这个物理量,时间是放在分母的,因此把时间改为固有时,就要在分母添一个因子 $\sqrt{1-\dfrac{u^2}{c^2}}$。所以,把 u_x、u_y、u_z 除以因子 $\sqrt{1-\dfrac{u^2}{c^2}}$,就只相当于把所有时间换算成固有时而已。

为什么采用固有时来计量速度,速度的各个分量就能够进入四矢量的行列? 为了明白其中的道理,我们可以先探讨一下,为什么在牛顿力学的三维空间中,速度是矢量? 因为速度是位移与时间的比值(或者说位移对时间的导数更合适。未学过高等数学的,只好暂时满足于速度是位移与时间的比值这种比较不严格的说法),我们已说过,位移的各个分量的变换规律,必然与两个点的坐标之差的变换相同,所以位移是矢量;而牛顿力学中,时间是各坐标系皆认为相同的量,这种量叫不变量或标量。矢量与标量的比值依然是矢量,所以速度是矢量。在相对论的四维时空中就不是这样,时间 t 是一个与参考系有关的量,虽然位移仍是矢量(四维位移),但由于时间不是标量,因而用各个参考系各自计量的时间来计量速度,这速度就不能纳入四矢量行列。但是,如果把各自的时间换算成固有时,由于固有时类似于静止质量那样,是与参考系变换无关的量——标量,因此位移(矢量)与固有时(标量)的比值就成为矢量。这个矢量的第四个分量,就是地方时(即各个参考系各自所计量的时间间隔)与固有时间隔之比,即 $1\left/\sqrt{1-\dfrac{u^2}{c^2}}\right.$。这就是为什么下面 4 个分量所表示的 $\boldsymbol{U_\mu}$,即

$$\boldsymbol{U_\mu}:U_x=\frac{u_x}{\sqrt{1-\dfrac{u^2}{c^2}}}, \qquad U_y=\frac{u_y}{\sqrt{1-\dfrac{u^2}{c^2}}},$$

$$U_z=\frac{u_z}{\sqrt{1-\dfrac{u^2}{c^2}}}, \qquad U_t=\frac{1}{\sqrt{1-\dfrac{u^2}{c^2}}}$$

会构成四(维)矢量——四速度矢量的原因。

例 请通过直接变换验证 U_μ 的变换规律的确是四矢量的变换规律。

解: 按

$$U_x' = \frac{u_x'}{\sqrt{1-\left(\frac{u'}{c}\right)^2}} = \frac{u_x - v}{1-\frac{u_x v}{c^2}} \frac{1}{\sqrt{1-\left(\frac{u'}{c}\right)^2}} \qquad [利用(14.2)式]$$

$$= \frac{u_x - v}{\left(1-\frac{u_x v}{c^2}\right)} \frac{\left(1-\frac{u_x v}{c^2}\right)}{\sqrt{1-\frac{u^2}{c^2}} \cdot \sqrt{1-\beta^2}} \qquad [利用(20.1)式]$$

$$= \frac{u_x - v}{\sqrt{1-\frac{u^2}{c^2}} \cdot \sqrt{1-\beta^2}}$$

$$= \frac{U_x - v U_t}{\sqrt{1-\beta^2}};$$

$$\left(注意\ U_x = \frac{u_x}{\sqrt{1-\frac{u^2}{c^2}}}, U_t = \frac{1}{\sqrt{1-\frac{u^2}{c^2}}}\right)$$

$$U_y' = \frac{u_y'}{\sqrt{1-\left(\frac{u'}{c}\right)^2}} = \frac{u_y \sqrt{1-\frac{v^2}{c^2}}}{1-\frac{u_x v}{c^2}} \frac{1}{\sqrt{1-\left(\frac{u'}{c}\right)^2}}$$

$$= \frac{u_y \sqrt{1-\frac{v^2}{c^2}}}{1-\frac{u_x v}{c^2}} \frac{1-\frac{u_x v}{c^2}}{\sqrt{1-\frac{u^2}{c^2}} \cdot \sqrt{1-\frac{v^2}{c^2}}}$$

$$= \frac{u_y}{\sqrt{1-\frac{u^2}{c^2}}} = U_y;$$

同理 $U_z' = U_z$;

$$U_t' = \frac{1}{\sqrt{1-\left(\frac{u'}{c}\right)^2}} = \frac{1-\frac{u_x v}{c^2}}{\sqrt{1-\frac{u^2}{c^2}} \cdot \sqrt{1-\frac{v^2}{c^2}}}$$

$$= \frac{\dfrac{1}{\sqrt{1-u^2/c^2}} - \dfrac{v}{c^2}\dfrac{u_x}{\sqrt{1-u^2/c^2}}}{\sqrt{1-\beta^2}}$$

$$= \frac{U_t - \dfrac{v}{c^2}U_x}{\sqrt{1-\beta^2}} \, .$$

验明无误,就是说,U_μ 的变换规律与 x_μ(即 $x_1 = x, x_2 = y, x_3 = z, x_4 = t$)的变换规律一样,$U_\mu$ 是四矢量。

练习题

20.1 设 A_μ 为四矢量,则 $A_1^2 + A_2^2 + A_3^2 - c^2 A_4^2$ 叫矢量 A_μ 的长度(的平方)。试验明,矢量的长度是个不变量。从而可以看到,间隔 $\Delta x^2 + \Delta y^2 + \Delta z^2 - c^2 \Delta t^2$ 事实上是两个世界点之间的位移矢量的长度,这个矢量不妨记为 $\Delta L_\mu : \Delta L_1 = \Delta x, \Delta L_2 = \Delta y, \Delta L_3 = \Delta z, \Delta L_4 = \Delta t$。

20.2 证明:一个粒子的四速度矢量 U_μ 的长度为 $-c^2$。

20.3 证明:一个粒子的四动量矢量 P_μ 的长度为 $-m_0^2 c^2$,从而推论出,对于任意一个粒子,存在着关系式

$$P^2 - \frac{E^2}{c^2} = -m_0^2 c^2 \, ,$$

式中,P 为三维动量的数值,即 $P^2 = P_x^2 + P_y^2 + P_z^2$。

20.4 利用(20.1)式,计算练习题 19.1。

21 光子的四动量

大家知道,当光与其他粒子发生作用时,总是表现出粒子性。频率为 ν 的光子,具有能量 $h\nu$,h 为常数,称为普朗克常数。由于光子对于各个惯性系都以同样的速度 c 运动,面对着你所探测到的光子,你无法判断自己与别的参考系有什么差别,因此 h 只能是与参考系无关的常数。就是说,在相对论中,h 是标量,在各个参考系皆具有相同的数值。

根据前面的结论,频率为 ν 的光子,既然具有能量 $h\nu$,就具有质量 $m = \frac{h\nu}{c^2}$,动量

$$|\boldsymbol{P}| = mc = \frac{h\nu}{c},$$

式中,$\boldsymbol{P}$ 左右两竖线是取绝对值的符号,强调我们这里只管 $\boldsymbol{P}$ 的大小。至于动量的方向,那就是依光的传播方向而定。设在 S 系中,有一束频率为 ν 的光子,其传播方向与 OX、OY、OZ 这 3 坐标轴的交角分别为 α、β、γ,这些光子的三维动量 $\boldsymbol{P}$ 的 3 个分量就是

$$P_x = \frac{h\nu}{c}\cos\alpha,$$

$$P_y = \frac{h\nu}{c}\cos\beta,$$

$$P_z = \frac{h\nu}{c}\cos\gamma,$$

式中,$\cos\alpha$、$\cos\beta$、$\cos\gamma$ 通常叫这光子路径的方向余弦。这几个动量式子,因为已考虑到粒子的运动质量(光子从来不静止,总是以速度 c 运动),所以是符合相对论要求的。根据动量与质量构成四动量的已知性质,我们来探讨一下,对于光子来说,在不同参考系中,所测到的同一束光子流的频率与传播方向会有什么不同。

根据(20.3)式,我们可以先考察光子四动量的第四分量的变换式子,从而求得 ν 与 ν' 的变换关系。

按

$$m = \frac{m' + P'_x v/c^2}{\sqrt{1-\beta^2}},$$

可得

$$\frac{h\nu}{c^2} = \frac{(h\nu'/c^2) + \dfrac{h\nu'}{c}\cos\alpha' \cdot \dfrac{v}{c^2}}{\sqrt{1-\beta^2}},$$

则

$$\nu = \nu' \frac{\left(1 + \dfrac{v}{c}\cos\alpha'\right)}{\sqrt{1-\beta^2}}. \tag{21.1}$$

接下来求方向余弦的变换式子。

据(20.3)第一式:

$$P_x = \frac{P'_x + vm'}{\sqrt{1-\beta^2}},$$

则

$$\frac{h\nu}{c}\cos\alpha = \frac{\dfrac{h\nu'}{c}\cos\alpha + v\dfrac{h\nu}{c^2}}{\sqrt{1-\beta^2}},$$

得

$$\cos\alpha = \frac{\nu'}{\nu}\left(\frac{\cos\alpha' + \beta}{\sqrt{1-\beta^2}}\right). \tag{21.2}$$

由(21.1)式得

$$\frac{\nu'}{\nu} = \frac{\sqrt{1-\beta^2}}{1 + \beta\cos\alpha'}, \tag{a}$$

代入(21.2)式得

$$\cos\alpha = \frac{\sqrt{1-\beta^2}}{1 + \beta\cos\alpha'} \cdot \frac{\cos\alpha' + \beta}{\sqrt{1-\beta^2}}$$

$$= \frac{\cos\alpha' + \beta}{1 + \beta\cos\alpha'}, \tag{21.3}$$

或其逆变换

$$\cos\alpha' = \frac{\cos\alpha - \beta}{1 - \beta\cos\alpha}. \tag{21.3'}$$

（又是 v 改为 $-v$，有撇换无撇！）

再按

$$P_y = P_y{}',$$

则　　　　$$\frac{h\nu}{c}\cos\beta = \frac{h\nu'}{c}\cos\beta',$$

得　　　　$$\cos\beta = \frac{\nu'}{\nu}\cos\beta'$$

$$= \cos\beta' \frac{\sqrt{1-\beta^2}}{1+\dfrac{v}{c}\cos\alpha'}。 \tag{21.4}$$

同理

$$\cos\gamma = \cos\gamma' \frac{\sqrt{1-\beta^2}}{1+\dfrac{v}{c}\cos\alpha'}。 \tag{21.5}$$

两个参考系对光线行进的方向有不同的看法，这现象叫光行差。在光行差中，人们特别感兴趣的是光线与 OX 或 $O'X'$ 的交角 α、α' 之间的关系，有时光行差一词就专指 α 与 α' 的关系式而言。至于 ν 与 ν' 的不同，这现象叫多普勒效应。在多普勒效应中，大家还习惯于把(21.1)式右边 $\cos\alpha'$ 改为由 S 系所观测到的量来表示，即把 $\cos\alpha'$ 用 $\cos\alpha$ 来表示。为此，把(21.3')式代入(21.1)式得

$$\nu = \nu' \frac{1+\beta\left(\dfrac{\cos\alpha-\beta}{1-\beta\cos\alpha}\right)}{\sqrt{1-\beta^2}}$$

$$= \nu' \frac{\sqrt{1-\beta^2}}{1-\beta\cos\alpha}。 \tag{21.1'}$$

(21.1)与(21.1')式的差别仅在于把 $\cos\alpha'$ 改用 $\cos\alpha$，(21.1')式更常用。

对于多普勒效应，我们得说明一下。

设想在 S 系中有一观测者在 O 点，光源 S' 沿图 21.1 中 AB 以速度 v 运动。此光源在 S' 系中，即与光源相对静止的参考系中，频率设为 ν'。我们来讨论，据(21.1')式，从 S 系看来，这光的频率应如何？

按(21.1')式可知，当光源在 P_0 左侧 P_1 这种位置时，对应的 $\cos\alpha = \cos\alpha_1 > 0$，只要 $\cos\alpha$ 不太小，则 $\nu > \nu'$，这时光源运动的特征是在接近观测者，$v\cos\alpha$ 就表示光源向 O 接近的速度。

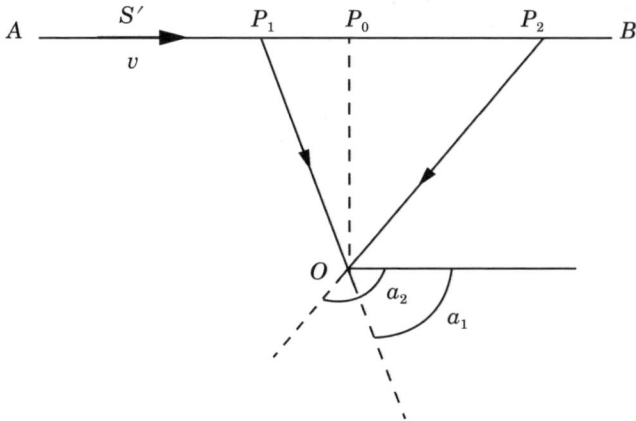

图 21.1

当光源跑到 P_0 时,对 O 而言,这时光源是运动的,但既不接近也不远离 O,是纯横向运动。在这种情况下,$\cos\alpha = \cos\dfrac{\pi}{2} = 0$,出现所谓横向多普勒效应,

$$\nu = \nu'\sqrt{1-\beta^2} \ 。$$

该式子 $\nu < \nu'$ 而且恰好是和运动的钟变慢的关系式一样,这不是偶然的巧合。事实上,如果把光的频率当成一个钟的频率(即每秒钟的周期数目,我们不是强调过,钟,只不过是由周期过程构成的仪器吗?),如 6 中的闪光钟的每秒闪光数,则根据"运动的钟变慢",就应当有 $\nu = \nu'\sqrt{1-\beta^2}$ 的关系式。光的频率也可以作为钟,目前世界上关于时间间隔的基本单位——秒的定义,就正是用光的频率来规定的。规定核子数为 133 的铯原子的某个特定跃迁的频率为 9192631700 周/秒。由于测量光的频率的变化很容易达到非常高的精确度,因此,在实验室中第一次验证运动的钟变慢,事实上就是用光学方法验证横向多普勒效应的关系式 $\nu = \nu'\sqrt{1-\beta^2}$ 是否正确。实验所用的光源是高速运动着的发光原子,观测时虽然不正是在"横向",但经过分析之后可以证明,观测的结果正好验证了横向多普勒效应的要求所谓横向,即 (21.1′) 式中 $\cos\alpha = 0$ 的情况。

当光源跑到 P_0 右侧 P_2 这种点时,$\alpha = \alpha_2 > \dfrac{\pi}{2}$,$\cos\alpha < 0$,因此 $\nu < \nu'$,光

频率变小了。在这个时候,光源运动的特征是在远离观测者。$v\cos\alpha$ 就表示沿视线方向远离的速度。由于在可见光谱中红色光频率最小,因此频率变小常称为"红移",即频率(或波长)向光谱红色方向移动了之意。

当 $\alpha=\pi$ 或 $\alpha=0$ 时,多普勒效应最明显。这相当于光源向着观测者视线方向跑来或沿视线方向离开观测者。这时 $|v\cos\alpha|$ 最大。天文学上就利用多普勒效应来测量恒星以及其他天体沿视线方向的运动速度。把恒星的光谱与实验室中同样原子的光谱进行比较,定出频率的变化,从而定出 $v\cos\alpha$ 这个量。

有人会产生这样的疑问:既然光源发出的光,其频率可以作为钟,就如 6 中闪光钟的频率一样。根据运动的钟变慢,运动着的光源所发出的光,频率应当总是变小才对,为何当光源在图 21.1 的 P_1 这种位置时,频率倒变高了? 为什么只有横向运动的光源,其频率才恰好满足"运动的钟较慢"的要求?

原来,这里存在着"直接观测结果"与"分析结果"的差别,即我们在 6 中曾说过的"看到"与"认为"两词含义的差别。如果沿 AB 运动的是一个闪光钟,当钟在 P_1 位置时,在 O 点的观测者每秒收到的闪光数会比静止的钟的闪光数多,因为后一次闪光比前一次闪光更靠近 O,只用较短时间就可以跑到 O。因此,从 O 看来,接收到的闪光就显得"拥挤"些,即每秒收到的闪光数多些,因此表观频率就大些。但是观测者 O 已知钟(光源)以速度 $v\cos\alpha$ 接近自己,要确定运动着的钟的快慢必须考虑到后一个闪光比前一个闪光走较短的路程就到达 O,必须把由这个因素而引起的,每秒钟里多"挤"进来的闪光数扣去才行。这在数学上就相当于让(21.1′)式的 $v\cos\alpha=0$。经过这样的思考、扣除之后,O 当然做出结论,运动的钟变慢了,每秒钟里的闪光数比静止的少了。但是,对于光(不是闪光钟)的频率的观测是另一回事,光子与物质的相互作用,只由表观频率决定,人们测定光的频率,只能通过它与其他物质的相互作用才有可能。因此,测出的频率是"表观"频率,而且只能是"表观"频率。所以,对于光的频率的测量来说,只有在横向运动的情况下,由于 $v\cos\alpha=0$,表观频率才恰好与"运动的钟变慢"的要求一致。

还有一个问题:为什么只用(21.1′)式来规定横向而不用(21.1)式? 如果用(21.1)式,当横向时,$\cos\alpha'=0$,

$$\nu=\frac{\gamma'}{\sqrt{1-\beta^2}},$$

情况恰好颠倒过来,$\nu > \nu'$,运动的钟倒快起来了,为什么?

所谓"横向",只能是对观测者而言。$\cos\alpha' = 0$,只表示光子所走的路径对于 S' 系(光源静止在其中的参考系)来说,是与 $O'X'$ 轴垂直的,即 $\alpha' = \dfrac{\pi}{2}$。对于观测者所在的参考系 S 系,这光的路径与 OX 的交角并不是 $\dfrac{\pi}{2}$,$\cos\alpha \neq 0$,而是[据(21.3)式]

$$\cos\alpha = \frac{\cos\alpha' + \beta}{1 + \beta\cos\alpha'} = \beta。$$

因此,在观测者 O 看来,这些光子所走的路径不是横向。这就是所谓光行差的问题。这与"雨滴对于静止的人是垂直落下,但走路的人就感到来自偏前方"很有相似之处。

例 1 直接从相对论的一些基本概念,论证当 $\alpha' = \dfrac{\pi}{2}$,即 $\cos\alpha' = 0$ 时,

$\cos\alpha = \dfrac{v}{c}$。

证明:如图 21.2 所示,设在 S' 系 $O'Y'$ 轴上距 O' 为 h 处有一光源,我们也就叫它为 S'。从 O 看来,光源 S' 沿直线 AB 以速度 v 向右运动。当 O、O' 重合时,O 及 O' 钟都指零,并且也都收到 S' 发来的光,因为 O、O' 重合与重合时接收到 S' 来的光是同时同地事件,彼此都同意的确发生了这些同时同地事件。可是,他们对于发出这些光的光源 S' 的位置和发光时刻,看法有所不同。O' 认为,S' 总是固定在自己头顶上距离为 h 处,他在 O、O' 重合时收到的光就是 $t' = 0$ 时收到的光。由于光总是以速度 c 传播,因此这些光当然是

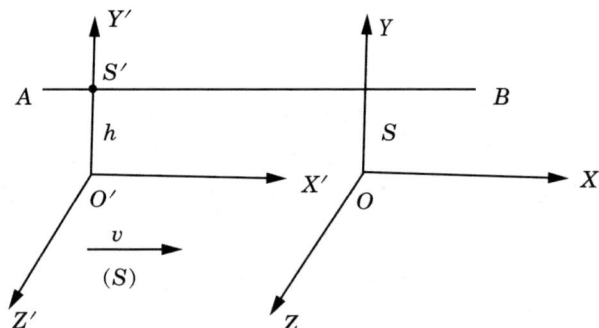

图 21.2

132

在 $t'=\dfrac{-h}{c}$ 的时候从 S' 发出的。这光所走的路径是沿 $Y'O'$ 方向,即 $\cos\alpha'=0$。

O 的看法则不同,他认为 S' 在 AB 线上以速度 v 自左向右运动,$t=0$ 时收到的光必然是在 $t=0$ 之前某个时刻 $t=-\Delta t$ 的时候发出的。此时 S' 离 OYZ 平面为 $v(-\Delta t)$,即尚在 OYZ 平面左侧 $y=h$,$x=-v\Delta t$ 处,并且这 Δt 必须满足下面关系式(图 21.3):

$$\frac{\sqrt{v^2\Delta t^2+h^2}}{c}=\Delta t。$$

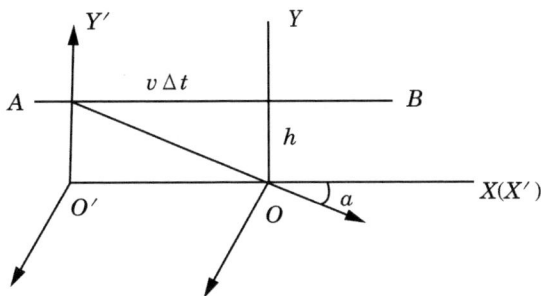

图 21.3

这个式子的意思是说,光走过图中 $S'O$ 这段路程所需的时间为 Δt,这样,S' 在 $t=-\Delta t$ 时发出的光就恰好在 $t=0$ 时到达 O,此时 O、O' 恰好重合。由这个式子可得

$$\Delta t=\frac{h}{c\sqrt{1-\beta^2}}。$$

据图 21.3 可知,从 O 看来,光所走的路程与 OX 交角的余弦为

$$\cos\alpha=\frac{v\Delta t}{\sqrt{v^2\Delta t^2+h^2}}=\frac{\dfrac{vh}{(c\sqrt{1-\beta^2})}}{\sqrt{\dfrac{v^2h^2}{c^2(1-\beta^2)}+h^2}}$$

$$=\frac{\dfrac{v}{(c\sqrt{1-\beta^2})}}{\sqrt{\dfrac{v^2}{c^2-v^2}+1}}$$

$$=\beta。$$

例 2 本部分正文中讨论到运动的光源 S' 位于 P_0 左侧 P_1 这种位置的多普勒效应时,我们曾说过,在这种情况下 $\cos\alpha = \cos\alpha_1 > 0$,只要 $\cos\alpha_1$ 不太小,则 $\nu > \nu'$。这个"不太小"该多大才足够呢?

解:按

$$\nu = \frac{\nu'\sqrt{1-\beta^2}}{1-\beta\cos\alpha},$$

令 $\nu = \nu'$ 可得

$$\sqrt{1-\beta^2} = 1-\beta\cos\alpha,$$

则 $\quad 1-\beta^2 = 1+\beta^2\cos^2\alpha - 2\beta\cos\alpha,$

即 $\quad \beta\cos^2\alpha - 2\cos\alpha + \beta = 0,$

即 $\quad v\cos^2\alpha - 2c\cos\alpha + v = 0,$

得 $\quad \cos\alpha = \dfrac{2c \pm \sqrt{4c^2 - 4v^2}}{2v}$

$$= \frac{c}{v}(1 \pm \sqrt{1-\beta^2})。$$

其中"$+$"号必须抛弃,因为它会使 $\cos\alpha > 1$,所以

$$\cos\alpha = \frac{c}{v}(1 - \sqrt{1-\beta^2})。$$

就是说,只要 $\cos\alpha_1 > \dfrac{c}{v}(1-\sqrt{1-\beta^2})$,$\nu$ 就大于 ν'。

例 3 一艘(外星人发射的)用于考察木星的飞船,当它从地球旁边飞过时,从飞船上观测到木星的视角恰为地球上观测到的两倍,求:飞船与地球的相对速度 $v = ?$ 并回答飞船此时是在离开木星(考察完毕)或在接近木星(尚未到达)?请注意,木星视角很小,小于 $1'$。读者如果不知道三角函数如何展开成级数,本题可跳过不学。

解:把地球及木星作为 S 系,飞船作为 S' 系,公共的 X 轴自地球指向木星。设从地球上观测,飞船指向木星的速度为 v,已知条件为:

$2 \times$ 地球上观测的木星角半径 $\theta = $ 飞船上观测的木星角半径 θ',据光行差公式,θ 与 θ' 关系如下:

$$\cos\theta = \frac{\cos\theta' - \beta}{1-\beta\cos\theta'}。 \tag{A}$$

请注意,在本例题中,光线是自木星射向观测者,不是自观测者发出,(A)式

中的 θ 与(21.3)式的 α 相差 π，所以（A）式也就是(21.3)式。

由于木星的角半径很小，$\cos\theta$ 与 $\cos\theta'$ 都可以用它们的级数展开式的头两项来代替，即

$$\cos\theta \simeq 1-\frac{\theta^2}{2},$$

$$\cos\theta' \simeq 1-\frac{\theta'^2}{2} = 1-2\theta^2 。 \quad (\theta'=2\theta)$$

把这代入（A）式得

$$1-\frac{\theta^2}{2} = \frac{1-2\theta^2-\beta}{1-\beta+2\beta\theta^2},$$

即 $\quad 1-\beta+2\beta\theta^2-\dfrac{\theta^2}{2}+\beta\dfrac{\theta^2}{2}-\beta\theta^4 = 1-2\theta^2-\beta 。$

略去含 θ^4 的高次项得

$$\beta\left(2\theta^2+\frac{\theta^2}{2}\right) = \frac{\theta^2}{2}-2\theta^2,$$

即 $\quad \beta\left(\dfrac{5}{2}\right) = -\dfrac{3}{2},$

得 $\quad \beta = -\dfrac{3}{5} 。$

这表明，飞船正以 $v=\dfrac{3c}{5}$ 的速度离开木星。

练习题

21.1　S 系中有一个光子沿 OX 轴方向射到一个原来静止在 X 轴上某点的电子上被反弹回去，求反弹回去的光子频率 ν_r 与原来频率 ν_i' 之间的关系。

$$\left(\text{答案：} \nu_r = \frac{\nu_i}{1+\dfrac{2h\nu_i}{m_o c^2}}，\text{式中 } m_o \text{ 为电子的静止质量}\right)$$

提示：光子与电子碰撞过程总动量与总能量守恒，并且对于任何粒子动量与能量之间存在着一个恒等式：

$$P^2 = -m_o^2 c^2 + \frac{E^2}{c^2} 。$$

见练习题 20.3。

21.2 从 S' 系来观测,上题就变为光子与迎面而来的电子(速度为 v)的碰撞问题。求:光子在碰撞前后的频率变化?

$$\left[\text{答案}: \nu_r' = \frac{\nu_i'(1+\beta)\gamma}{\left[\gamma(1-\beta)+\dfrac{2h\nu_i'}{m_0c^2}\right]}, \right.$$

$$\left. \text{式中}, \gamma=\frac{1}{\sqrt{1-\beta^2}}, \beta=\frac{v}{c} \right]$$

请注意,在 21.1 题,$\nu_r < \nu_i$;在 21.2 题,ν_r' 可以大于 ν_i',当 γ 很大时 ν_r' 可以比 ν_i' 大非常多。

附:再讨论"谁年轻"

在 9 中所附的"谁年轻"的讨论中,我们得出过结论:做非惯性飞行的宇航员返回地球时,比原来同年龄的人年轻。这个问题也可以用本部分的结论来讨论,而且还会显得更自然些,因为没有出现所谓地球人"老的飞跃",虽然其实质物理内容是相同的。

为了使讨论更易懂,如图 21.4 所示,让我们设飞船 S' 的目的地 P 落在地球 E 与另一静止的宇宙站 Q 的中点,并且有另一飞船 R 从遥远地方以速度 v 沿 QE 方向飞向地球。设从地球看来,S' 出发时 R 也恰好从 Q 经过,这样,飞船到达 P 转弯返回时,就会与 R 并行,便于对比。注意,我们仍设 EP 长为 l_o(从地球测的固有长度),l_o 很大,以致可以忽略飞船转弯所用的时间,因为这比起全航程来是太小太小了。为了讨论方便,我们还设,在 E、S'、R 上面皆事先安装好结构相同的脉冲激光器,这些激光器在静止时都以恒定的频率 ν_o 发出强闪光。在整个飞行过程中,这些闪光就总是射向对方,让对方能一个不漏地接收到这些闪光信号,用来计量时间。当然,与各台激光器在一起的各位观测者,也一个不漏地记录自己的激光器所发出的闪光数目,才好互相比较。

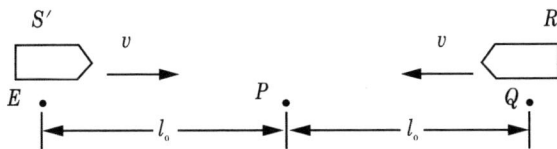

图 21.4

为了以下计算方便,先对(21.1′)式进行改造使之更适于我们这里的讨论。

从原理上说,光行差与多普勒效应公式所说的物理内容,根本无须与光源打交道。它们只不过表明两个有相对速度 v 的观测者在同一时刻、同一地点,对同一束光各自进行观测所得关于光的行进方向与频率等的相互关系。不管这光束是来自哪一个光源,更不管光源是否运动。但是当我们把某光源设想固定在某个参考系时,从另一个参考系的观测者就能根据这些公式,计算在任何时刻这光源所在的方向及其频率。当光源的运动方向恰好沿着观测者视线方向时,频率的变化是唯一要考虑的问题(方向固定不变)。如果光源沿视线方向趋近观测者,就相当于(21.1′)式中 $\cos\alpha = 1$,因而得

$$\nu = \nu_0 \frac{\sqrt{1-\beta^2}}{1-\beta} = \nu_0 \sqrt{\frac{1+\beta}{1-\beta}}。 \tag{B}$$

在这式中,我们让 $\nu' = \nu_0$,因为我们设想把光源固定在 S' 系中,因而 ν' 就是光源的固有频率 ν_0。根据相对性原理,当光源沿视线方向远离观测者而去时,观测者所测到的频率为(速度反向!)

$$\nu = \nu_0 \sqrt{\frac{1-\beta}{1+\beta}}。 \tag{C}$$

(B)、(C)两式对于光源沿视线方向运动的场合非常好用,而且很容易记住。

有了(B)、(C)两式,我们就可以知道 S' 自 E 向 P 飞行时,共收到地球闪光数目 N_1 应为

$$N_1 = \nu_0 \sqrt{\frac{1-\beta}{1+\beta}} \cdot \frac{l_0 \sqrt{1-\beta^2}}{v} = \frac{\nu_0 l_0 (1-\beta)}{v},$$

其中因子 $l_0 \sqrt{1-\beta^2}$ 为 S' 所测 EP 距离,而 $\dfrac{l_0 \sqrt{1-\beta^2}}{v}$ 就是 S' 所测去程飞行时间。S' 回程收到的从地球发来的闪光数则是

$$N_2 = \nu_0 \sqrt{\frac{1-\beta}{1+\beta}} \cdot \frac{l_0 \sqrt{1-\beta^2}}{v} = \frac{\nu_0 l_0}{v}(1+\beta)。$$

因而飞行全程 S' 收到地球的闪光数为

$$N = N_1 + N_2 = \frac{2\nu_0 l_0}{v}。$$

因此,他认为地球钟走过的时间为 $\dfrac{N}{\nu_0} = \dfrac{2l_0}{v}$。而他自己发出的总闪光数则是 $\dfrac{\nu_0 \cdot 2l_0 \sqrt{1-\beta^2}}{v}$,他的钟走过的时间为 $\dfrac{2l_0 \sqrt{1-\beta^2}}{v}$。因此,他返回地球时看到自己的钟走过的读数只是地球钟的 $\sqrt{1-\beta^2}$,会认为这是理所当然的。

从地球对 S' 发来的闪光进行观测会有什么结果呢?当 S' 往 P 飞时,地球上测得 S' 的闪光频率变低了,因而去程发来的闪光总数为

$$N_1' = \nu_{\circ} \sqrt{\frac{1-\beta}{1+\beta}} \cdot \frac{l_{\circ}}{v}.$$

当飞船 S' 转过头向 E 飞来时，S' 与 R 并行，可是由于光信号的速度有限，从地球上看来，S' 与 R 并不等同。在 S' 刚转弯后的一段时间里，虽然 S' 与 R 以相同速度 v 接近地球，但地球上只观测到 R 的闪光频率变高，却观测不到 S' 的闪光频率也变高。这是因为 S' 转弯后所发的闪光尚需经过一段时间 $\frac{l_{\circ}}{c}$ 才能到达地球。因此，从 S' 完成转弯后算起的 $\Delta t = \frac{l_{\circ}}{c}$ 时间里，地球上观测的 S' 闪光频率仍然是去程时的

$$\nu = \nu_{\circ} \sqrt{\frac{1-\beta}{1+\beta}},$$

只有当 S' 完成转弯又经过了 $\Delta t = \frac{l_{\circ}}{c}$ 以后，即 S' 转弯后发出的第一个闪光到达地球以后，地球上才会观测到 S' 的闪光频率与 R 一样，变高了。可见，在 S' 回程中，地球收到的来自 S' 的闪光数目应为

$$N_2' = \frac{l_{\circ}}{c} \cdot \nu_{\circ} \sqrt{\frac{1-\beta}{1+\beta}} + \left(\frac{l_{\circ}}{v} - \frac{l_{\circ}}{c} \right) \cdot \nu_{\circ} \sqrt{\frac{1+\beta}{1-\beta}},$$

其中第一项为 S' 转弯后到第一个闪光到达地球这段时间里，地球上收到的闪光数。第二项因子 $\left(\frac{l_{\circ}}{v} - \frac{l_{\circ}}{c} \right)$ 表示 S' 回程的其余时间，即从 S' 第一个闪光到达地球到 S' 回到地球这段时间。因此，在整个飞行过程中，地球上共收到 S' 发来的闪光数为

$$N' = N_1' + N_2' = \frac{2l_{\circ}}{v} \nu_{\circ} \sqrt{1-\beta^2}.$$

所以，地球上观测者认为在整个飞行过程中，飞船 S' 的钟应走过的时间为

$$\frac{N'}{\nu_{\circ}} = \frac{2l_{\circ}}{v} \sqrt{1-\beta^2},$$

而地球上自己记录的整个飞行时间当然就是 $\frac{2l_{\circ}}{v}$。可见，地球上的观测者通过一个不漏地计数飞船 S' 发来的闪光也同意，飞船 S' 回到地球上时，他的钟走过的读数应只有地球钟走过的 $\sqrt{1-\beta^2}$。可见，通过计数对方所发的闪光，飞船 S' 及地球上的观测者都得到相同结论：宇航员回来时会比原来同

年龄的待在地球上的人年轻。

如果宇宙间除了地球 E 与飞船 S'，别无他物，即如果不可能存在我们选来作为对比的飞船 R 这样的惯性系的话，E 与 S' 就彼此对等，E 与 S' 再次相遇时钟所走过的读数就不该显出差别。可是现实的宇宙间除了 E 与 S'，还存在着千千万万个诸如我们选来作为对比的惯性系 R。S' 与 R 一对比，我们就很容易理解，从地球上看来，S' 与 R 不对等。在 S' 刚转弯后的 $\dfrac{l_0}{c}$ 这段时间内，由于 S' 转弯后的闪光尚未到达地球，因此闪光频率比 R 的低。这一点是我们上面讨论的关键。正是在这一点上显示出 S' 与 E 再次相遇时，彼此不对等。

有些书或文章认为（如见吴大猷《理论物理》第四册 p.183）：从广义相对论观点讨论"谁年轻"的问题时会发现，正是飞船在远方转弯这段被我们略去的有加速度的地段的影响，才得出飞行员会年轻些的结论（广义相对论能够处理有加速度的参考系中的问题）。因此，一切局限于狭义相对论来讨论"谁年轻"，都基本上是错误的。但我们认为，像我们这样局限于狭义相对论的讨论，虽然略去飞船在远方加速过程这段时间，但其影响并未略去。没有这段加速过程，哪会有"地球钟读数突然增加很多"？哪会有 S' 与 R 不对等的这个阶段？因此，我们的讨论是正确的。我们认为更合适的评语应当是：广义相对论能够处理加速度参考系中的钟的行为，且所得结论与局限于狭义相对论的讨论一样，这表明在某种意义上说，广义相对论是狭义相对论的推广是合理的，不存在彼此矛盾。

22 把光看成波动

我们在 21 中把光看成能量为 $h\nu$、加速度为 c 的粒子,运用四维动量矢量的变换规律,求得了在不同参考系中光的频率及传播方向的变换关系。可是,在光的传播过程中,它还明显地表现出波动性质。我们来看看,把光看成频率为 ν、速度为 c 的波,它在不同参考系中频率与传播方向的变换关系该是什么样子?

先讨论频率的变化——多普勒效应:

设有某光源在 S' 中静止着,一个固定在 S' 中的观测者测得这光的频率 ν'。我们来讨论,从 S 系中观测,这光的频率 ν 与 ν' 有什么关系?

设从 S 系看来,$t=t_1$ 时,光源在 P 点(图 22.1),则光源在 P 处发出的光,将于

$$t_1 + \frac{PO}{c}$$

到达 O 处的观测者那里。在 t_1 以后 Δt(Δt 很小)的 t_2 时,对于 S 系而言,

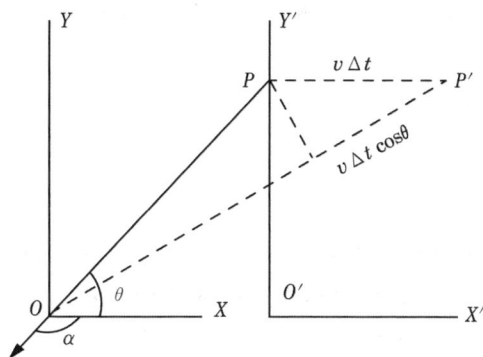

图 22.1

设光源随着参考系 S' 跑到另一点 P'，P' 距 P 就是 $v\Delta t$，因为光源以速度 v 向右运动着(注意，对于 S' 系而言，光源不动，假如原来 P 点恰在 Y' 轴上，则 P' 仍然在 Y' 上，只是从 S 看来，Y' 轴以及 O' 点等所有静止在 S' 系中的点皆以速度 v 向右运动)。光源从 P' 处发出的光，将于

$$t_2 + \frac{P'O}{c}$$

时到达 O。

从 S' 看来，光源每秒发出的光波数目为 ν'，但在 S 看来，每秒只发出 $\nu'\sqrt{1-\beta^2}$ 个波，因为 S 认为 S' 中的钟走得慢。所以，对于 S 而言，从 t_1 到 t_2，这段 Δt 时间里，光源共发出

$$\nu'\sqrt{1-\beta^2} \cdot \Delta t$$

个波。我们来考虑在 O 处的观测者要花多少时间才能全部收到这些波呢？要花

$$\left(t_2 + \frac{P'O}{c}\right) - \left(t_1 + \frac{PO}{c}\right)$$
$$= t_2 - t_1 + \frac{P'O - PO}{c}$$
$$= \Delta t + \frac{v\Delta t \cos\theta}{c}$$

才能全部收到这些波。在这里我们以 $v\Delta t\cos\theta$ 代替 $P'O-PO$。从图 22.1 中看出，PP' 水平距离为 $v\Delta t$，因为光源以速度 v 沿水平方向运动。当 Δt 很小时，$v\Delta t$ 在 OP 方向的投影 $v\Delta t\cos\theta$ 就是 $P'O$ 比 PO 长的部分(即 $P'O-PO$)。所以，在 O 处的观测者每秒收到的光波数目，即频率 ν 为

$$\nu = \frac{\nu'\sqrt{1-\beta^2} \cdot \Delta t}{\Delta t + \frac{v\Delta t \cos\theta}{c}}$$
$$= \frac{\nu'\sqrt{1-\beta^2}}{1+\beta\cos\theta}。 \tag{22.1}$$

和 (21.1$'$) 式比较，分母差了个负号。这没有什么奇怪，因为在 (21.1$'$) 式中，α 角是传播方向与 OX 轴的交角，而这里的 θ 恰为 α 的补角(图 22.1)，所以 $\cos\theta = -\cos\alpha$，(22.1) 式可改写为

$$\nu = \frac{\nu'\sqrt{1-\beta^2}}{1-\beta\cos\alpha}, \tag{22.1$'$}$$

这与(21.1′)式完全相同。

下面讨论光行差——光的传播方向在各个参考系中的变换关系。

设某束光相对于 S' 而言,传播方向与 $O'X'$ 及 $O'Y'$ 的交角分别为 α' 及 β',此光线自 S' 看来,在 $\Delta t'$ 时间里,自 P 走到 P',据图 22.2 可见

$$PP' = c\,\Delta t',$$
$$\Delta x' = c\,\Delta t'\cos\alpha',$$
$$\Delta y' = c\,\Delta t'\cos\beta'。$$

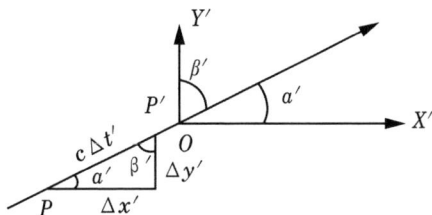

图 22.2

对于 S 系,和光线分别经过 P 及 P' 这两个事件相应的 Δt、Δx、Δy,按洛伦兹变换,分别为

$$\Delta x = \frac{\Delta x' + v\,\Delta t'}{\sqrt{1-\beta^2}} = \frac{c\,\Delta t'\cos\alpha' + v\,\Delta t'}{\sqrt{1-\beta^2}}, \tag{A}$$

$$\Delta t = \frac{\Delta t' + \Delta x'\dfrac{v}{c^2}}{\sqrt{1-\beta^2}} = \frac{\Delta t' + c\,\Delta t'\cos\alpha' \cdot \dfrac{v}{c^2}}{\sqrt{1-\beta^2}}, \tag{B}$$

$$\Delta y = \Delta y' = c\,\Delta t'\cos\beta'。$$

根据光速在各个惯性系中皆为 c,我们在 S 系中同样有如下关系式(图 22.3):

$$\Delta x = c\,\Delta t\cos\alpha,$$
$$\Delta y = c\,\Delta t\cos\beta,$$

所以

$$\frac{\Delta x}{\cos\alpha} = c\,\Delta t。 \tag{C}$$

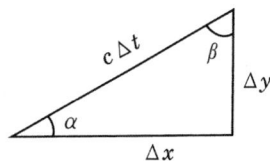

图 22.3

据(A)、(B)、(C)3 式得

$$\frac{c\,\Delta t'\cos\alpha' + v\,\Delta t'}{\cos\alpha\sqrt{1-\beta^2}} = \frac{c\,\Delta t' + v\,\Delta t'\cos\alpha'}{\sqrt{1-\beta^2}},$$

即　　$$c\,\Delta t'\cos\alpha' + v\,\Delta t' = c\,\Delta t'\cos\alpha + v\,\Delta t'\cos\alpha' \cdot \cos\alpha,$$

得　　$$\cos\alpha = \frac{c\,\Delta t'\cos\alpha' + v\,\Delta t'}{c\,\Delta t' + v\,\Delta t'\cos\alpha'}$$

$$= \frac{c\cos\alpha' + v}{c + v\cos\alpha'}$$

$$= \frac{\cos\alpha' + \beta}{1 + \beta\cos\alpha'}, \tag{22.2}$$

这正是(21.3)式。

从

$$\frac{\Delta y}{\cos\beta} = c\,\Delta t$$

得

$$\frac{c\,\Delta t'\cos\beta'}{\cos\beta} = \frac{c\,\Delta t' + v\,\Delta t'\cos\alpha'}{\sqrt{1-\beta^2}},$$

则

$$\cos\beta = \frac{\cos\beta'\sqrt{1-\beta^2}}{1+\beta\cos\alpha'}. \tag{22.3}$$

同理有

$$\cos\gamma = \frac{\cos\gamma'\sqrt{1-\beta^2}}{1+\beta\cos\alpha'}. \tag{22.4}$$

与 21 中的结论完全相同。可见,把光看成粒子和看成波动,都得到同样结论。相对论并不支持一方去打倒另一方。事实上,光的粒子性与波动性是矛盾而又统一的整体,不可分割。看来,所有以速度 c 传播的物理作用皆具有类似性质,即多普勒效应与"光"行差,波动性与粒子性。

例 1 在 S' 系中,一束沿 $O'Y'$ 方向自上而下射来的光,从 S 看来,这束光行进的方向如何?利用速度合成公式(14.1)。

解:在 S' 系中,这些光子的速度为

$$u_x' = u_z' = 0, \qquad u_y' = -c,$$

因此在 S 系中,这些光子的速度为

$$u_x = \frac{u_x' + v}{1 + \dfrac{u_x' v}{c^2}} = v,$$

$$u_y = \frac{u_y'\sqrt{1-\beta^2}}{1 + \dfrac{u_x' v}{c^2}} = -c\sqrt{1-\beta^2},$$

$$u_z = \frac{u_z'\sqrt{1-\beta^2}}{1 + \dfrac{u_x' v}{c^2}} = 0.$$

所以,在 S 系中,这些光子速度的大小为

$$u = \sqrt{u_x^2 + u_y^2 + u_z^2} = c,$$

光线行进的方向（即速度的方向）与 X 轴的交角的正切为

$$\text{tg}\theta = \frac{u_y}{u_x} = -\frac{c\sqrt{1-\beta^2}}{v},$$

因而其余弦

$$\cos\theta = \frac{u_x}{u} = \frac{v}{c}。$$

这与利用光行差的式子所得的结果一致。

例 2 在 S' 系中，有垂直落下的雨滴，设速度为 $u_Y' = -\omega$，$u_X' = u_Z' = 0$，求在 S 系中看，这雨滴的路径如何倾斜？

解：在 S 系中，

$$u_X = \frac{u_X' + v}{1 + \frac{u_X' v}{c^2}} = v,$$

$$u_Y = \frac{u_Y'\sqrt{1-\beta^2}}{1 + \frac{u_X' v}{c^2}} = -\omega\sqrt{1-\beta^2},$$

$$u_Z = \frac{u_Z'\sqrt{1-\beta^2}}{1 + \frac{u_X' v}{c^2}} = 0。$$

雨滴的路径与 X 轴交角 θ 的正切为

$$\text{tg}\theta = \frac{u_Y}{u_X} = \frac{-\omega\sqrt{1-\beta^2}}{v},$$

余弦为

$$\cos\theta = \frac{u_X}{\sqrt{u_X^2 + u_Y^2 + u_Z^2}}$$

$$= \frac{v}{\sqrt{v^2 + \omega^2(1-\beta^2)}}。$$

如果按牛顿力学，则

$$\text{tg}\theta = -\omega/v, \cos\theta = v/\sqrt{v^2 + \omega^2}。$$

例 3 S' 参考系中在原点 O' 如果放置红绿灯，从 S 系的原点 O 来观测，是什么颜色？设 $v = 0.866c$。

解：在 $t<0$ 时，O' 以速度 v 接近 O，按 (21.1') 式，$\cos\alpha=1$，$\beta=0.866$，得

$$\nu = \nu'\sqrt{1-\beta^2}/(1-\beta)$$
$$= 3.73\nu',$$

即频率为原来的 3.73 倍，或者说波长为原来的 1/3.73。人眼只能看见波长在 4×10^{-7} 米到 7.6×10^{-7} 米之间的光波。绿光波长约为 5.5×10^{-7} 米，红光波长约为 7×10^{-7} 米。这两个数字乘以 1/3.73 都小于 4×10^{-7} 米。因此，O 什么也看不见，只见 O' 一团漆黑。

在 $t>0$ 时，O' 以速度 v 离开 O，按 (21.1) 式，$\cos\alpha=1$，得

$$\nu = 0.268\nu',$$

即自 O 看来，O' 处来的光波波长变为原来的 $1/0.268=3.73$ 倍。不管红光或绿光都变成红外线，肉眼看不见，因此 O' 仍然一团漆黑。当然，如果相对速度 v 小些，比如 $v=0.25c$ 时，$\sqrt{1-\beta^2}=0.968$，$1-\beta=0.75$，则当 $t<0$ 时，绿灯变成紫外线灯，看不见，但红灯变绿灯；$t>0$ 时，红灯看不见，绿灯变红灯。

例 4 天文学上把天体光谱线与实验室同样谱线进行比较，如果天体谱线波长变长，就叫红移，并定义红移（量）$Z=\Delta\lambda/\lambda$。$\Delta\lambda$ 为天体谱线的波长与实验室的波长之差，而 λ 为实验室谱线波长。设某天体红移 $Z=4$（只有类星体才有这样大的红移），如果把谱线红移理解为该天体退行（离开我们远去）所引起的多普勒效应，试计算此天体的退行速度。

解：按 $\lambda\nu=c=$ 常数，所以

$$Z=\Delta\lambda/\lambda=|\Delta\nu/\nu|。$$

据 (21.1') 式可知，天体退行时，

$$\nu=\nu_{\circ}\sqrt{\frac{1-\beta}{1+\beta}},$$

这里 $\nu_{\circ}$ 为谱线固有频率。因而

$$Z = |\Delta\nu/\nu_{\circ}| = |(\nu-\nu_{\circ})/\nu_{\circ}|$$
$$= 1 - \sqrt{\frac{1-\beta}{1+\beta}}。$$

$Z=4$，得 $\beta=0.923$，即退行速度 $v=0.923c$。

23　光行差现象的"怪异"[①]

　　有一个似是而非的问题（我们姑且称之为"怪异"），从相对论建立的初期一直到 20 世纪 80 年代，陆陆续续有不少文章进行过争论。从这些有关的文章中，往往可以看出有些写文章的人对相对论的理解有所欠缺，没有抓住最根本的东西。事实上这个有过不少争论的问题，只要能紧紧抓住相对论的公理性假设之一"光速与光源的运动无关"就可立即给予澄清。下面我们就介绍一下这个问题，希望能有助于初学者澄清一些模糊的概念。

　　问题可以这样提出：同一个光源射来的光，观测者与光源相对静止或有相对速度时，所观测到的光源方位会有所不同（同时同地进行观测）。这就是光行差现象。根据运动的相对性，光源运动与观测者运动是等价的，所以反过来说也应当是正确的。同一位观测者观测同一地点的光源发来的光时，如果光源运动速度不同（比如一个静止光源和另一个与它瞬间重合但以速度 v 运动的光源），就应观测到它们射来的光来自不同方向。从另一方面来考虑，也会有类似结论。人们不是观测到光的频率受光源运动的影响吗？无论如何这是千真万确的事实——多普勒效应。而我们知道，多普勒效应与光行差现象是从光子四维动量的变换得出的，光源运动既然影响到光子四动量的第四分量，也就应该影响其余 3 个分量——光的传播方向。

　　根据上面的这些讨论，让我们看看图 23.1 中左、右两种不同情况。图中左、右两图的 S 及 O 分别表示相对静止的光源与观测者。左图观测者 O' 向右以速度 v 运动，他观测到光源 S 射来的光偏离了竖直方向 θ 角。根据运动的相对性，右图中如果有一个光源 S' 与 S 瞬间重会，但向左以速度 v 运动（左边观测者向右运动等效于右边光源向左运动），则观测者 O 就应观测到光源 S' 射来的光偏离竖直方向 θ 角。根据光行差公式，可以算出所

―――――――――――

① 本部分可以跳过不读而不影响全局。

期待的上述偏离角

$$\theta = \sin^{-1}\left(\frac{v}{c}\right)。$$

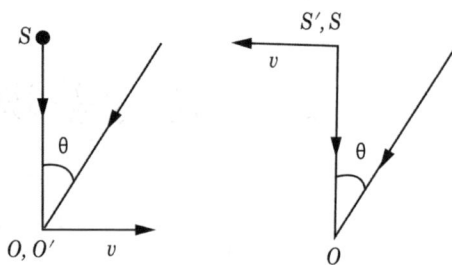

图 23.1

把上面这些讨论用于天空的双星运动。设想双星的伴星 B 绕主星 A 做圆周运动（设主星质量很大），这种双星轨道运动速度一般是每秒几十千米。相应于这种速度的上述（右图）偏离角 θ 相当大，很易被观测到。因而人们可以期待，由于 B 星的轨道运动（光源 S'），观测者 O 应观测到 B 星不在"真正"位置（与观测者相对静止的光源 S 的位置）上，而是偏离 θ 角。由于双星在轨道上的运动速度方向一直在改变，因此上述 B 星偏离"真实"轨道方向也会经常改变。总之，如果人们仔细观测双星运动轨道，看到的应是被上述光学现象所歪曲了的轨道。事实如何呢？天文观测事实毫不含糊地表明，双星轨道没有出现上述的歪曲现象。这就是所谓"光行差与双星观测的矛盾"。

问题出在哪里呢？原来，光行差与双星的轨道观测结果本无矛盾，上述"矛盾"的出现，是一些人相对论观念模糊的产物。让我们先论证"矛盾"根本就不存在，然后再分析一下，为什么有些人会误认为存在"矛盾"。

首先，光速不受光源运动的影响。这是相对论赖以建立的两根台柱之一，没有它，相对论大厦就建立不起来。让我们讨论图 23.1 右边的图。设在 S 与 S' 重合的瞬间，S 与 S' 都发出一个短暂的闪光。由于光速与 S' 的运动无关，分别来自不同光源的这两个闪光将以相同速度传向四面八方，因而也就以相同的速度值，走同样的路径 SO 同时到达 O。因此，O 将观测到 S' 与 S 重合，何来 θ 角的偏离？这几句简单而又明白无误的论证表明，只要你承认光速的大小与光源运动无关，则光的传播方向也必然与光源的运动无关。上面"以相同速度值，走同样的路径 SO 同时到达 O"就正是这个意思。在这一点上含糊不得，含糊了就不能正确理解相对论。

问题是，"观测者运动与光源的反方向运动的等价性"该如何理解？让我们这样思考：不管是左图的 O' 观测 S 还是右图的 O 观测 S'，他们都会认为，光源的方位是随时间变化的。因此，只有在彼此对等的时刻，才说得上彼此都观测到光源在对等的方位上。可是图 23.1 左、右两图所画的,并不表示公平合理的对等时刻。这如何说呢?"对等"这个概念,也得由某参考系的描述才行呀!让我们用和 O 及 S 相对静止的参考系来讨论问题。在这样的参考系中,图 23.1 中左图 O' 观测到 S 的光时,S 正在 O(也即 O')的正上方;但是右图观测者 O 观测到图中 S' 发来的光时,被观测的光源已经向左移动了

$$v \cdot \frac{h}{c},$$

这里 h 为 SO 的距离。此时 S' 已不在 O 的正上方。这就叫两个图的条件不对等!

如果要让右图的 O 观测到 S' 的闪光时,S' 恰在 O 的正上方,就要求 S' 发出闪光时正在图中右方距竖直线为 l 的 P 点(图 23.2)。l 由下式决定:

$$\frac{l}{v} = \frac{\sqrt{h^2 + l^2}}{c},$$

就是说,S' 以速度 v 走到 O 的正上方时,S' 在 P 处所发的闪光也恰好到达 O,把右图这样更动之后,图 23.1 的左、右两图才算反映了彼此对等的安排(除了一边是观测者运动,另一边是光源向反方向运动,其余条件都公平合理,不偏不倚)。在这样重新安排使右图与左图对等的条件下,O 当然观测到闪光来自 P 点,也即 S'(发闪光时)位于偏离竖直线右侧处,从图 23.2 可以看出

$$\theta = \sin^{-1} \frac{l}{\sqrt{h^2 + l^2}} = \sin^{-1}\left(\frac{v}{c}\right)。$$

这不正是图 23.1 中左图 O' 观测 S 所得的结果吗?观测者运动与光源(反向)运动的等价性不是好端端的吗?

最后,让我们再讨论一下,运动的光源会影响光的频率而不影响光的传播方向的问题。

设 S,S' 是构造相同的光源,对于观测者 O 而言,S' 以速度 v 运动而 S 静止,当 S' 与 S 重合时,让它们各自发出闪光,从 O 来观测,S' 与 S 的闪光频率不同,但这两个不同频率的闪光都来自同一个地点,都走了路线 SO 才到达 O。为何运动的光源只影响到光子的能量(与频率有关的量)而不影

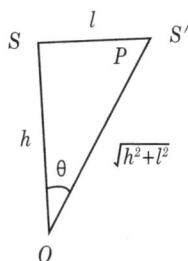

图 23.2

光子的动量(与光的传播方向有关的量)？须知光子的能量和动量构成四维矢量。为什么光源运动只影响这个四矢量的第四分量(时间分量)而不影响前3个分量？

谁说光源运动不影响光子四动量的前3个分量？

如图23.3所示，设光源 S 及 S' 静止时发出的光的频率为 ν_0，则 O 观测到 S 的闪光频率就是 ν_0，但 S' 的闪光频率则为

$$\nu = \nu_0 \frac{\sqrt{1-\beta^2}}{1+\beta\cos\theta}。$$

另外，O 还将观测到，S 闪光所发来的光子动量为(设 SO 在 XY 平面上)

$$P_X = -\frac{h\nu_0}{c}\cos\theta,$$

$$P_Y = -\frac{h\nu_0}{c}\sin\theta,$$

$$P_Z = 0,$$

但 S' 的闪光则为

$$P_X = -\frac{h\nu}{c}\cos\theta,$$

$$P_Y = -\frac{h\nu}{c}\sin\theta,$$

$$P_Z = 0。$$

显然，由于 ν 与 ν_0 不同，上面两个 P_X 及两个 P_Y 并不分别相等。可见光子的动量也由于光源 S' 的运动而发生变化，光子的动量受光源运动的影响！可是光子的传播方向保持不变。这正是"光速不受光源运动的影响"所要求的。请注意，光行差现象也好，多普勒效应也好，一切相对论的推论，都要依靠"光速与光源运动无关"(当然还应加上相对性原理)，才能得到。一切相对论的推论，只能服从"光速与光源运动无关"的要求，而不能动它一根毫毛。

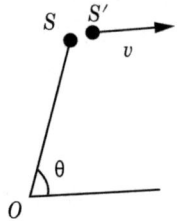

图 23.3

24　四维时空中的力

在牛顿力学中,加在一个粒子上的力 f,与粒子的质量 m 和加速度 a 有如下关系:

$f=ma$(力=质量×加速度), m 为常量。

这个关系也可以写成

$$f=\frac{\mathrm{d}P}{\mathrm{d}t}$$(力=动量对时间的变化率)。

在相对论中, $f=ma$ 不行了,因为质量 m 不是常量,力不再与加速度成正比,也未必与加速度同方向。但是

$$f=\frac{\mathrm{d}P}{\mathrm{d}t} \tag{A}$$

仍可保留,只是计算动量时要考虑到质量会随速度按(15.1)式变化。我们把考虑到质量随速度变化的动量用大写字母 P 表示,而把不考虑质量随速度变化的动量用小写字母 p 表示,以示区别。这样,考虑到质量随速度变化后,(A)式用分量形式写出来就应当是

$$f_x=\frac{\mathrm{d}P_x}{\mathrm{d}t}, \quad f_y=\frac{\mathrm{d}P_y}{\mathrm{d}t}, \quad f_z=\frac{\mathrm{d}P_z}{\mathrm{d}t}。 \tag{A$'$}$$

从四维时空看来, f_x、f_y、f_z 会与速度 u_x、u_y、u_z 同命运,不能纳入四维矢量,因为 P_x、P_y、P_z 的变换规律虽然分别与 x、y、z 的对应,但 t 不是标量,因此 P_x、P_y、P_z 对 t 求导数后,其变换规律就不能与 x、y、z 的一样。所以,为了得到四矢量的力,又得请固有时来帮忙。在这里,让我们再一次复习一下固有时的概念,我们设,在某惯性系中有一个粒子以速度 u 运动着,在 Δt 时间里,它分别跑过空间相距为 $u\Delta t$ 的两个点 A、B,A、B 的坐标差为 Δx、Δy、Δz,我们知道 $v^2\Delta t^2=\Delta x^2+\Delta y^2+\Delta z^2$。根据间隔不变可知,

$$u^2\Delta t^2-c^2\Delta t^2=\Delta x'^2+\Delta y'^2+\Delta z'^2-c^2\Delta t'^2, \tag{B}$$

对于和粒子一起运动的参考系,也即与粒子相对静止参考系来说,这个粒子永远没有位移,空间坐标永远没有变化,只是运动着的 A、B 两点分别与粒子重合而已。因此,对于这样的参考系(设为 S' 系)而言,$\Delta x' = \Delta y' = \Delta z' = 0$。这样的参考系对这两个事件($A$、$B$ 分别与粒子重合)所计量的时间间隔就是这两个事件的固有时间间隔,我们以 $\Delta t'$ 表示。据(B)式

$$u^2 \triangle t^2 - c^2 \triangle t^2 = -c^2 \triangle t'^2 = -c^2 \triangle c\tau^2$$

或

$$\Delta \tau^2 = \Delta t^2 \left(\sqrt{1 - \frac{u^2}{c^2}} \right),$$

$$\Delta \tau = \Delta t \sqrt{1 - \frac{u^2}{c^2}} \text{。} \tag{C}$$

我们这里的讨论是把粒子的速度 u 当成常数。当 u 可能有所改变时也无妨,只要我们把 Δt 取得非常小就行了。就是说,只要令 Δt 为无限小量,Δt 也就是无限小量,上面的讨论结果就成为(取极限)

$$\mathrm{d}\tau = \mathrm{d}t \sqrt{1 - \frac{u^2}{c^2}} \text{。} \tag{D}$$

(D)式就是固有时 τ 与一般参考系的时间(所谓地方时)t 之间的关系。引进了固有时,让我们来计算 $\dfrac{\mathrm{d}P_x}{\mathrm{d}\tau}$、$\dfrac{\mathrm{d}P_y}{\mathrm{d}\tau}$、$\dfrac{\mathrm{d}P_z}{\mathrm{d}\tau}$、$\dfrac{\mathrm{d}P_t}{\mathrm{d}\tau}$ 与(A')所表示的力之间的关系:

$$\begin{cases} \dfrac{\mathrm{d}P_x}{\mathrm{d}\tau} = \dfrac{\mathrm{d}P_x}{\mathrm{d}t \sqrt{1 - \dfrac{u^2}{c^2}}} = f_x \dfrac{1}{\sqrt{1 - \dfrac{u^2}{c^2}}}, \\[3ex] \dfrac{\mathrm{d}P_y}{\mathrm{d}\tau} = \dfrac{\mathrm{d}P_y}{\mathrm{d}t \sqrt{1 - \dfrac{u^2}{c^2}}} = f_y \dfrac{1}{\sqrt{1 - \dfrac{u^2}{c^2}}}, \\[3ex] \dfrac{\mathrm{d}P_z}{\mathrm{d}\tau} = \dfrac{\mathrm{d}P_z}{\mathrm{d}t \sqrt{1 - \dfrac{u^2}{c^2}}} = f_z \dfrac{1}{\sqrt{1 - \dfrac{u^2}{c^2}}}, \\[3ex] \dfrac{\mathrm{d}P_t}{\mathrm{d}\tau} = \dfrac{\mathrm{d}m}{\mathrm{d}t \sqrt{1 - \dfrac{u^2}{c^2}}} = \dfrac{\mathrm{d}m}{\mathrm{d}t} \dfrac{1}{\sqrt{1 - \dfrac{u^2}{c^2}}}, \end{cases} \tag{24.1}$$

请注意,P_t 为四动量的第四分量,这个分量我们已知就是粒子的质量 m。

其中 u 为粒子的运动速度,而 f_x、f_y、f_z 就是加在粒子上的力。(24.1)式左边是四矢量,因为它是四矢量 P_μ 对标量 τ 的导数,这相当于四矢量与标量之比,当然仍为四矢量。因此,右边也应是四矢量,这个矢量叫四力(矢量)。

四力的前 3 个分量比较好懂,它们是(A′)式所表示的 3 个分量除以 $\sqrt{1-u^2/c^2}$ 而得。因子 $1\big/\sqrt{1-\dfrac{u^2}{c^2}}$ 是由于引入固有时而来。第四个分量是什么呢？是 $\dfrac{\mathrm{d}m}{\mathrm{d}t}$ 除以 $\sqrt{1-u^2/c^2}$。不用说,$\dfrac{\mathrm{d}m}{\mathrm{d}t}$ 当然是粒子的质量随时间的变化率,考虑到因子 $1\big/\sqrt{1-\dfrac{u^2}{c^2}}$,表明第四个分量是用固有时来计量变化率的。按

$$E=mc^2,\qquad \mathrm{d}m/\mathrm{d}t=\frac{1}{c^2}(\mathrm{d}E/\mathrm{d}t),$$

它表明粒子的能量随时间的变化率除以 c^2。在力学问题中,如果粒子的静止质量没有变化,粒子的质量变化或能量变化就只能来自外力做功(这功当然可正可负),原来如此,$\mathrm{d}m/\mathrm{d}t$ 表示外力加给质点的功率除以 c^2。可见,四力的第四个分量直接与功率(在粒子静止质量保持不变的问题中)或能量(在一般问题中)的变化率联系在一起。简单地说,"力"拉来"功率"作为伙伴,构成一个四矢量。当然,都得经过少许改造才合格。

根据四力是矢量的性质,我们就不难求得通常意义下的力在不同参考系中的变换公式。按四力

$$\boldsymbol{F}_\mu: F_1=\frac{f_x}{\sqrt{1-u^2/c^2}},\quad F_2=\frac{f_y}{\sqrt{1-\dfrac{u^2}{c^2}}},$$

$$F_3=\frac{f_z}{\sqrt{1-\dfrac{u^2}{c^2}}},\quad F_4=\frac{\dfrac{\mathrm{d}m}{\mathrm{d}t}}{\sqrt{1-\dfrac{u^2}{c^2}}},$$

F_4 还可写为

$$F_4=\frac{\dfrac{1}{c^2}\dfrac{\mathrm{d}E}{\mathrm{d}t}}{\sqrt{1-\dfrac{u^2}{c^2}}}。$$

在粒子静止质量不变的力学问题中,更可以写为

$$F_4 = \frac{\dfrac{1}{c^2}\omega}{\sqrt{1-\dfrac{u^2}{c^2}}},$$

式中，ω 为外界加给粒子的功率。（本部分以下各式凡是出现功率 ω 的都只适用于粒子静止质量不变的力学问题）。

根据矢量的变化规律，我们有

$$F_x' = \frac{F_x - vF_t}{\sqrt{1-\beta^2}},$$

即

$$\frac{f_x'}{\sqrt{1-\left(\dfrac{u'}{c}\right)^2}} = \frac{\dfrac{f_x}{\sqrt{1-u^2/c^2}} - \dfrac{v\dfrac{\mathrm{d}m}{\mathrm{d}t}}{\sqrt{1-u^2/c^2}}}{\sqrt{1-\beta^2}}$$

$$= \frac{f_x - v\dfrac{\mathrm{d}m}{\mathrm{d}t}}{\sqrt{1-\dfrac{u^2}{c^2}} \cdot \sqrt{1-\beta^2}}。$$

利用(20.1)式可得

$$f_x' = \frac{f_x - v\dfrac{\mathrm{d}m}{\mathrm{d}t}}{1-\dfrac{u_x v}{c^2}} = \frac{f_x - \dfrac{v}{c^2}\dfrac{\mathrm{d}E}{\mathrm{d}t}}{1-\dfrac{u_x v}{c^2}} = \frac{f_x - \dfrac{v}{c^2}\omega}{1-\dfrac{u_x v}{c^2}}。$$

在最后一个等号后面出现功率，这当然只适用于粒子静止质量不变的力学问题中，这可以写成

$$\omega = f_x u_x + f_y u_y + f_z u_z$$

（此式的意义是，功率＝力×力方向上的速度），因而

$$f_x' = \frac{f_x - \dfrac{v}{c^2}(f_x u_x + f_y u_y + f_z u_z)}{1-\dfrac{u_x v}{c^2}}$$

$$= f_x - \frac{v}{c^2 - u_x v}(f_y u_y + f_z u_z)。$$

按 $F'_y = F_y$，得

$$\frac{f'_y}{\sqrt{1-\left(\dfrac{u'}{c}\right)^2}} = \frac{f_y}{\sqrt{1-\dfrac{u^2}{c^2}}},$$

则　　$f'_y = \dfrac{f_y \sqrt{1-\dfrac{u^2}{c^2}} \cdot \sqrt{1-\beta^2}}{\sqrt{1-\dfrac{u^2}{c^2}}\left(1-\dfrac{u_x v}{c^2}\right)}$　　［利用(20.1)式］

$$= \frac{f_y \sqrt{1-\beta^2}}{1-\dfrac{u_x v}{c^2}}.$$

同理得

$$f'_z = \frac{f_z \sqrt{1-\beta^2}}{1-\dfrac{u_x v}{c^2}}.$$

最后，

$$F'_t = \frac{F_t - \dfrac{v}{c^2}F_x}{\sqrt{1-\beta^2}},$$

即

$$\frac{\dfrac{\mathrm{d}m'}{\mathrm{d}t'}}{\sqrt{1-\left(\dfrac{u'}{c}\right)^2}}$$

$$= \frac{\dfrac{\mathrm{d}m}{\mathrm{d}t}\Big/\sqrt{1-\dfrac{u^2}{c^2}} - \dfrac{v}{c^2}\left(f_x\Big/\sqrt{1-\dfrac{u^2}{c^2}}\right)}{\sqrt{1-\beta^2}}.$$

利用(20.1)式得

$$\frac{\mathrm{d}m'}{\mathrm{d}t'} = \frac{\sqrt{1-\dfrac{u^2}{c^2}} \cdot \sqrt{1-\beta^2}}{1-\dfrac{u_x v}{c^2}} \cdot \frac{\dfrac{\mathrm{d}m}{\mathrm{d}t} - f_x \cdot \dfrac{v}{c^2}}{\sqrt{1-\dfrac{u^2}{c^2}} \cdot \sqrt{1-\beta^2}}$$

$$= \frac{\dfrac{\mathrm{d}m}{\mathrm{d}t} - f_x \dfrac{v}{c^2}}{1 - \dfrac{u_x v}{c^2}},$$

或

$$\frac{\omega'}{c^2} = \frac{\dfrac{\omega}{c^2} - f_x \dfrac{v}{c^2}}{1 - \dfrac{u_x v}{c^2}},$$

则 $\qquad \omega' = \dfrac{\omega - f_x v}{1 - \dfrac{u_x v}{c^2}}$。

我们把这些式子集中一下：

$$\begin{cases} f'_x = \dfrac{f_x - v \dfrac{\mathrm{d}m}{\mathrm{d}t}}{1 - \dfrac{u_x v}{c^2}} = \dfrac{f_x - \dfrac{v}{c^2}\dfrac{\mathrm{d}E}{\mathrm{d}t}}{1 - \dfrac{u_x v}{c^2}} \\[4mm] \quad = \dfrac{f_x - \dfrac{v}{c^2}\omega}{1 - \dfrac{u_x v}{c^2}} \\[4mm] \quad = f_x - \dfrac{v}{c^2 - u_x v}(f_y u_y + f_z u_z), \\[4mm] f'_y = \dfrac{f_y \sqrt{1 - \beta^2}}{1 - \dfrac{u_x v}{c^2}}, \\[4mm] f'_z = \dfrac{f_z \sqrt{1 - \beta^2}}{1 - \dfrac{u_x v}{c^2}}, \\[4mm] \dfrac{\mathrm{d}m'}{\mathrm{d}t'} = \dfrac{\dfrac{\mathrm{d}m}{\mathrm{d}t} - f_x \dfrac{v}{c^2}}{1 - \dfrac{u_x v}{c^2}} \text{或} \ \omega' = \dfrac{\omega - f_x v}{1 - \dfrac{u_x v}{c^2}}。 \end{cases} \qquad (24.2)$$

可见，如果 $f_y = f_z = 0$，则 $f'_x = f_x$（在粒子静止质量不变的力学问题中）；

156

如果 $u_x=0$，则 $f'_y=f_y\sqrt{1-\beta^2}$，$f'_z=f_y\sqrt{1-\beta^2}$。作为对比，我们集中写下四力的变换式子：

$$\begin{cases} F'_x=\dfrac{1}{\sqrt{1-\dfrac{v^2}{c^2}}}(F_x-vF_t)，\\[3mm] F'_y=F_y，\\[2mm] F'_z=F_z，\\[2mm] F'_t=\dfrac{1}{\sqrt{1-\beta^2}}(F_t-\dfrac{v}{c^2}F_x)。 \end{cases} \tag{24.3}$$

(24.3)式比(24.2)式简洁得多，它与(18.2)式的洛伦兹变换对应，极易记忆，而且便于使用(在和其他四维矢量联合运算时)，更重要的是还可以写出式子：

$$\boldsymbol{F}_\mu=\frac{\mathrm{d}}{\mathrm{d}\tau}(\boldsymbol{P}_\mu)，\qquad \mu=(1,2,3,4) \tag{24.4}$$

在这个式子中，$\mu=1$ 表示 x 分量，$\mu=2$ 表示 y 分量，$\mu=3$ 表示 z 分量，$\mu=4$ 表示 t 分量。这个式子事实上是(24.1)式的一种缩写形式，这是一种写四维矢量方程的方法。三维矢量方程也可以用这套写法，比如牛顿第二定律 $\boldsymbol{f}=\mathrm{d}\boldsymbol{P}/\mathrm{d}t$ 可写为

$$f_i=\frac{\mathrm{d}P_i}{\mathrm{d}t}，\qquad (i=1,2,3) \tag{24.5}$$

这式事实上也就是(A)式。在这个式子，$i=1$ 表示 $f_1=\mathrm{d}P_1/\mathrm{d}t$ 也即 $f_x=\dfrac{\mathrm{d}P_x}{\mathrm{d}t}$，余类推。

(24.4)式两边都是矢量，它们在参考系变换时，按同一规律变换，因此在 S' 系中仍然保持着同样形式的关系式

$$\boldsymbol{F}'_\mu=\frac{\mathrm{d}}{\mathrm{d}\tau}(\boldsymbol{P}'_\mu)，\qquad (\mu=1,2,3,4) \tag{24.4'}$$

(24.4)和(24.4')式的头 3 个式子，就是(A')式所表示的内容，它们代替了牛顿第二定律。(24.5)式因为把 p_i 中的 m 看成常量，不能符合相对论要求，不能保证在各个惯性系中都有形式相同的关系式。但如果让 $m=m_0\Big/\sqrt{1-\dfrac{u^2}{c^2}}$，即把(A)式改为(A')，就满足相对论要求了。

(24.4)或(24.4')这种式子，在相对论中有重要意义，因为这种式子能够

在各个惯性系中保持相同的形式。用这种式子所描写的物理规律,能够保证在各个惯性系中都相同。所有物理规律必须能够写成类似这种形式的四维矢量式子或四维张量式子(张量是矢量的推广,我们以下会介绍),才能满足相对性原理——在各个惯性系中物理规律皆等效——的要求。以前学过的物理规律,必须改造成能够写成四维矢量方程或四维张量方程的形式,才是相对论承认的物理规律。例如(24.5)式就不行,但(A′)式就行。相对论只承认(A′)式。当然(A′)式只是(24.4)或(24.4′)式的头 3 个式子,(24.4)或(24.4′)的第四个式子,事实上意义非常重大,它揭露了牛顿力学中从未知道的东西,即质量和能量的著名关系式。这说来话长,让我们在 25 中另行讨论。

作为本部分的结束,我们指出一个事实,往往有人误认为,如果让

$$f = ma,$$

m 随速度按 $m = m_{\circ} / \sqrt{1 - \dfrac{u^2}{c^2}}$ 规律变化,它就应与考虑到 $m = \dfrac{m_{\circ}}{\sqrt{1 - \dfrac{u^2}{c^2}}}$ 的

$$f = \frac{\mathrm{d}}{\mathrm{d}t} P \qquad\qquad (\Lambda)$$

等效,在相对论中就能够站得住脚。事实不然,我们已说过,(A′)式虽然不是四矢量方程,但它可以由(24.4)的头 3 个式子得到,就是说,它符合相对论要求。但 $f = ma$ 就不行了,$f = ma$ 要求 f 与 a 同方向,可是 m 一旦成为可变的量,f 与 a 就不能总是同方向了。按

$$f = \frac{\mathrm{d}}{\mathrm{d}t}(mu)$$

$$= m\frac{\mathrm{d}u}{\mathrm{d}t} + u\frac{\mathrm{d}m}{\mathrm{d}t}$$

$$= ma + u\frac{\mathrm{d}m}{\mathrm{d}t},$$

如果 $\mathrm{d}m/\mathrm{d}t = 0$,$f$ 与 a 就同方向;但如果 $\mathrm{d}m/\mathrm{d}t \neq 0$,$f$ 的方向就由 a 与 u 共同决定。而大家知道,a 与 u 并不一定同方向,所以 f 就不一定与 a 同方向。因此,只有当加速度纯横向或纯纵向时,力才与加速度同方向。前者 u 不变,能量不变(在粒子静止质量不变的纯力学问题中),因而 $\mathrm{d}m/\mathrm{d}t = 0$,后者 a 与 u 同方向。可见,在相对论中,$f = ma$ 注定被淘汰。

25　再一次推导 $E = mc^2$

让我们设,我们只知道一个粒子的质量与这粒子的速度 v 有关,$m = m_0 \big/ \sqrt{1 - \dfrac{v^2}{c^2}}$,但不知道 $E = mc^2$ 的关系式。我们来推导这个式子。

我们在 20 中已从

$$P_x = mu_x, \quad P_y = mu_y, \quad P_z = mu_z$$

的变换式子知道,如果让 $P_t = m$,则 P_x、P_y、P_z、P_t 构成四矢量 $\boldsymbol{P}_\mu$,从而我们知道 $\mathrm{d}\boldsymbol{P}_\mu / \mathrm{d}\tau$ 应是另一个四矢量。因为 τ 是标量,四矢量对标量的导数仍为四矢量。我们在 24 中就已叫这个矢量为四力矢量,即

$$\boldsymbol{F}_\mu = \frac{\mathrm{d}\boldsymbol{P}_\mu}{\mathrm{d}\tau}。$$

我们还根据 $\mathrm{d}\tau = \mathrm{d}t \sqrt{1 - \dfrac{u^2}{c^2}}$,得到

$$\boldsymbol{F}_\mu = \frac{\mathrm{d}\boldsymbol{P}_\mu}{\mathrm{d}t \sqrt{1 - \dfrac{u^2}{c^2}}},$$

或　　　　$\boldsymbol{F}_\mu \sqrt{1 - \dfrac{u^2}{c^2}} = \dfrac{\mathrm{d}\boldsymbol{P}_\mu}{\mathrm{d}t}。$　　　$(\mu = 1, 2, 3, 4)$　　　　(25.1)

由于 (25.1) 式前头 $\mu = 1, 2, 3$ 的 3 个分量式子的右边表示普通动量对时间的变化率,因此左边就是通常意义下的力。所以我们知道,四力的头 3 个分量为

$$F_i = \frac{f_i}{\sqrt{1 - \dfrac{u^2}{c^2}}}, \qquad (i = 1, 2, 3)。$$

其中 f_i 为普通的三维分量 $(i = 1, 2, 3)$。这些内容我们都在 24 中讲过了,

在这里只是复习总结一下而已。

在三维空间中,我们已知一个矢量各个分量自乘之和就是该矢量长度的平方。比如三维速度有 $v_x^2 + v_y^2 + v_z^2 = v^2$,三维位移有 $dx^2 + dy^2 + dz^2 = dl^2$($dl$ 为位移的数值,不管方向),等等。矢量各分量的平方之和与所采用的坐标轴的平移或旋转无关,坐标的变换只是改变矢量各个分量的具体数值,不影响矢量的长度。在四维时空中,我们已见过,以四维位移矢量,

$$d\boldsymbol{x}_\mu : dx_1 = dx, dx_2 = dy, dx_3 = dz, dx_4 = dt$$

为例,有

$$dx^2 + dz^2 + dy^2 - c^2 dt^2 = dx'^2 + dy'^2 + dz'^2 - c^2 dt'^2 = 不变量。$$

可见,坐标更换时保持不变的是四矢量的前 3 个分量的平方之和减去第四个分量平方乘以 c^2,这就是所谓间隔不变。这个不变量完全和三维空间的矢量长度的平方相当,要是采用所谓明可夫斯基写法,就是说,要是令 $d\tau = ic\,dt$,$d\tau' = ic\,dt'$[①],则间隔就可写成

$$dx^2 + dy^2 + dz^2 + d\tau^2 = dx'^2 + dz'^2 + dy'^2 + d\tau'^2 = 不变量,$$

这在形式上就更与三维矢量各个分量的平方之和类似。

不止如此,在三维空间中,两个矢量各个对应分量的乘积之和也是不变量。以三维的力与位移这两个矢量为例,有

$$f_x dx + f_y dy + f_z dz - 功 = 不变量。$$

因为我们在牛顿力学中已知,选取不同坐标轴只是改变两个矢量的各个分量的具体数值,所以 $f_x dx + f_y dy + f_z dz$ 是与坐标的变换无关的量。在四维时空中,任意两个四维矢量也有类似性质,但是,如果不采用明可夫斯基写法,则第四个分量的乘积要乘以 $-c^2$ 再与前 3 个相加,这和从位移矢量各个分量写出间隔的式子类似。以四维矢量 $\boldsymbol{F}_\mu$ 和 $\boldsymbol{U}_\mu$ 为例,用下式表示的量就是不变量:

$$\frac{f_x u_x}{1 - \dfrac{u^2}{c^2}} + \frac{f_y u_y}{1 - \dfrac{u^2}{c^2}} + \frac{f_z u_z}{1 - \dfrac{u^2}{c^2}} - c^2 \frac{\dfrac{dm}{dt}}{1 - \dfrac{u^2}{c^2}}$$

$$= \frac{f_x' u_x'}{1 - \left(\dfrac{u'}{c}\right)^2} + \frac{f_y' u_y'}{1 - \left(\dfrac{u'}{c}\right)^2} + \frac{f_z' u_z'}{1 - \left(\dfrac{u'}{c}\right)^2} - c^2 \frac{\dfrac{dm'}{dt'}}{1 - \left(\dfrac{u'}{c}\right)^2}。 \tag{25.2}$$

---

① 这里 $d\tau = ict$,不是指固有时,请注意 $d\tau$ 在不同场合所表示的不同物理内容。

这个等式可直接把 $\boldsymbol{F}_\mu$ 及 $\boldsymbol{U}_\mu$ 各自的四矢量变换关系代入而得到证实。
请注意

$$\boldsymbol{F}_\mu : \frac{f_x}{\sqrt{1-\dfrac{u^2}{c^2}}} , \frac{f_y}{\sqrt{1-\dfrac{u^2}{c^2}}} , \frac{f_z}{\sqrt{1-\dfrac{u^2}{c^2}}} , \frac{\dfrac{\mathrm{d}m}{\mathrm{d}t}}{\sqrt{1-\dfrac{u^2}{c^2}}} ;$$

$$\boldsymbol{U}_\mu : \frac{U_x}{\sqrt{1-\dfrac{u^2}{c^2}}} , \frac{U_y}{\sqrt{1-\dfrac{u^2}{c^2}}} , \frac{U_z}{\sqrt{1-\dfrac{u^2}{c^2}}} , \frac{1}{\sqrt{1-\dfrac{u^2}{c^2}}} 。$$

就在(25.2)这个式子中,揭示出了质量和能量的普遍关系式,我们讨论
如下:

对于某个在 S' 系中静止的粒子来说,$U_x' = U_y', = U_z' = 0$,从而 $u' = 0$,
并且

$$\frac{\mathrm{d}m'}{\mathrm{d}t'} = \frac{\mathrm{d}}{\mathrm{d}t'} \frac{m_0}{\sqrt{1-\left(\dfrac{u'}{c^2}\right)^2}}$$

$$= m_0 \frac{\dfrac{u'}{c^2}\dfrac{\mathrm{d}u'}{\mathrm{d}t'}}{\left[1-\left(\dfrac{u'}{c^2}\right)^2\right]^{3/2}} = 0 , \qquad (因为 \ u' = 0)$$

所以对于这样一个粒子来说,(25.2)式右侧为 0,因而左侧也自然为 0,左侧
是从 S 系对同样这个粒子所观测到的量。对于 S 系而言,这个粒子速度为
$u_x = v , u_y = u_z = 0$,从而 $u = v$。根据(25.2)式,我们有

$$\frac{f_x v}{1-\dfrac{v^2}{c^2}} - c^2 \frac{\dfrac{\mathrm{d}m}{\mathrm{d}t}}{1-\dfrac{v^2}{c^2}} = 0 ,$$

则 $\qquad c^2 \dfrac{\mathrm{d}m}{\mathrm{d}t} = f_x v ,$

得 $\qquad \dfrac{\mathrm{d}m}{\mathrm{d}t} = \dfrac{f_x v}{c^2} 。$

最后这个式子左边表示粒子质量随时间的变化率,右边分子为加在这粒子
沿 X 方向的力与粒子速度 v 的乘积。只要注意到我们所讨论的粒子只有
$u_x = v , u_y = u_z = 0$,就可以知道,右边分子 $f_x v = f_x u_x + f_y u_y + f_z u_z = $ 外

加给粒子的功率。可见,如果外力每秒对粒子做功 1 尔格,则粒子质量每秒增加 $\frac{1}{c^2}$ 克。大家知道,做功是能量转化的一种手段,外力对粒子做功 1 尔格也即粒子能量增加 1 尔格。因此,能量增加 1 尔格,质量就增加 $\frac{1}{c^2}$ 克。由于任何形式的能量都可以互相转化但总量不变,因此任何形式的能量 E 与这些能量所具有的质量 m 存在着普遍关系

$$E = mc^2 。$$

26　热量的变换[①]

在本书快要结束之前,让我们讨论一些比较少见的另一类问题,看看相对论如何对待力学、光学以外的一些物理量。我们把热量 Q 选来作为例子,看看在不同参考系中,热量的变换关系如何?

考虑在 S' 系中两个静止的互相接触的系统(即被研究的物理对象)A 和 B,A 原先温度稍高于 B,后来由于 A 向 B 输送一定热量 Q',A、B 达到热平衡状态,温度都一样。我们想知道的是,从 S 系来观测,A 向 B 输送的热量 Q 与 Q' 有什么样的变换关系?

如图 26.1 所示,从 S 系看来,A、B 是运动的,速度为 v;对于 S' 而言,由于 A 向 B 输送热量 Q',因此 B 的质量增加了,按 $E=mc^2$ 的关系式可知,质量增加的量为

$$m=\frac{Q'}{c^2}。$$

再据质量随速度变化的式子可知,对于 S 系来说,B 的质量增加了

$$m=\frac{m'}{\sqrt{1-\dfrac{v^2}{c^2}}}=\frac{Q'}{c^2\sqrt{1-\dfrac{v^2}{c^2}}}。$$

因而在整个 A 向 B 输送热量的过程中,B 的能量增加了

$$mc^2=\frac{m'c^2}{\sqrt{1-\dfrac{v^2}{c^2}}}=\frac{Q'}{\sqrt{1-\dfrac{v^2}{c^2}}},$$

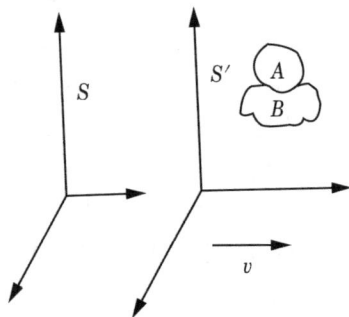

图 26.1

[①]　本部分要求读者知道热力学第一定律,略去不读也不影响全局。

其中 $Q'=m'c^2$。就是说,自 S 系看来,B 的能量增加比 S' 所测得的大些。到此,我们似乎可以说,自 S 系看来,A 传给 B 的热量 $Q=mc^2$ 比 S' 所观测到的 Q' 要大些,$Q=\dfrac{Q'}{\sqrt{1-\dfrac{v^2}{c^2}}}$。

不对,这样的结论下得太早。自 S 系看来,B 获得的总能量 $mc^2=\dfrac{Q'}{\sqrt{1-\beta^2}}$,这没错。可是这些能量是否都是以热传递的方式自 A 输送给 B 的呢?即 S 所测到的 Q 是否等于 mc^2 呢?这得说清楚才行。一个系统 A 向另一个系统 B 输送能量的方式有几种呢?大家知道,除了用热量传递的方式传输能量,还可以有通过力做功的方式。

自 S 看来,B 不单增加了质量,还增加了动量。因为增加的质量 m 是具有速度的,这速度就是 v,所以动量增加了

$$P=mv=\frac{m'}{\sqrt{1-\beta^2}}v=\frac{Q'}{\sqrt{1-\beta^2}}\cdot\frac{v}{c^2}。$$

一个系统动量的变化,总是靠外力作用而来的。就是说,从 S 看来,在 A 从较高温度向 B 传热,最后使得两者温度一致的过程中,B 受到 A 的作用力。正是在这个力的作用下,使得 B 的动量增大,当然 A 也就相应地减少动量。动量对时间的变化率就是力,而动量的总变化就表示力对时间的总累积。虽然我们要知道的是功,不是动量,但是动量与力直接相关,所以要知道力所做的功,还得和动量打打交道。让我们先把作用力求出来,这力可从(24.2)的第一个式子设法求出。按(24.2)的第一式

$$f'_x=\frac{f_x-\dfrac{v}{c^2}\mathrm{d}\omega}{1-\dfrac{u_x v}{c^2}}\ \text{或}\ f'_x=\frac{f_x-v\dfrac{\mathrm{d}m}{\mathrm{d}t}}{1-\dfrac{u_x v}{c^2}},$$

其逆变换为

$$f_x=\frac{f'_x+\dfrac{v}{c^2}\mathrm{d}\omega'}{1+\dfrac{u'_x v}{c^2}}\ \text{或}\ f_x=\frac{f'_x+v\dfrac{\mathrm{d}m'}{\mathrm{d}t'}}{1+\dfrac{u'_x v}{c^2}}（注意,把 v 改为 $-v$）。$$

我们这里处理的不是纯力学的问题,因此应当用右边比较普遍的,以 $\dfrac{\mathrm{d}m'}{\mathrm{d}t'}$ 表

示的式子。据此,我们有

$$f_x = v\,\frac{\mathrm{d}m'}{\mathrm{d}t'}。$$

因为在 S' 看来,B 所受的力 $f_x' = 0$,B 的速度 $u_x' = 0$。

从 S 看来,就是在这个 X 方向的力作用下,才使得 B 增加动量。问题是,力求出了,功如何求呢? 这力做多少功? 为简单起见,设在整个过程中,力为常数〔注一〕,作用的时间共为 t,则动量的总变化 P 等于力 f_x 与时间 t 的乘积,即

$$f_x t = P。$$

我们还知道

$$f_x vt = f_x l$$

就是功,其中 l 为在力 f_x 作用的时间 t 里,B 沿力的方向(即 OX 轴)的位移。因此,我们所要知道的功为

$$f_x tv = Pv。$$

在前面已算过,$P = \dfrac{m'v}{\sqrt{1-\beta^2}} = \dfrac{Q'v}{c^2\sqrt{1-\beta^2}}$,故外力对 B 所做的功共为

$$\frac{Q'}{\sqrt{1-\beta^2}} \cdot \frac{v}{c^2} \cdot v = \frac{Q'}{\sqrt{1-\beta^2}} \cdot \beta^2。$$

根据能量守恒及转换定律的要求,B 的总能量的增加,只能等于外界输送来的热量与外力所做的功之和,故

$$Q + \frac{Q'}{\sqrt{1-\beta^2}} \cdot \beta^2 = mc^2 = \frac{Q'}{1-\beta^2},$$

则

$$\begin{aligned}
Q &= \frac{Q'}{\sqrt{1-\beta^2}}(1-\beta^2) \\
&= Q'\sqrt{1-\beta^2}。
\end{aligned}$$

这就我们的答案,也就是 Q 与 Q' 的变换关系。

其他物理量还很多,当然不能一一列举。这里用热量的变换作为例子,事实上已用到了热力学第一定律。总之,讨论其他物理量时,往往要用到其他的,但在相对论中仍然有效的物理规律。不过也有一些物理量,其变换关系特别容易求出。例如,设在 S' 系中静止放着的一盒气体,压强为 P',体积为 V',不难求出,从 S 系来观测,压强 $P = P'$,体积 $V = V'\sqrt{1-\beta^2}$。读者可以把这作为例题算算看。

〔注一〕我们假设力为常数,但最后看到,根本就无须求出力的数值。事实上,即使力不是常数,答案也一样。当力不是常数时,得利用积分作为工具,按

$$功 = \int_{t_1}^{t_2} f_x v \, \mathrm{d}t = v \int_{P_1}^{P_2} \mathrm{d}P \quad,$$

由于 v 为常数,故 $\mathrm{d}P = v \mathrm{d}m$,因此

$$功 = v^2 \int_{m_1}^{m_2} \mathrm{d}m = v^2 m$$

$$= \frac{v^2 m'}{\sqrt{1 - \dfrac{v^2}{c^2}}}$$

$$= \frac{v^2 Q'}{c^2 \sqrt{1 - \dfrac{v^2}{c^2}}} \, 。$$

附:相对论的冷热观

本附录对于未学过初等热力学的人来说,有时间可以泛泛看看,对进一步理解相对论会有些益处,但不必深究。对本附录的内容如要详细了解,可以参看本附录后面介绍的文章。

我们已知道,狭义相对论经常讨论这样的问题:从不同惯性系观测同一个客观的物理量,所得的结果之间会有什么样的关系? 也就是讨论当时空经历洛伦兹变换时,某个物理量该如何变换? 狭义相对论本质上是关于时间和空间的物理理论,因此物理量如何随时空的变换而变换,自然就成为相当重要的讨论内容。我们已见过,有些物理量,如电子的静止质量,在不同的惯性系中都具有相同数值,这种物理量叫不变量或叫标量。我们也已见过,物理量还有构成四维矢量或张量的,这些都决定于各该物理量在洛伦兹变换下的变换方式。我们在这里不打算多谈这类问题,只想强调这样的一个事实:仅是讨论物理量在不同惯性系中的变换关系,就足以一再促使人们更深刻地认识物理世界的内在规律。比如,质能关系式 $E = mc^2$ 就是从物理量在不同惯性系中"变来变去"的过程中认识到的。总的说来,由于狭义相对论本身的严谨性,绝大多数物理量在相对论诞生后不久就已有公认的变换式;但也有一些物理量,其变换规律延续争论达数十年之久,我们这里打算介绍的关于温度变换规律的争论,就是著名的例子。

早在相对论建立初期,爱因斯坦与普朗克就分别论证了温度的变换规律应为:一个静止时温度为 T_0 的物体,当以速度 v 运动时,其温度变为 $T = T_0\sqrt{1-\beta^2}$ 严,这就意味着运动的物体温度变低了。在此后的几十年内,一般论及相对论的著作在介绍温度变换规律时,都采纳爱因斯坦与普朗克的观点。

1963 年以后,有些人论证温度变换规律应当倒过来才对,变换公式应该是 $T = \dfrac{T_0}{\sqrt{1-\beta^2}}$,即运动的物体温度应升高,于是一场关于温度变换的争论就这样拉开了序幕。

1966 年,兰茨伯格在英国《自然》杂志发表文章,对上述两种温度变换规律都提出异议。他指出，无论主张运动物体的温度变高还是变低，都会遇到无法调和的矛盾。因此，温度只能是个不变量。兰茨伯格观点的核心内容是，如果两个物体 A、B 静止时的温度都是 T_0，让它们以相对速度彼此滑过并保持热接触，假如运动的物体温度变低，则静止在物体 A 上的观测者（不妨称之为观测者 A，余类推）将观测到有一股净热流自 A 流向 B，因而 A 的能量将逐渐减少，而 B 的能量将逐渐增加。但对于观测者 B 而言，在他看来，物体 A 是运动的，温度较低，因而净热流方向应是自 B 指向 A，能量逐渐减少的是 B 而不是 A，逐渐增加的是 A 而不是 B。这样，A、B 两位观测者可就观测到了截然相反的现象！兰茨伯格认为，净热流方向以及某物体能量逐渐增加或逐渐减少，应是客观的物理现象，谁也不能否认，因此不容许两位观测者 A、B 得出相反的结论。可见，运动的物体温度变低之说，会遇到不可克服的矛盾。类似道理，如果设想运动的物体温度升高，也会出现类似上述的矛盾，只不过 A、B 观测到的净热流方向以及能量的逐步增加或减少等现象颠倒过来而已。通过以上分析，兰茨伯格认为，唯一的出路是上述观测者 A、B 都应观测到物体 A、B 之间无净热流，A、B 温度相同，即物体的温度是个不变量。由于兰茨伯格所指出的矛盾看起来是如此尖锐，因而在他的文章发表之后，不少相对论学者都相信，不同惯性系中的观测者虽然观测到同一客观物体有不同的速度，但对该物体的温度必然会得到相同的结论。物体运动时温度不变。

可是，如果温度真是不变量，那就很容易证明，原来肯定适用于低速运动场合的热力学规律的数学表述式，必须在其中的某些项添上相对论中的著名因子 $\sqrt{1-\beta^2}$，才能用于高速运动场合。这就是说，相对论以前的热力学规律的数学表述式，用于高速运动问题时必须适当修改。

尽管兰茨伯格文章发表后，温度为不变量的观点占了上风，但关于温度变换的争论并没有停止而是更加复杂化。近年来，可以认为这一争论的问题已得到澄清。首先澄清的一个问题是，不能泛泛地讨论某物理量的变换规律。在讨论一个物理量的变换时，该物理量的定义、测量手段（至少是原理上可行的手段）以及一些需要用到的已知物理规律（包括这些规律在相对论中是否需要修改，如何修改，等等）都得考虑清楚，不能含糊，否则物理量的变换规律就无法唯一确定。在这样认识的基础上，我们发现，只要两个非常合理的约定：一是承认热力学第一定律，二是承认两个有热接触的物体之间的净热流总是从高温物体流向低温物体（即规定了判定物体温度高低的准则）；并且再考虑到两个物体间的所谓热接触无非只是彼此交换一些分子热运动动能而已，就可以根据相对论中早已得到公认的关于能量、动量、时间、接触面积等的变换关系，毫不含糊地证明，运动的物体温度只能变低，不能升高，也不能不变。如果进一步考虑到，原有热力学规律本来就不限制所考虑的物理对象的速度（比如说，相对论以前的热力学早就可应用于大量离子构成的系流，而这些带电粒子拥有可与光速相比较的速度，这并不是什么新鲜事），因而有了相对论后仍打算把这些规律的数学表述式原封不动地保留下来，就可以证明温度的变换规律只能是爱因斯坦、普朗克早已推导出来的式子。从这个意义上说，有关温度变换的争论只是一场"历史的误会"。但无论如何，科学上的争论，即使最终的答案维持原状，也还是值得的。每次争论，都会促使人们更深入细致地考虑问题，这也就能更深刻地认识客观规律。没有争论就没有科学的发展，科学上的争论是件好事。

既然运动物体的温度应当变低，那么上述兰茨伯格所指出的矛盾该如何解决呢？原来，兰茨伯格没有认识到一个很关键的物理内容：净热流的方向是相对的，不同惯性系的观测者有可能观测到不同的结果！这不同结果对于各自观测者来说，都是合情合理的，并不存在矛盾。净热流不同于水流。水流有如下特点，如果某观测者观测到长江水是从重庆流向武汉的，则任何观测者也应观测到相同的事实。客观物理事实不能否认。而净热流却并非如此，从这个意义上说，净热流够不上称为客观物理事件。这一点在兰茨伯格之前无人考虑过，因此他也疏忽了，误以为净热流的方向也应是绝对的，所有观测者都应观测到相同的结论。我们这里所谓"客观物理事件"，指的是在具体时间、地点发生的不容争议的物理现象。比如在坐标为 x、y、z 处，于 t 时刻，一条大鱼 B 吞食了一条小鱼 M，对于这样的事件，不同惯性系都应得到相同结论，即鱼 B 吞食鱼 M，只不过不同观测者对这个事件发生的时空坐标会得出不同数值——洛伦兹变换，但事件的内容不能含糊，不容许存在某个观测者会观测到是鱼 M 吞食鱼 B。任何物理理论都得承认客观事实，相对论当然也不例外。不过，人们有时会由于考虑欠周而把一些容许有不同说法的现象误认为是客观物理事实。净热流的方向就是一个例子，在日常生活中也有这类容许有不同说法的现象，只不过比较容易弄清楚就是了。比如雨滴垂直落地这件事，雨滴和地面相碰是客观事实，无可争议，但"垂直落下"就可以争议。列车上的旅客与车站上的人员会观测到不同结果，你说是垂直他说是倾斜，但都是正确答案，原因只在于观测者所在参考系不同。

让我们就上面介绍兰茨伯格观点时所用的例子,来说明运动的物体温度变低并不会引起任何矛盾。可以证明,不管观测者 A 或 B 都将观测到净热流从自己所在的物体流向对方;但他们也都将同时观测到,对方向自己所在一方输送宏观的机械功率,这些机械能以"摩擦"做功的方式转换为自己这一方的分子热运动动能,而且恰好抵偿了自己这方的净热流输出。因此,双方都认为自己一方总能量没有损失,虽然自己这一方输出净热流到对方,但温度仍能保持不变,而对方由于得到净热流且输出机械功率,因而温度有所升高而宏观整体运动的速度有所减小。最终结果是 A、B 相对静止且温度相同,不存在任何矛盾。兰茨伯格所指出的尖锐矛盾就这样烟消云散了。这里,关键的一点是净热流方向可随不同观测者而不同,就如钟的快慢或尺的长短那样,都必须是对于具体的参考系而言才有明确意义。更进一步考虑很容易知道,两个相对运动的物体 A、B(这里 A、B 的静止温度未必相同)之间完全有可能出现这样的情况:A 观测到有净热流自 A 向 B,而 B 观测到根本就没有净热流。这就等于说,A 认为 B 温度较低而 B 认为 A、B 温度相等。总之,净热流的有或无以及净热流的方向都不能作为客观的物理现象,不能要求所有观测者都得到相同的结论。

与温度变换的争论有关的还有热量变换的争论。随着对温度变换问题的深入分析,我们还发现,传统相对论著作中关于热量的变换公式 $Q = Q_0 \cdot \sqrt{1-\beta^2}$ 是有缺陷的(至于另一派观点认为的 $Q = Q_0 / \sqrt{1-\beta^2}$,则与 $T = T_0 / \sqrt{1-\beta^2}$ 一样,可以证明是错误的)。因为在这个公式中,Q_0 指的是在两个都是静止的物体之间所传递的热量(见我们在 26 中的推导),当两个物体有相对速度而又有热往来时,这个公式就不适用了,因为没有任何一位观测者能见到这两个物体都静止,无法确定"静止"热量 Q_0。作为讨论温度变换的副产品,我们还可以推导出一个更普遍的热量变换公式:

设物体 A、A' 相对速度为 v 且彼此热接触,有热往来。让 S、S' 分别与 A、A' 相对静止。引入另一个参考系 S^*,从 S^* 来观测,A、A' 速度分别为 u、u' 且 $u' = (u+v) / \left(1 + \dfrac{uv}{c^2}\right)$,这无非是说参考系 S^* 与 S、S' 有共同的 X 轴,u、v 同在一直线上(见 13 的论述)。在这些约定下,可以得出热量的变换公式为

$$Q_{A'A}^* = \frac{\rho_u}{W} \cdot \frac{\rho_v T_2 - W T_1}{\rho_v T_2 - T_1} Q_{A'A},$$

$$Q_{A'A}^* = \frac{\rho_u}{W} \cdot \frac{\rho_v T_2 - W T_1}{T_2 - T_1 \rho_v} Q'_{A'A},$$

式中，Q^*、Q'、Q 分别表示 S^*、S'、S 所观测到的量，而下标 AA' 表示从 A 到 A' 所传递的热量。显然，$Q_{A'A} = -Q_{AA'}$，$Q_{A'A}^* = -Q_{AA'}^*$，$Q'_{A'A} = -Q'_{AA'}$，即 $A'A$ 次序如对调，相应的热量就要改号。因为，对于某参考系而言，从 A 到 A' 的热量当然等于从 A' 到 A 的热量的负值。其他符号的意义为

$$\rho_v = \sqrt{1 - \frac{v^2}{c^2}}, \quad \rho_u = \sqrt{1 - \frac{u^2}{c^2}}, \quad W = 1 + \frac{uv}{c^2},$$

T_1、T_2，分别表示物体 A、A' 的静止温度。当 $v \neq 0$ 时，上面两个式子都会变成

$$Q^* = Q_\circ \sqrt{1 - \frac{u^2}{c^2}},$$

也即我们在 26 中所得的变换式。

在澄清温度变换的争论过程中，我们还可附带得到下面这些结论：

（1）可以证明，每一个牵涉到相对运动的物体间的热往来的物理过程，其总熵变为不变量，与参考系无关，而且总是大于零，总熵变只在相对速度 $v = 0$ 且 T_2、T_1 相等时才等于零（T_2、T_1 为彼此的静止温度）。

（2）可以建立一套与测温质无关的温标，这种温标实际上与热力学温标等价，但无须牵涉到可逆热机。

（3）绝对零度就是以光速 c 运动的物体的温度，因而是无法实现的。

读者如对本附录有兴趣可参阅：

《厦门大学学报（自然科学版）》，1982 年第 21 卷第 3 期第 319 页。

《厦门大学学报（自然科学版）》，1984 年第 23 卷第 4 期第 420 页。

27　四电流密度矢量[①]

　　我们在前面总是有意避开电磁理论,虽然从某种意义上可以说,狭义相对论是从电磁现象的普遍规律发展起来的,但由于电磁理论牵涉到的物理内容和数学工具较多,对于初学的人会困难些,因此暂时避开。可是,细心的读者可能早在学习 3 中内容时就已在脑海里留下一个问题,列车里的观测者虽然观测不到悬挂在车厢里的带电物体受到磁场的作用力,但地球上的观测者可就应当观测到这种力才对。因为在他看来,带电体随列车运动,运动的电荷受到磁场的作用力,这是理所当然的。这不就出现矛盾了吗?到底挂在列车里的电荷受不受力? 现在本书接近结束,让我们来回答这个问题,并开始和电磁理论打打交道。

　　要回答刚刚指出的问题,我们先得从狭义相对论的角度,对电磁规律中一些很根本的物理量进行必要的考察,而且严格说来,还得引入新的物理假设才行。这个假设就是:带电粒子的电荷是不变量。所谓电荷是不变量,意思是说,一个粒子的电荷与参考系无关,不随观测这电荷的参考系而不同。从狭义相对论本身无法推出带电粒子的电荷是不变量(即标量)的结论。有些看过别的有关相对论的书的人可能会说:"我就见过有些书上的确把'电荷为不变量'这个论断推导出来,而不是作为假设。"事实上,情况应是这样:如果把"电荷为不变量"作为实验事实,就能够论证麦克斯韦方程组在各个惯性系中必然具有相同的形式。反过来,如果假设麦克斯韦方程组在各个惯性系中必须具有相同的形式,就可以推导出电荷为不变量。相比之下,承认(假设)电荷为不变量比较简单、自然,并且也易于理解这个假设如何得到实验的支持(特别是对于初学者更是如此)。因此,我们宁愿把电荷是不变量的论断,作为从狭义相对论角度来考察电磁规律时,首先得承认的一个假

---

　　① 　本部分要求读者学过普通物理学电磁学部分。

设。这个假设有着结实的实验基础。比如,人们测得,速度很小的电子和质子所带电荷相等,但符号相反。人们也测得,在一个电中性的原子中,电子的数目和质子一样多,一个质子的电荷恰为一个电子的异号电荷所抵消。可见,高速运动的电子(在原子核外围的电子是高速运动的),电荷并未改变。

在承认电荷是不变量的前提下,让我们来考察电荷密度 ρ 与电流密度 j 的变换规律。所谓电荷密度,大家知道,指的是单位体积中所带电荷。而电流密度 j 则是单位体积中所有带电粒子各自的电荷 q_i,乘上它们的速度 u_i 后的矢量和。由于电荷有两种,正电和负电,并且各个带电粒子的运动速度未必相同,因此一般说来,计算 ρ 时要考虑两种电荷对 ρ 的贡献,计算 j 时也必须考虑到两种电荷对电流的贡献,特别是要考虑不同带电粒子可能具有不同的速度。因此,为了下面讨论比较明确起见,我们让

$$\rho = \rho_1 + \rho_2,$$

其中 ρ_1 表示正电荷密度,$\rho_1 > 0$,ρ_2 表示负电荷密度,$\rho_2 < 0$,并把 j 明确写成

$$j = \left(\sum_{i=1}^{N} q_i u_i \right) / \Delta V。$$

在这个式子中,$\sum_{i=1}^{N} q_i u_i$ 为某个时刻体积 ΔV 中全体带电粒子各自的电荷与各自速度的乘积的矢量和(假设一共有 N 个粒子),而式子中的 j 就是在体积 ΔV 内某个时刻的平均电流密度。

为了求得 ρ 和 j 在不同参考系中的变换关系,让我们设,在 S 系中有个静止圆柱体,其轴线沿 X 轴放置,截面积为 A。在这圆柱体中,两种电荷均匀分布着(但未必互相抵消),它们的密度分别为 ρ_1 与 ρ_2,速度大小分别为 u_1 与 u_2,而且速度正好沿 X 轴方向。这样,从 S 系来观测,在圆柱体空间里,电荷密度

$$\rho = \rho_1 + \rho_2,$$

电流密度

$$j : j_x = \rho_1 u_1 + \rho_2 u_2, \quad j_y = 0, \quad j_z = 0。$$

在这里,因为正、负电荷都均匀分布,而且运动速度分别统一为沿 X 轴的 u_1 或 u_2,所以电流密度只是电荷密度 ρ_1、ρ_2 分别乘以相应的速度 u_1、u_2,然后加起来就行了。这电流密度就沿着 X 轴方向,我们想要知道的是,从 S' 来观测,这个圆柱体空间里的电荷密度 ρ' 和电流密度 j' 该是什么样子?

先考虑 ρ'，计算 ρ' 要注意两点：首先，由于运动的杆沿杆长方向变短，因此在 S 系中相距为 1 单位长度的两个横断面 a、b 之间的距离，从 S' 系看来，再不是 1 单位长度，而是 $\sqrt{1-\beta^2}$ 单位。因而计算 ρ' 时必须考虑到长度缩短所引起的体积变化。其次，由于同时的相对性，S' 认为，b 处的钟读数总是比 a 处的领先 v/c^2（见 9，注意，a、b 在 S 系中相距为 1 单位长度）。因此，从 S' 看来，在同一时刻（比如 a 钟指 t），落在 a、b 之间的全体带电粒子应是满足下面条件的粒子：在 a 钟指 t 时已经到达 a 且在 b 钟指

$$t+\frac{v}{c^2}$$

时尚未离开 b，现在让我们来计算满足这样条件的带电粒子的总电荷有多少。由于粒子所带电荷为不变量，要计算满足上述条件的带电粒子的总电荷，从 S 系与从 S' 系计算都应是相同的。我们从 S 系进行计算：

从 S 系看来，在 t 时刻（a 钟指 t，b 钟也指 t），a，b 间所有带电粒子的总电荷为

$$Q=\rho\Delta V=(\rho_1+\rho_2)\Delta V=(\rho_1+\rho_2)A,$$

其中 ΔV 为 a、b 间这段圆柱体的体积。我们已知，$ab=1$，所以体积 ΔV 在数值上就等于 a 或 b 各自的截面积 A，由于正负电荷分别以速度 u_1、u_2 沿 X 轴向右运动，因此从 t 到 $t+\dfrac{v}{c^2}$ 这段时间里，从截面 b 的左侧越过界面 b 跑到 a、b 之外的电荷为（图 27.1）

$$(\rho_1 u_1+\rho_2 u_2)\frac{v}{c^2}\cdot A。$$

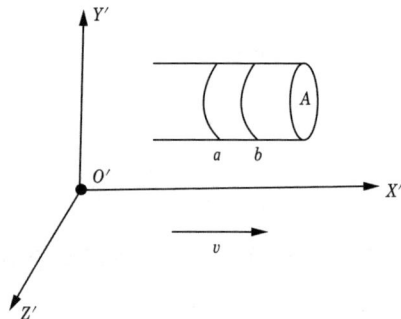

图 27.1

注意,式中 $\rho_1 u_1$ 及 $\rho_2 u_2$ 分别为单位时间里越过 b 的每单位截面积跑到右侧的正、负电荷,因而乘以时间 $\dfrac{v}{c^2}$ 及截面的总面积 A 后就得到在 $\dfrac{v}{c^2}$ 这样长的时间里,通过 b 跑到右边的总电荷。

可见,在 a 钟指 t 时已到达 a 且 b 钟指 $t+\dfrac{v}{c^2}$ 之时尚未越过 b 的电荷共为

$$Q'=Q-(\rho_1 u_1+\rho_2 u_2)\frac{v}{c^2}\cdot A$$

$$=A\left[\rho_1\left(1-\frac{u_1 v}{c^2}\right)+\rho_2\left(1-\frac{u_2 v}{c^2}\right)\right].$$

我们说过,从 S' 看来,ab 缩短了,a、b 间的体积只是

$$\Delta V'=\Delta V\sqrt{1-\beta^2}=A/\gamma,$$

$$\left(\gamma=1\Big/\sqrt{1-\frac{v^2}{c^2}}\right)$$

所以,从 S' 来观测,电荷密度 ρ' 应是

$$\rho'=\frac{Q'}{\Delta V'}=\gamma\left[\rho_1\left(1-\frac{u_1 v}{c^2}\right)+\rho_2\left(1-\frac{u_2 v}{c^2}\right)\right]. \tag{27.1}$$

因为 $\rho_1+\rho_2=\rho$,$\rho_1 u_1+\rho_2 u_2=j_x$,所以我们得

$$\rho'=\gamma\left(\rho-j_x\frac{v}{c^2}\right)$$

$$=\frac{\rho-j_x\dfrac{v}{c^2}}{\sqrt{1-v^2/c^2}}. \tag{27.2}$$

这就是 ρ' 与 ρ 的变换关系。

接下来我们考虑 j_x 的变换规律,按

$$j'_x=\rho'_1 u'_1+\rho'_2 u'_2.$$

根据(27.1)式只要把 ρ' 写成 $\rho'_1+\rho'_2$,立刻可见,从 S' 系所观测到的正、负电荷密度分别为

$$\rho'_1=\gamma\rho_1\left(1-\frac{u_1 v}{c^2}\right),$$

$$\rho'_2=\gamma\rho_2\left(1-\frac{u_2 v}{c^2}\right).$$

再根据速度合成公式(13.2)可有

$$u_1'=\frac{u_1-v}{1-\dfrac{uv}{c^2}}, \qquad u_2'=\frac{u_2-v}{1-\dfrac{u_2v}{c^2}}。$$

因此,

$$j_x'=\gamma\rho_1\left(1-\frac{u_1v}{c^2}\right)\left(\frac{u_1-v}{1-\dfrac{u_1v}{c^2}}\right)+\gamma\rho_2\left(1-\frac{u_2v}{c^2}\right)\left(\frac{u_2-v}{1-\dfrac{u_2v}{c^2}}\right)$$

$$=\gamma(\rho_1u_1-\rho_1v+\rho_2u_2-\rho_2v)$$

$$=\gamma(j_x-\rho v)$$

$$=\frac{j_x-\rho v}{\sqrt{1-\beta^2}}。 \tag{27.3}$$

从(27.2)及(27.3)式可知,只要让 j_x 代替 x 的位置,ρ 代替 t 的位置,则 j_x' 与 ρ' 的变换式子就与 x' 与 t' 的一样,不难证明,$j_y'=j_y$,$j_z'=j_z$(这留给读者自己去证明)。可见,j_x、j_y、j_z、ρ 构成一个四矢量——四电流密度矢量,即

$$\boldsymbol{J}_\mu:J_1=j_x, \quad J_2=j_y, \quad J_3=j_z, \quad J_4=\rho。$$

这就是我们从狭义相对论角度,在粒子电荷为不变量的前提下,对电磁理论中最根本的物理量 $\boldsymbol{j}$ 和 ρ 进行考察之后所得的结论。

我们上面推导 ρ 和 j_x 的变换式子时,用的是相当特殊的具体例子:一个圆柱体,轴线与 X 轴平行,里面带电粒子均匀分布且均匀沿 X 轴方向迁移,等等。这样从特例推导的结论能普遍适用吗?对于杂乱分布且杂乱运动的带电粒子系统,是否仍能适用?

仍能适用。上面的结论是普遍性的。在我们所得到的最后变换式子(27.2)、(27.3)中,没有出现粒子的运动速度 u_1 或 u_2。这表明,这些式子对于所有可能的速度数值都可以适用。因此,即使粒子的运动速度数值彼此不同,(27.2)及(27.3)式仍是成立的。当然,如果粒子的运动速度极其不规则,掺杂着 y 或 z 方向的速度分量,按上面的讨论方式要论证(27.2)及(27.3)式仍然成立就比较麻烦。对于粒子运动很不规则的场合,我们可以用另一种更灵巧的办法来推导上面的(27.2)及(27.3)式。这种办法不光在处理 ρ、$\boldsymbol{j}$ 的变换问题时可以用,在其他类似的问题中也可以用。

让我们设,有一个带电粒子,其电荷为 Q,静止在 S_0 参考系的一个静止区域 D 中,设 D 的体积为 V_0。这样,从 S_0 系来观测,区域 D 中的平均

电荷密度就是 $\rho_\circ = Q/V_\circ$。这是已知的条件。让我们再设，从 S 系来观测，$S_\circ$ 参考系及静止在其中的区域 D 及带电粒子 Q 都以速度 $\boldsymbol{u}$ 运动，为简单但又不失其普遍性起见，我们设 $\boldsymbol{u}$ 的 3 个分量分别为 u_x、u_y、0。

我们来讨论，对于这样的一个客观区域 D，S 系及 S' 系该观测到什么样的电荷密度 ρ 或 ρ'？

对于 S 系来说，区域 D 的运动速度的数值为（图 27.2）

$$u = \sqrt{u_x^2 + u_y^2},$$

因此 D 的体积缩小为

$$V = V_\circ / \gamma_u,$$

我们这里以 γ_u 代替 $1\Big/ \sqrt{1 - \dfrac{u^2}{c^2}}$，

余类推。根据粒子电荷为不变量的假设，我们立刻可得，S 系所测得的 D 中的电荷密度（当然是平均值）为

$$\rho = \frac{Q}{V} = \rho_\circ \gamma_u。$$

图 27.2

对于 S' 系而言，根据速度变换公式可知，D 的运动速度为

$$u'_x = \frac{u_x - v}{1 - \dfrac{u_x v}{c^2}}, \qquad u'_y = \frac{u_y \sqrt{1 - \dfrac{u^2}{c^2}}}{1 - \dfrac{u_x v}{c^2}}。$$

因此，D 相对于 S' 的运动速度数值为

$$u' = \sqrt{u_x'^2 + u_y'^2}。$$

可见，D 的体积缩小为原来 $V_\circ$ 的 γ'_u 之一。就是说，从 S' 来观测，D 的体积为

$$V' = V_\circ / \gamma'_u,$$

从而电荷密度成为

$$\rho' = \frac{Q}{V'} = \rho_\circ \gamma'_u。$$

根据（20.1）式可知，

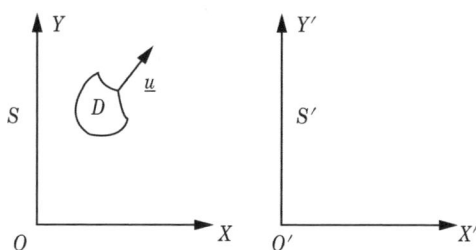

$$\gamma'_u = \gamma_u \gamma_v \left(1 - \frac{u_x v}{c^2}\right),$$

所以

$$\rho' = \rho_0 \gamma_u \gamma_v \left(1 - \frac{u_x v}{c^2}\right)$$

$$= \rho \gamma_v \left(1 - \frac{u_x v}{c^2}\right)$$

$$= \frac{\rho \left(1 - \frac{u_x v}{c^2}\right)}{\sqrt{1 - \beta^2}}。$$

由于我们所讨论的 D 区域中,只有一个带电粒子,对于 S 系而言,这粒子只用一个速度 $\boldsymbol{u}$ 运动,因此 $\rho\boldsymbol{u}$ 就是 D 区域中的(平均)电流密度 $\boldsymbol{j}$,而 ρu_x 就是 j_x。所以,上式变为

$$\rho' = \frac{\rho - j_x \frac{v}{c^2}}{\sqrt{1 - \beta^2}}。$$

这就是(27.2)式。

如果还要求出 j_x 及 j_y 的变换规律,这也是易事。按

$$j_x = \rho u_x,$$

而

$$j'_x = \rho' u'_x$$

$$= \frac{\rho - j_x \frac{v}{c^2}}{\sqrt{1 - \beta^2}} \cdot \frac{u_x - v}{1 - \frac{u_x v}{c^2}}$$

$$= \frac{\rho (u_x - v)}{\sqrt{1 - \frac{v^2}{c^2}}}$$

$$= \frac{j_x - \rho v}{\sqrt{1 - \frac{v^2}{c^2}}}。$$

这就是(27.3)式。

再据

$$j_y = \rho u_y,$$
$$j'_y = \rho' u'_y$$

$$= \frac{\rho - j_x \dfrac{v}{c^2}}{\sqrt{1 - \dfrac{v^2}{c^2}}} \cdot \frac{u_y \sqrt{1 - \dfrac{v^2}{c^2}}}{1 - \dfrac{u_x v}{c^2}},$$

$$= \rho u_y$$
$$= j_y.$$

至于 j_z 的变换规律，因为它的地位与 j_y 完全类似，就无须再进行演算了，当然是 $j'_z = j_z$。

这里刚介绍的这种推导方法，虽然只着眼于一个带电粒子对某区域 D 的 ρ 与 j 的贡献，但任何杂乱分布的电荷，不管它们运动方式多么复杂，无非也只是由个别带电粒子的运动构成的。对于每一个带电粒子，总可以找到一个与它相对静止的参考系 S_0，都可以按上面方式论证它对 ρ 或 j 的贡献满足（27.2）及（27.3）这样的变换式。因此，这样的变换式对于任意运动的带电粒子构成的体系都成立。总之，我们的结论是，只要承认带电粒子的电荷是不变量，则

$$\boldsymbol{J}_\mu : J_1 = j_x, \quad J_2 = j_y, \quad J_3 = j_z, \quad J_4 = \rho$$

是一个四矢量，不受构成这 J_μ 的带电粒子的运动方式所限制。

有了四电流密度 $\boldsymbol{J}_\mu$ 的变换规律，我们就可以着手来回答本部分一开头就提出的在 3 中就可能埋下的矛盾问题。下面让我们把问题表述成更具体更便于进行计算的方式来讨论。

如图 27.3 所示，设有一个电荷 q（CGSE 单位），悬挂在相对于 S 系以速度 v 运动的列车参考系 S' 中，在 q 下面距 q 为 a 处有一条横截面为 A 平方厘米的无限长导线，导线中通以自左向右的恒定电流 I'（CGSM 单位），这电流在 q 处产生磁场。根据所谓安培公式可知，电流在 q 处所产生的磁感应强度

$$B' = \frac{2I'}{a} (\text{CGSM}),$$

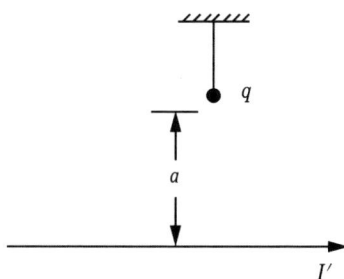

图 27.3

磁场方向指向纸外。我们早已说过,速度只能有相对的意义,在列车上的人测不到电荷 q 会受到磁场的作用力,因为电荷是静止的。问题是,从 S 系来观测,电荷 q 随列车以速度 v 运动,其下方无限长通电流导线产生的磁场 B 必然会对 q 有作用力。这不就出现矛盾了吗?S' 认为 q 不受力,S 认为 q 一定要受到磁场的作用力,那么到底 q 受不受力?

根据 24 中关于力的变换式子可知,既然在 S' 系中 q 没受力,在 S 系中 q 所受的力也为零。问题在于如何理解从 S 系看来,以速度 v 运动的电荷 q 在磁场存在的情况下,所受到的力会是零。

根据已知条件,我们可以立即写下通电流导线中四电流密度矢量 $\boldsymbol{J}'_\mu$ 的 4 个分量

$$\boldsymbol{J}'_\mu: J'_1 = j'_x = I'/A, \quad J'_2 = j'_y = 0,$$
$$J'_3 = j'_z = 0, \quad J'_4 = \rho' = 0。$$

在这里我们设,在 S' 系中观测,通电流导线没有过剩电荷。

按照 $\boldsymbol{J}'_\mu$ 为四矢量的性质,我们可知,在 S 系中

$$j_x = \frac{j'_x + v\rho'}{\sqrt{1 - \dfrac{v^2}{c^2}}} = \gamma j'_x = \gamma I'/A,$$

$$j_y = j'_y = 0, j_z = j'_z = 0,$$

$$\rho = \frac{\rho' + \dfrac{v}{c^2}j'_x}{\sqrt{1 - \dfrac{v^2}{c^2}}} = \gamma \frac{v}{c^2}j'_x$$

$$= \gamma \frac{v}{c^2}I'/A\,(\text{CGSM})。$$

从 S 系看来,无限长通电流导线中电流强度当然就是导线横截面积乘以电流密度 j_x。由于导线横截面积仍然是 A 平方厘米,因此电流强度 I 为

$$I = Aj_x = \gamma I'。$$

因而据安培公式,这通电流导线在 q 处的磁感应强度为

$$B = \frac{2I}{a} = \frac{2\gamma I'}{a}(\text{CGSM}),$$

这磁场指向纸外。S 既然认为电荷 q 以速度 v 向右运动,这电荷就应受到磁场的作用力

$$\frac{1}{c}qvB = \frac{2qv\gamma I'}{ca}（达因）。$$

根据磁场方向和 v 的方向可知,这个力向下。

可是,我们上面还算得,从 S 系来观测,导线上 $\rho \neq 0,\rho = \gamma \dfrac{v}{c^2}I'/A$。可见,自 S 系看来,通有电流的导线到处出现过剩电荷,每单位体积带有电荷 ρ。由于导线截面积为 A 平方厘米,因此单位长度上所带电荷为 $\lambda = \gamma \dfrac{v}{c^2}I'$（CGSM）,这样一条无限长的带电导线,在导线外就会有电场 E。众所周知,每单位长度带电荷 λ 的无限长导线,在线外距中心轴为 a 处的电场强度

$$E = 2\lambda_e/a（\lambda_e \text{ 为 CGSE 电量}）。$$

所以,从 S 系看来,电荷 q 处有静电场,其强度为

$$E = \frac{2\lambda c}{a} = \frac{2\gamma v I'}{ca}（\text{CGSE}）。$$

请注意,上面 $\lambda = \gamma \dfrac{v}{c^2}I'$ 是 CGSM 单位,而这里电场公式中要求电量用 CGSE 单位,所以单位长度的带电量 $\lambda_e = c\lambda$。此外,不言而喻,这里的 a 是自 q 算到导线的中心轴的距离。

上式所表示的电场方向向上,因此电荷 q 受到一个电场加给它的向上的力

$$qE = \frac{2q\gamma v I'}{ca}（达因）。$$

可见,从 S 系看来,电荷所受的磁力与电力大小相等、方向相反,互相抵消,观测不到 q 受到作用力。S 并不否认电荷 q 受到磁场的作用力,但他认为,此力被电场力所抵消。因此,S' 与 S 都同意,q 受到的力为零,不存在矛盾。

上面算得在 S 系中会观测到导线上出现空间电荷密度 $\rho \neq 0$ 这个事实,一些读者可能会感到这似乎违背了带电粒子的电荷是不变量的假设。因为以具体金属导线来说,S 系所观测到的与 S' 系所观测到的同样是那些构成金属的原子,同样是那些质子与电子。这些质子与电子的电荷在 S' 系中原是互相抵消,因而是不带电的,为何从 S 系看来会出现过剩正电荷?这个表面的矛盾现象无非还是出自同时的相对性:由于导线中一些负电粒子在迁移,这才构成电流。根据同时的相对性,类似我们第一次讨论 ρ 的变

换时所考虑的那样，S' 认为同时落在某体积中的电荷，S 认为不同时。S 认为，同一个时刻落在某体积中的负电少了些，因此出现过剩的正电荷。注意，在这里电子的迁移速度 $u_2' < 0$，而正电荷迁移速度 $u_1' = 0$。把（27.1）式上面几行的式子"有撇换无撇，无撇换有撇并让 v 改号"得

$$Q = Q' + (\rho_1' u_1' + \rho_2' u_2')\frac{v}{c^2}A，$$

让 $Q' = 0$（S' 系已知无过剩电荷），$u_1' = 0$，得

$$Q = \rho_2' u_2' \frac{v}{c^2} A。$$

因为 $\rho_2' < 0, u_2' < 0$，所以 $Q > 0$。就是说，由于负电荷向左迁移，从 S 系看来，同一时间里落在长（S' 认为的）为 1 厘米的导线中的过剩电荷 $Q > 0$，导线带过剩正电。

如果再考虑所谓无限长通电流导线，"无限长"这个词只是表明导线的长度比起所考虑的其他长度（比如本例中 q 与导线的距离 a）都大非常多而已，并不是真正无限长。不管怎么长的通电流导线，只是闭合回路的一部分而已。只有闭合回路才会有稳定电流，才容许我们上面的计算。只不过，这个闭合回路其他部分距离 q 很远，对 q 的影响可以不计。正是在图中未画出的闭合回路其他部分，从 S' 系看来，必有电流方向逆着 X' 轴的部分，这些部分从 S 系来观测，就会出现另一种符号的过剩电荷。如果整个回路在 S' 系中净电荷为零，从 S 系所观测到的回路净电荷也必然为零，总是符合带电粒子的电荷为不变量的要求。

28　寻求零张量 *

我们在 25 中推导 $E=mc^2$ 的过程中,用到了这样的事实:两个四矢量 $\boldsymbol{A}_\mu$ 和 $\boldsymbol{B}_\mu$ 各个分量按下面方式组合而成的量是个不变量,即

$$A_1 B_1 + A_2 B_2 + A_3 B_3 - c^2 A_4 B_4 = 不变量。 \tag{28.1}$$

这个性质很容易根据四矢量的变换规律直接验证。这样的不变量叫两个四矢量 $\boldsymbol{A}_\mu$ 与 $\boldsymbol{B}_\mu$ 的标积(也叫内乘或内积),这是三维矢量标积的推广。如果我们让所有四维矢量的第四个分量都事先乘以 ic,比如让

$$\boldsymbol{F}_\mu: \frac{f_x}{\sqrt{1-\dfrac{u^2}{c^2}}}, \quad \frac{f_y}{\sqrt{1-\dfrac{u^2}{c^2}}},$$

$$\frac{f_z}{\sqrt{1-\dfrac{u^2}{c^2}}}, \quad \frac{ic\dfrac{\mathrm{d}m}{\mathrm{d}t}}{\sqrt{1-\dfrac{u^2}{c^2}}},$$

$$\boldsymbol{U}_\mu: \frac{u_x}{\sqrt{1-\dfrac{u^2}{c^2}}}, \quad \frac{u_y}{\sqrt{1-\dfrac{u^2}{c^2}}},$$

$$\frac{u_z}{\sqrt{1-\dfrac{u^2}{c^2}}}, \quad \frac{ic}{\sqrt{1-\dfrac{u^2}{c^2}}},$$

则 $\boldsymbol{F}_\mu$ 与 $\boldsymbol{U}_\mu$ 的标积或内乘就是

$$\sum_{\mu=1}^{4} \boldsymbol{F}_\mu \boldsymbol{U}_\mu = F_1 U_1 + F_2 U_2 + F_3 U_3 + F_4 U_4$$

$$= \frac{f_x u_x}{1-\dfrac{u^2}{c^2}} + \frac{f_y u_y}{1-\dfrac{u^2}{c^2}} + \frac{f_z u_z}{1-\dfrac{u^2}{c^2}} + (ic)^2 \frac{\dfrac{\mathrm{d}m}{\mathrm{d}t}}{1-\dfrac{u^2}{c^2}}$$

$$= \frac{f_x u_x}{1-\dfrac{u^2}{c^2}} + \frac{f_y u_y}{1-\dfrac{u^2}{c^2}} + \frac{f_z u_z}{1-\dfrac{u^2}{c^2}} - c^2 \frac{\dfrac{\mathrm{d}m}{\mathrm{d}t}}{1-\dfrac{u^2}{c^2}} 。$$

可见,如果四矢量的第四分量没有事先乘以 ic,则两个四矢量的标积就写成 (28.1)式;但如果第四分量事先乘以 ic,则两个四矢量 $\boldsymbol{A}_\mu$ 与 $\boldsymbol{B}_\mu$ 的标积就是

$$A_1 B_1 + A_2 B_2 + A_3 B_3 - A_4 B_4 = 不变量。 \tag{28.2}$$

这个式子与三维空间中两个矢量的标积就非常类似,只是多了第四项。请注意,(28.1)或(28.2)式中的 A_4 或 B_4 是不同的,相差一个因子 ic,但所表示的是同一个量。(28.2)式与采用 $ict=\tau$ 作为第四坐标的明可夫斯基写法的间隔表示式(19.2)对应,而(28.1)式则和单纯把 t 作为第四坐标的间隔表示式(19.1)对应。两者是等效的,差别仅仅是形式上的。

采用明可夫斯基写法,往往使一些式子变得比较简洁,运算也往往比较方便。我们从本部分开始的 28、29、30 就打算采用明可夫斯基写法。因此,从现在开始,在 28、29、30 中,凡是矢量一词,如无特别声明,其第四个分量已经事先乘以 ic。

我们已看过,两个矢量的标积是不变量,也就是标量。由两个矢量组合成为它们的标积的过程相当特殊,先是 4 个对应的分量相乘,然后总加起来。但是两个矢量还该有别的组合方式,比如让矢量 $\boldsymbol{A}_\mu$ 的 4 个分量和 $\boldsymbol{B}_\mu$ 的 4 个分量任意相乘,但不累加起来,会得到什么东西呢?这种乘法叫外乘,可以得到 16 个量,它们是

$$A_1 B_1, A_1 B_2, A_1 B_3, A_1 B_4,$$
$$A_2 B_1, A_2 B_2, A_2 B_3, A_2 B_4,$$
$$A_3 B_1, A_3 B_2, A_3 B_3, A_3 B_4,$$
$$A_4 B_1, A_4 B_2, A_4 B_3, A_4 B_4。$$

当然,这 16 个分量可以仿照用 $\boldsymbol{A}_\mu$ 表示矢量的 4 个分量的办法把它们缩写

$$\boldsymbol{C}_{\mu\nu} = \boldsymbol{A}_\mu \boldsymbol{B}_\nu , \qquad (\mu, \nu = 1, 2, 3, 4)$$

右边括号中的说明,只要明确我们是在明可夫斯基空间谈论问题,也就可以省去不写。往后我们就不再写 $\mu, \nu = 1, 2, 3, 4$ 这东西,把它们精简掉,记得希腊字母的自由指标总是从 1 到 4 可以自由选取就是了。我们这里把 $\boldsymbol{C}_{\mu\nu}$ 的两个自由指标用不同字母表示,这是非常必要的,这样才显出 μ、ν 都是自由指标,都可以从 1 到 4 任意选取一个整数,才显出 $\boldsymbol{C}_{\mu\nu}$ 的确有 $N^2 = 16$

分量。如果写成 $C_{\mu\mu}$ 或 $C_{\sigma\sigma}$，就不完全自由了，就会被认为是表示 C_{11}、C_{22}、C_{33}、C_{44} 这 4 个量而已，因为只有这 4 个东西，两个下标都相同。下面我们将看到，人们非但把 $C_{\mu\nu}$ 两个下标用不同字母表示以保证它能代表 16 个分量，避免把 $C_{\mu\nu}$ 写成 $C_{\mu\mu}$、$C_{\nu\nu}$ 或 $C_{\sigma\sigma}$，并且还把后面这种指标重复的写法专门留作别的重要用途。

上式 $C_{\mu\nu}$ 的 16 个分量当然就是

$$C_{11}=A_1B_1, C_{12}=A_1B_2, C_{13}=A_1B_3, \cdots, C_{44}=A_4B_4$$

共 16 个，人们感兴趣的是这 16 个量在坐标变换时它们如何变换它们的变换行为将显示它们各自成为标量呢，或是某 4 个一组构成矢量？都不是，既然 A_μ 与 B_μ 是矢量，它们的变换规律我们已知道，因此不难求出在坐标变换时，$C_{\mu\nu}$ 的 16 个分量如何变换。让我们先以 C'_{11} 为例，看看它的变换规律是什么样子，看看它如何由 S 系中的 16 个 $C_{\mu\nu}$ 表示出来。为此，我们先把第四个坐标写成 ict 的洛伦兹变换详细写下来，因为往下一直要用它

按洛伦兹变换原是

$$x'=\frac{x-vt}{\sqrt{1-\beta^2}}, \quad y'=y, \quad z'=z, \quad t'=\frac{t-\frac{v}{c^2}x}{\sqrt{1-\beta^2}},$$

由于在明可夫斯基写法中，$x_4=ict$，因此洛伦兹变换应为

$$x'_1=\frac{x_1-\frac{v}{ic}x_4}{\sqrt{1-\beta^2}}, \quad x'_2=x_2, \quad x'_3=x_3,$$

$$x'_4=\frac{x_4-\frac{icv}{c^2}x_1}{\sqrt{1-\beta^2}}.$$

让我们令 $\dfrac{1}{\sqrt{1-\dfrac{v^2}{c^2}}}=\gamma$（注意，我们规定的 $\gamma>1$ 而 $\beta<1$），上面这些变换可写为

$$\begin{cases} x'_1=\gamma x_1+i\beta\gamma x_4, \\ x'_2=x_2, \\ x'_3=x_3, \\ x'_4=-i\beta\gamma x_1+\gamma x_4. \end{cases} \tag{28.3}$$

据此,我们可求得 C'_{11} 的变换规律应是

$$
\begin{aligned}
C'_{11}=A'_1 B'_1 &= (\gamma A_1 + \mathrm{i}\beta\gamma A_4) \cdot (\gamma B_1 + \mathrm{i}\beta\gamma B_4) \\
&= \gamma^2 A_1 B_1 + \mathrm{i}\beta\gamma^2 A_4 B_1 - \beta^2 \gamma^2 A_4 B_4 + \mathrm{i}\beta\gamma^2 A_1 B_4 \\
&= \gamma^2 C_{11} + \mathrm{i}\beta\gamma^2 C_{41} - \beta^2 \gamma^2 C_{44} + \mathrm{i}\beta\gamma^2 C_{14} \text{。}
\end{aligned}
$$

光是 C'_{11} 的变换规律就如此复杂,它与 C_{11}、C_{41}、C_{44}、C_{14} 有关,虽然关系是线性的,就是说不包含 $\boldsymbol{C}_{\mu\nu}$ 的平方项,但各项的系数(由两参考系相对速度 v 决定)相当不好记,16 个分量的变换规律都来的话,记忆这些变换规律大概不会比按次序记住京广线沿途火车停靠站更轻松。其实,$\boldsymbol{C}'_{\mu\nu}$ 的变换规律并不难记,关键是要找到记忆它们的规律,并且引用更合适的书写符号。为此,我们把(28.3)式的洛伦兹变换改写成

$$
\begin{cases}
x'_1 = a_{11}x_1 + a_{12}x_2 + a_{13}x_3 + a_{14}x_4, \\
x'_2 = a_{21}x_1 + a_{22}x_2 + a_{23}x_3 + a_{24}x_4, \\
x'_3 = a_{31}x_1 + a_{32}x_2 + a_{33}x_3 + a_{34}x_4, \\
x'_4 = a_{41}x_1 + a_{42}x_2 + a_{43}x_3 + a_{44}x_4 \text{。}
\end{cases}
\tag{28.4}
$$

注意,这些式子当中的 $a_{\mu\nu}$ 虽有 16 个,但很多是零,只有

$$
\begin{cases}
a_{11} = a_{44} = \gamma, \\
a_{22} = a_{33} = 1, \\
a_{14} = -a_{41} = \mathrm{i}\beta\gamma,
\end{cases}
\tag{28.5}
$$

其余 10 个为 0,则(28.4)式可以写为

$$
x'_\mu = \sum_{\nu=1}^{4} a_{\mu\nu} x_\nu \text{。}
\tag{28.6}
$$

我们已知道,在这样的式子中,分别让 $\mu = 1,2,3,4$ 就得到(28.4)的 4 个式子。这种写法我们已用过多次,无疑是个好主意,特别是当空间维数很大时,比如 30 维空间的线性坐标变换,只要让 μ 分别选取 $1,2,\cdots,30$ 就可以了,依此类推。其实(28.6)式虽好,尚可大大简化。请注意须要累加的指标 ν,$a_{\mu\nu}$ 中有它,x_ν 中也有它。这叫在"一个"项中重复出现的指标,绝大多数要累加的式子都出现这种情况。因此,我们可以索性抛弃符号 $\sum\limits_{\nu=1}^{4}$,只要记住凡是同"一个"项中指标重复的,就对该指标的所有可能值累加就是了。这样(28.6)式就可简写为

$$
x'_\mu = a_{\mu\nu} x_\nu \text{。}
\tag{28.7}
$$

根据我们这里的约定,(28.7)右侧表面上是一项,事实上是 4 项之和。正是

这个原因,我们上面曾在两个地方写过加引号的"一个",就是提醒注意这个事实。往后我们对这类的项,也就称为一个项,不再加引号了,用习惯了就自然知道这类的项事实上是多项之和。

让重复指标表示对该指标累加因而省去累加符号$\sum$,是一种极其方便的约定,叫爱因斯坦约定或爱因斯坦惯例〔注一〕。按照这种约定,重复指标用什么字母表示就是无关紧要的了,因为

$$\boldsymbol{A}_\mu \boldsymbol{B}_\mu = \boldsymbol{A}_\nu \boldsymbol{B}_\nu = \boldsymbol{A}_\beta \boldsymbol{B}_\beta = \cdots$$
$$= A_1 B_1 + A_2 B_2 + A_3 B_3 + A_4 B_4 .$$

这样的指标叫哑标或傀标,因为可以任意更换而不影响实质内容;也有人称它为跑标,因为它要跑遍所有可能值并且逐个累加起来。和傀标不同的是自由指标,比如(28.7)式中的μ,这个指标表明它可以是N个可能值中的任何一个。在明可夫斯基空间中$N=4$,因为是四维时空。在任何一个式子中,自由指标必须各项"平衡",即各个项的自由指标都相同。如果要更换的话,就得一起更换。比如(28.7)式可以写成$x_\lambda' = a_{\lambda\sigma} x_\sigma$,意义不变。当然,如果自由指标不是一个,而是$n$个,那也表示任何一个指标都可以是$N$个可能值中的一个,这样一个式子就表示它是$N^n$个式子的缩写。在明可夫斯基空间中,就是$4^n$个式子的缩写。比如$C_{\mu\nu}$表示16个$C_{11}, C_{12}, \cdots$东西,而$\boldsymbol{C}_{\mu\nu} = \boldsymbol{D}_{\mu\nu} + \boldsymbol{E}_{\mu\nu}$就表示一共有16个式子。采用我们这里所约定的书写记号时,一定要注意,千万别让某个项出现3个以上的重复指标,因为这就无法判定该对哪两个指标累加,比如$x_\nu' = a_{\nu\nu} x_\nu$就无意义。

经过这些写法的约定后,我们就很容易求出并记住$\boldsymbol{C}_{\mu\nu}'$的变换规律了。按$\boldsymbol{A}_\mu' = a_{\mu\sigma} \boldsymbol{B}_\sigma$,$\boldsymbol{B}_\nu' = a_{\nu\lambda} \boldsymbol{B}_\lambda$,并且按定义$\boldsymbol{C}_{\sigma\lambda} = \boldsymbol{A}_\sigma \boldsymbol{B}_\lambda$,所以

$$\boldsymbol{C}_{\mu\nu}' = \boldsymbol{A}_\mu' \boldsymbol{B}_\nu' = \alpha_{\mu\sigma} \boldsymbol{A}_\sigma a_{\nu\lambda} \boldsymbol{B}_\lambda = a_{\mu\sigma} a_{\nu\lambda} \boldsymbol{A}_\sigma \boldsymbol{B}_\lambda$$
$$= a_{\mu\sigma} a_{\nu\lambda} \boldsymbol{C}_{\sigma\lambda} 。 \tag{28.8}$$

请注意各个自由指标所在的位置。这是$\boldsymbol{C}_{\mu\nu}'$的变换规律,作为例子,我们看看C_{11}':

$$\begin{aligned}
C_{11}' = &a_{11} a_{11} C_{11} + a_{11} a_{12} C_{12} + a_{11} a_{13} C_{13} + a_{11} a_{14} C_{14} + a_{12} a_{11} C_{21} + \\
&a_{12} a_{12} C_{22} + a_{12} a_{13} C_{23} + a_{12} a_{14} C_{24} + a_{13} a_{11} C_{31} + a_{13} a_{12} C_{32} + \\
&a_{13} a_{13} C_{33} + a_{13} a_{14} C_{34} + a_{14} a_{11} C_{41} + a_{14} a_{12} C_{42} + a_{14} a_{13} C_{43} + \\
&a_{14} a_{14} C_{44} 。
\end{aligned}$$

把(28.5)式的数值代入得

$$C_{11}' = \gamma^2 C_{11} + i\beta\gamma^2 C_{14} + i\beta\gamma^2 C_{41} - \beta^2 \gamma^2 C_{44} ,$$

与我们前面已求得的一样。在实际使用中,(28.8)式很常用,只是在个别情况下,才需要具体求出 $C'_{\mu\nu}$ 的某个分量。

凡是由 16 个量(N^2 个分量)构成的量,在坐标变换时,这些分量按 (28.8)式的规律变换,这 16 个量作为一个整体就叫一个二阶张量。当然,这 16 个量本身的数值没有什么限制,关键是它们的变换规律,人们通常就把它们的代表符号 $C'_{\mu\nu}$ 或 $C_{\mu\nu}$ 或 $T_{\alpha\beta}$ 等称为二阶张量。两个矢量的直接相乘 $A_\mu B_\nu$ 构成二阶张量。但请注意,二阶张量不一定要由两个矢量相乘而得。

张量的定义还可以推广到更多阶,不受限制。例如,N^3 个量是 $T_{\lambda\sigma\rho}$,如果坐标按下面规律

$$x'_\mu = a_{\mu\nu} x_\nu$$

变换时,它们按

$$T'_{\lambda\beta\rho} = a_{\lambda\mu} a_{\beta\nu} a_{\rho\sigma} T_{\mu\nu\sigma} \tag{28.9}$$

的规律变换,就叫这 N 个量为三阶张量。请注意(28.9)式子中各个自由指标的位置。在明可夫斯基空间,$N=4$,三阶张量有 64 个分量。余类推。人们把矢量称为一阶张量,把标量称为零阶张量。

初看起来,(28.8)与(28.9)这些描述张量性质的式子,很像数学把戏。不过,稍为考虑一下,人们就会发现,这种叫张量的东西如果用来描述物理规律,会受到研究相对论的人的热烈欢迎。为什么呢?请看我们的(24.4)式,它是一个描述物理规律的一阶张量方程

$$F_\mu = \frac{\mathrm{d}}{\mathrm{d}\tau}(P_\mu),$$

我们把它改写成

$$F_\mu - \frac{\mathrm{d}}{\mathrm{d}\tau}(P_\mu) = 0。 \tag{28.10}$$

(28.10)式左侧是两个一阶张量之差,仍为一阶张量。我们可以定义一个一阶张量的

$$G_\mu = F_\mu - \frac{\mathrm{d}}{\mathrm{d}\tau}(P_\mu),$$

这样,作为物理规律的(28.10)式就可以写为

$$G_\mu = 0。$$

这式表明,矢量(一阶张量)G_μ 各个分量都为 0。因此,变换到 S' 系后,根据矢量变换规律 $G'_\mu = a_{\mu\nu} G_\nu$,既然 G_ν 各个分量为 0,那么 G'_μ 各个分量也应为

0。所以我们自然得出,在 S' 系中

$$G'_\mu = 0。$$

这正是相对论所要求的:物理规律在各个惯性系中都有相同的形式。我们这里以一阶张量为例,其他阶数的张量方程也类似。只要一个张量在某参考系中各个分量都为 0,此张量在其他参考系中也是零张量(各个分量都是 0 的张量)。

从这个意义上说,理论物理学的任务就是根据实验事实去寻找一个零张量来描述这些实验事实。当然,说成"寻找一个张量方程"也可以。如果一个方程两边都是张量,只要移项一下,就可以定义出一个零张量,就如同我们前面定义过 G_μ 那样。反过来说,任何物理规律应当是可以写成张量方程的才能符合相对论的要求,才能保证在各个惯性系中具有相同的形式。

当然,相对论也好,张量也好,只不过是无尽头的科学发展道路上的里程碑而已。它们早已被"超越"(被作为某种"特例"处理)。请记住"天外有天"这句话,科学是无止境的。

〔注一〕有时候也偶尔会遇到重复指标,但不要求累加。例如,当我们希望让 $H_{\mu\mu}$ 表示 H_{11}、H_{22}、H_{33}、H_{44} 这 4 个量(但不累加)时,我们就只得加以说明,"对于指标 μ 不累加",不过也可以写成 $H_{(\mu)\mu}$ 或 $H_{\mu(\mu)}$,把其中一个指标用括号关起来,以示不累加。当然,有时也可能遇到只有一个指标,但要求从 1 到 4 累加。比如要写 $A_1 + A_2 + A_3 + A_4$,那就老老实实把 Σ 符号写出来就是了,写成 $\sum\limits_{\nu=1}^{4} A_\nu$。这里所说的这两种情况都很少见。总之,万一遇到了,特殊处理一下就行了。

29　库仑定律加上相对论就可推导出麦克斯韦方程组 *①

大家知道,在静电学中有个库仑定律。这个定律说,在真空中两个静止的点电荷 q_1、q_2,如果相距为 r,其相互作用力 f 与 q_1q_2 成正比,与 r^2 成反比。假如采用 CGSE 单位制,则比例常数为 1,可以写出式子

$$f = \frac{q_1 q_2}{r^2},$$

这个式子中的力沿着两个电荷的连线,$f > 0$ 表示互相排斥,$f < 0$ 表示互相吸引。

只要承认作用力的叠加原理,库仑定律就可以推广到非点电荷的场合。任何一个在具体问题中不能作为点电荷处理的有限大小的带电体,都可以看成是由无数的点电荷组成的。对于这类带电体的相互作用力问题,可以通过积分办法来处理。如果再引入静电势的概念,人们就可以得到联系空间某点静电势 φ 和该点静止电荷密度 ρ 的关系式,所谓静电学中的泊松方程

$$\frac{\partial^2 \varphi}{\partial x^2} + \frac{\partial^2 \varphi}{\partial y^2} + \frac{\partial^2 \varphi}{\partial z^2} = -4\pi\rho, \tag{29.1}$$

或简写成

$$\nabla^2 \varphi = -4\pi\rho, \tag{29.2}$$

其中

$$\nabla^2 = \frac{\partial^2}{\partial x^2} + \frac{\partial^2}{\partial y^2} + \frac{\partial^2}{\partial z^2}。$$

这些纯粹是静电学问题,大家已经熟知了。现在让我们从相对论角度

---

① 本部分内容涉及电动力学课程中一些知识,未学过电动力学的读者可跳过不读。

对(29.1)式来一番考察,看看它是否满足相对论要求。如果不满足要求,该如何进行修改才合理?修改后的式子能告诉我们些什么?我们不是修改过牛顿第二定律吗?把牛顿第二定律修改成(24.4)式。

相对论要求物理规律应当用张量方程描述。(29.1)式是张量方程吗?不是,不过它的右侧$-4\pi\rho$与张量似乎有些缘分,它和四电流密度矢量(一阶张量)

$$\boldsymbol{J}_\mu : j_x , j_y , j_z , \mathrm{i}c\rho$$

的第四分量只差一个常数因子。请注意,现在采用的是明可夫斯基写法,所以$\boldsymbol{J}_\mu$的第四分量是$\mathrm{i}c\rho$而不是单纯的ρ。(29.1)式的左侧是什么呢?它是

$$\frac{\partial^2 \varphi}{\partial x^2}+\frac{\partial^2 \varphi}{\partial y^2}+\frac{\partial^2 \varphi}{\partial z^2},$$

这是什么东西呢?是矢量?标量?二阶张量?如何把它和张量(包括一阶张量及零阶张量)挂起钩来?只要能把它设法与张量挂上钩,即使尚有不足之处,也好进行修改,使它纳入相对论的轨道。尽管我们学过了一些张量知识,这里还是第一次遇到偏导数。看来得先把偏导数的变换性质弄清楚,才有可能看出(29.1)式的左侧如何与张量搭上关系。

让我们先看看,如果有一个标量函数$f(x,y,z,\mathrm{i}ct)=f'(x',y',z',\mathrm{i}ct')$,它对$x$求偏导数后,就得到$\dfrac{\partial f}{\partial x}$,对$x'$求偏导数得到$\partial f'/\partial x'$,这两者有什么样的变换关系?

按

$$\frac{\partial f'}{\partial x'}=\frac{\partial f}{\partial x'}$$

$$=\frac{\partial f}{\partial x}\frac{\partial x}{\partial x'}+\frac{\partial f}{\partial y}\frac{\partial y}{\partial x'}+\frac{\partial f}{\partial z}\frac{\partial z}{\partial x'}+\frac{\partial f}{\partial \mathrm{i}ct}\frac{\partial \mathrm{i}ct}{\partial x'}, \tag{29.3}$$

在这里,我们用上了已知条件$f(x,y,z,\mathrm{i}ct)=f'(x',y',z',\mathrm{i}ct')$。就是说,$f$、$f'$两个函数形式可以不同,但对于同一个世界点(客观的时空点),f、f'的数值相同。f、f'只是经过变量替换而已,其值不变。因此,可以根据偏导数的变量替换法则写出(29.3)式。

根据我们约定的符号,可以把(29.3)式写成

$$\frac{\partial f'}{\partial x'_\mu}=\frac{\partial f}{\partial x_\nu}\frac{\partial x_\nu}{\partial x'_\mu}, \tag{29.4}$$

只不过这个式子中μ只能是1,因为(29.3)式左侧仅是对第一个坐标x求

偏导数;而 ν 则是傀标,它要求从 1 到 4 累加。我们为什么只偏爱第一个坐标呢? 让(29.4)式的 μ 作为堂堂正正的自由指标,让它可以自由地取 1,2,3,4 这 4 个值,会有什么结果呢? 这样一来,(29.4)式表示的就是分别对 4 个坐标求偏导数的 4 个式子。这样的式子事实上已经是 $(\partial f'/\partial x', \partial f'\partial y', \partial f'/\partial z', \partial f'/\partial ict')$ 与 $(\partial f/\partial x, \partial f/\partial y, \partial f/\partial z, \partial f/\partial ict)$ 之间的变换关系,只是我们尚需要利用洛伦兹坐标变换的式子把 $\partial x_\nu/\partial x'_\mu$ 用两个参考系的相对速度 v 表示出来,以达到消灭(29.4)式右边带撇的一切东西,真正实现用右边无撇的量表示左边带微的量——变换关系。

按洛伦兹变换为

$$x'_\mu = a_{\mu\nu}x_\nu, \tag{28.7}$$

所以

$$\frac{\partial x'_\mu}{\partial x_\nu} = a_{\mu\nu}, \tag{29.5}$$

请注意各个指标的位置。

很可惜,我们要的是 $\partial x_\nu/\partial x'_\mu$,而不是 $\partial x'_\mu/\partial x_\nu$,这也不难。(28.7)式只是(28.4)式的缩写,而(28.4)式只不过是(28.3)式的变型。(28.3)式的逆变换只要把 v 改为 $-v$ 就可以立即写出,按(28.3)式为

$$\begin{cases} x'_1 = \gamma x_1 + i\beta\gamma x_4 & = a_{11}x_1 & + a_{14}x_4, \\ x'_2 = x_2 & = & a_{22}x_2 & , \\ x'_3 = x_3 & = & a_{33}x_3 & , \\ x'_4 = -i\beta\gamma x_1 + \gamma x_4 = a_{41}x_1 & + a_{44}x_4 。 \end{cases} \tag{28.3'}$$

可见,把 v 改为 $-v$ 就相当于把 a_{14} 与 a_{41} 对调而已。因此,我们立即可以写出(28.3)式的逆变换

$$\begin{cases} x_1 = \gamma x'_1 - i\beta\gamma x'_4 = a_{11}x'_1 & + a_{41}x'_4, \\ x_2 = x'_2 & = & a_{22}x'_2 & , \\ x_3 = x'_3 & = & a_{33}x'_3 & , \\ x_4 = i\beta\gamma x'_1 + \gamma x'_4 = a_{14}x'_1 & + a_{44}x'_4 。 \end{cases} \tag{29.6}$$

可见,(29.6)式可干脆写成

$$x_\mu = a_{\nu\mu}x'_\nu, \text{或 } x_\nu = a_{\mu\nu}x'_\mu。 \tag{29.7}$$

这两个式子事实上是同一回事,请注意各个指标的位置。从(29.7)式立即可得

$$\frac{\partial x_\nu}{\partial x_\mu'} = a_{\mu\nu} \text{。}$$ 　　(29.8)

把(29.8)式代入(29.4)式得

$$\frac{\partial f'}{\partial x_\mu'} = a_{\mu\nu} \frac{\partial f}{\partial x_\nu} \text{。}$$ 　　(29.9)

这是一个不折不扣的矢量变换式子。因为它与(28.7)式一个模样,所以 $\partial f'/\partial x_\mu'$,或 $\partial f/\partial x_\mu$ 是矢量。由于 f' 是标量(函数),$f'=f$,因此(29.9)所表示的变换表明 $\partial/\partial x_\mu'$ 在坐标变换时按矢量规律变换。$\partial/\partial x_\mu'$ 与一般矢量的区别仅在于它必须有一个东西让它作用着才有完整的意义,比如(29.9)式中,$\partial/\partial x_\mu'$ 作用于 f' 而 $\partial/\partial x_\nu$ 作用于 f。被作用的函数不一定是标量函数,也可以是其他阶数的张量函数。比如作用于矢量 $\boldsymbol{A}_\nu'$,可得

$$\frac{\partial}{\partial x_\mu'}(\boldsymbol{A}_\nu') = a_{\mu\sigma} \frac{\partial}{\partial x_\sigma}(a_{\nu\lambda}\boldsymbol{A}_\lambda)$$

$$= a_{\mu\sigma} a_{\nu\lambda} \left[\frac{\partial}{\partial x_\sigma}(\boldsymbol{A}_\lambda) \right] \text{。}$$

可见,$\partial\boldsymbol{A}_\nu'/\partial x_\mu'$ 的变换关系表明它是两个矢量直接相乘的变换,即构成二阶张量。这再一次显示出 $\partial/\partial x_\mu'$ 的矢量地位。显然,这种考验 $\partial/\partial x_\mu'$ 的矢量身份的方式可以一直推广,没有困难。据此,算符

$$\frac{\partial}{\partial x_\mu} \frac{\partial}{\partial x_\mu} = \frac{\partial^2}{\partial x^2} + \frac{\partial^2}{\partial y^2} + \frac{\partial^2}{\partial z^2} + \frac{\partial^2}{\partial(\mathrm{i}ct)^2}$$

$$= \frac{\partial^2}{\partial x^2} + \frac{\partial^2}{\partial y^2} + \frac{\partial^2}{\partial z^2} - \frac{1}{c^2}\frac{\partial^2}{\partial t^2}$$

就应当是标量算符,因为它是矢量算符 $\partial/\partial x_\mu$ 的标(量)积。所以,在坐标变换时,我们有

$$\frac{\partial}{\partial x_\mu} \frac{\partial}{\partial x_\mu} = \frac{\partial}{\partial x_\nu'} \frac{\partial}{\partial x_\nu'}$$ 　　(29.10)

或

$$\frac{\partial^2}{\partial x^2} + \frac{\partial^2}{\partial y^2} + \frac{\partial^2}{\partial z^2} - \frac{1}{c^2}\frac{\partial^2}{\partial t^2} = \frac{\partial^2}{\partial x'^2} + \frac{\partial^2}{\partial y'^2} + \frac{\partial^2}{\partial z'^2} - \frac{1}{c^2}\frac{\partial^2}{\partial t'^2} \text{。}$$ 　(29.11)

有了(29.10)式,我们就可以回头看(29.1)式该如何修改了。首先,左侧的算符

$$\left(\frac{\partial^2}{\partial x^2} + \frac{\partial^2}{\partial y^2} + \frac{\partial^2}{\partial z^2} \right)$$

是个不三不四的东西,不是标量也不是矢量,更不是二阶张量等。不过它很易改造,只要注意到(29.11)式给它添上一个尾巴 $-\dfrac{1}{c^2}\dfrac{\partial^2}{\partial t^2}$,它就成为标量了。添上这个尾巴不会触动到静电学规律一根毫毛,因为静电学规律是所有物理量都与时间无关的规律,静电势 φ 对时间的偏导数为零。因此,在(29.1)式左侧添上 $-\dfrac{1}{c^2}\dfrac{\partial^2\varphi}{\partial t^2}$ 不影响这个式子在静电学中已建立起来的威信——经过静电现象的实践检验,但指出了:要是物理量容许与时间有关的话,从相对论的角度看来,(29.1)式只有添上 $-\dfrac{1}{c^2}\dfrac{\partial^2\varphi}{\partial t^2}$ 这个项才是可行的,有希望获得相对论通过的式子。就是说,从相对论角度看来,(29.1)式应改为

$$\left(\frac{\partial^2}{\partial x^2}+\frac{\partial^2}{\partial y^2}+\frac{\partial^2}{\partial z^2}-\frac{1}{c^2}\frac{\partial^2}{\partial t^2}\right)\varphi=-4\pi\rho \tag{29.12}$$

才可能是正确的,才有可能纳入相对论的轨道。我们可把(29.12)式用我们约定的符号写成

$$\left(\frac{\partial}{\partial x_\mu}\frac{\partial}{\partial x_\mu}\right)\varphi=-4\pi\rho。$$

我们前面已说过,右侧的 ρ 与四电流密度矢量 $\boldsymbol{J}_\mu$ 的第四分量 $\mathrm{i}c\rho$ 只差因子 $\mathrm{i}c$,可见

$$\left(\frac{\partial}{\partial x_\mu}\frac{\partial}{\partial x_\mu}\right)\mathrm{i}c\varphi=-4\pi J_4。 \tag{29.13}$$

从相对论的角度看来,(29.13)式要作为物理规律,就应当还有 3 个式子,因为它的右侧只是一个四矢量的第四分量,它如果要获得相对论通过,必须加上其他 3 个分量的式子以构成矢量方程。让我们定义一个以 $\mathrm{i}c\varphi$ 作为第四分量的 $\boldsymbol{A}_\mu$,

$$\boldsymbol{A}_\mu:A_1,A_2,A_3,A_4=\mathrm{i}c\varphi。$$

这样,(29.13)式的完整矢量形式的式子就应当是

$$\left(\frac{\partial}{\partial x_\mu}\frac{\partial}{\partial x_\mu}\right)\boldsymbol{A}_\nu=-4\pi\boldsymbol{J}_\nu。 \tag{29.14}$$

这就是相对论对(29.1)式的合理合法的改造。

(29.14)式中 $\boldsymbol{A}_\mu$ 的 4 个分量并不是完全独立的,因为电荷守恒要求 $\boldsymbol{J}_\mu$ 对所有时空点都满足

$$\frac{\partial}{\partial x_\mu} \boldsymbol{J}_\mu = 0 \text{。} \tag{29.15}$$

这个式子就是熟知的电荷守恒式子

$$\frac{\partial j_x}{\partial x} + \frac{\partial j_y}{\partial y} + \frac{\partial j_z}{\partial z} + \frac{\partial \rho}{\partial t} = 0 \text{。}$$

把(29.14)与(29.15)式结合起来,可得

$$\frac{\partial}{\partial x_\mu}\left(\frac{\partial}{\partial x_\nu}\frac{\partial}{\partial x_\nu}\boldsymbol{A}_\mu\right)$$

$$= -4\pi\frac{\partial}{\partial x_\mu}\boldsymbol{J}_\mu = 0,$$

即

$$\frac{\partial}{\partial x_\nu}\frac{\partial}{\partial x_\nu}\left(\frac{\partial}{\partial x_\mu}\boldsymbol{A}_\mu\right) = 0 \text{。} \tag{29.16}$$

因为 $\frac{\partial}{\partial x_\mu}\boldsymbol{J}_\mu = 0$ 是对所有时空点都成立的,所以(29.16)式也是对所有时空

点都成立的。这个式子中函数 $\frac{\partial}{\partial x_\mu}\boldsymbol{A}_\mu$ 是一个标量函数,因为它是矢量算符

与矢量的标积——四维空间的散度。让我们把这个标量函数 $\frac{\partial}{\partial x_\mu}\boldsymbol{A}_\mu$ 记为

f,则(29.16)式就是

$$\frac{\partial^2 f}{\partial x^2} + \frac{\partial^2 f}{\partial y^2} + \frac{\partial^2 f}{\partial z^2} - \frac{1}{c^2}\frac{\partial^2 f}{\partial t^2} = 0 \text{。} \tag{29.17}$$

这个式子与(29.14)的第四个式子有些类似,但也有所不同,按(29.14)的第
四个式子为

$$\frac{\partial^2 \varphi}{\partial x^2} + \frac{\partial^2 \varphi}{\partial y^2} + \frac{\partial^2 \varphi}{\partial z^2} - \frac{1}{c^2}\frac{\partial^2 \varphi}{\partial t^2} = -4\pi\rho \text{。} \tag{29.18}$$

要是所有时空点电荷密度 ρ 都是零,则(29.18)与(29.17)式就完全相同。
即,如果所有时空点都不带电的话,(29.18)式就成为

$$\frac{\partial^2 \varphi}{\partial x^2} + \frac{\partial^2 \varphi}{\partial y^2} + \frac{\partial^2 \varphi}{\partial z^2} - \frac{1}{c^2}\frac{\partial^2 \varphi}{\partial t^2} = 0 \text{。} \tag{29.19}$$

(29.19)式就是对于所有世界点(即不管 x、y、z、t 为什么数值)电荷密度都
是零的情况下,电势 φ 所应满足的方程。在这种情况下,大家知道,(29.19)
式最合理、最简单的解就是 $\varphi(x,y,z,t) = 0$。仿此,(29.17)式既然也对所
有时空点都必须成立,它的最合理、最简单的解也就是 $f(x,y,z,t) = 0$。

因此,我们有

$$\frac{\partial}{\partial x_\mu}\boldsymbol{A}_\mu=0。 \tag{29.20}$$

(29.14)和(29.20)式合起来,就可以由已知的 $\boldsymbol{J}_\mu$ 求得四矢量 $\boldsymbol{A}_\mu$。把(29.14)和(29.20)式按一般写法写出来就是

$$\left(\frac{\partial^2}{\partial x^2}+\frac{\partial^2}{\partial y^2}+\frac{\partial^2}{\partial z^2}-\frac{1}{c^2}\frac{\partial^2}{\partial t^2}\right)A_1$$
$$=-4\pi j_1,$$
$$\left(\frac{\partial^2}{\partial x^2}+\frac{\partial^2}{\partial y^2}+\frac{\partial^2}{\partial z^2}-\frac{1}{c^2}\frac{\partial^2}{\partial t^2}\right)A_2$$
$$=-4\pi j_2,$$
$$\left(\frac{\partial^2}{\partial x^2}+\frac{\partial^2}{\partial y^2}+\frac{\partial^2}{\partial z^2}-\frac{1}{c^2}\frac{\partial^2}{\partial t^2}\right)A_3$$
$$=-4\pi j_3,$$
$$\left(\frac{\partial^2}{\partial x^2}+\frac{\partial^2}{\partial y^2}+\frac{\partial^2}{\partial z^2}-\frac{1}{c^2}\frac{\partial^2}{\partial t^2}\right)\varphi$$
$$=-4\pi\rho,$$

及

$$\frac{\partial A_1}{\partial x}+\frac{\partial A_2}{\partial y}+\frac{\partial A_3}{\partial z}+\frac{\partial\varphi}{\partial t}=0。$$

这就是电动力学中矢势 $\boldsymbol{A}$ 及标势 φ 所满足的方程和洛伦兹规范条件。学过电动力学的人都知道,这些方程作为一个整体是和麦克斯韦方程组等效的。因此,我们看到,只要承认库仑定律作为实验事实,则以麦克斯韦方程组为代表的电磁理论的基本方程就可以由狭义相对论推演出来,完全不需要法拉第电磁感应定律、安培环路定律以及引入位移电流概念等。这些东西统统成为狭义相对论结合库仑定律的必然推论。在我们这里的推导中,很自然地得出洛伦兹条件。不像在一般电动力学中那样,洛伦兹条件得来很不自然。在那里,洛伦兹条件变成是要得到(29.14)式的必需条件。

我们上面的论述,采用的是静电单位制。因此,四势矢量为

$$\boldsymbol{A}_\mu:A_1,A_2,A_3,ic\varphi。$$

如果采用高斯单位制,则四势矢量为

$$\boldsymbol{A}_\mu:A_1,A_2,A_3,i\varphi。$$

而 $\boldsymbol{A}$、φ 所满足的方程及洛伦兹条件的式子就成为

$$\left(\frac{\partial^2}{\partial x^2}+\frac{\partial^2}{\partial y^2}+\frac{\partial^2}{\partial z^2}-\frac{1}{c^2}\frac{\partial^2}{\partial t^2}\right)\boldsymbol{A}$$
$$=-\frac{4\pi}{c}\boldsymbol{j},$$
$$\left(\frac{\partial^2}{\partial x^2}+\frac{\partial^2}{\partial y^2}+\frac{\partial^2}{\partial z^2}-\frac{1}{c^2}\frac{\partial^2}{\partial t^2}\right)\varphi$$
$$=-4\pi\rho,$$
$$\frac{\partial A_1}{\partial x}+\frac{\partial A_2}{\partial y}+\frac{\partial A_3}{\partial z}+\frac{1}{c}\frac{\partial\varphi}{\partial t}=0。$$

这些是电动力学中大家熟知的东西。

30 动量流密度、动量密度、能量密度张量*

设在某参考系 S_o 中有一个静止的区域 D，其中安放着质量为 m_o 的静止物体，D 的体积为 V_o。从 S_o 系来观测，在区域 D 中的平均质量密度（指单位体积里的质量，以下简称密度）就是

$$\delta_o = \frac{m_o}{V_o}。$$

很明显，δ_o 是固有质量除以固有体积，因此是一个不变量——标量。

让我们再设，从 S 系来观测，S_o 参考系及其中的区域 D 都以速度 $\boldsymbol{u}$ 运动，

$$\boldsymbol{u} : u_1, u_2, u_3。$$

我们来考虑，从 S 系来观测，区域 D 里的平均密度该为多少？从 S 系观测，由于洛伦兹收缩，区域 D 的体积变为

$$V = \frac{V_o}{\gamma_u}, \qquad \left(\gamma_u \equiv \frac{1}{\sqrt{1-\dfrac{u^2}{c^2}}}, \text{余类推}\right)$$

根据质量随速度变化的规律，D 中的物体的质量变为

$$m = m_o \gamma_u。$$

所以，S 系所观测到的区域 D 中的平均密度为

$$\begin{aligned}
\delta &= \frac{m}{V} \\
&= \frac{m_o \gamma_u}{\dfrac{V_o}{\gamma_u}} \\
&= \delta_o \gamma_u^2。
\end{aligned} \tag{30.1}$$

同样道理,对于 S' 系来说,D 的速度为 $\boldsymbol{u}'$,因此密度为

$$\delta' = \delta_{\circ}\gamma_{u'}^{2}\text{。} \tag{30.2}$$

根据(20.1)式可知,

$$\gamma'_{u} = \gamma_{u}\gamma_{v}\left(1 - \frac{u_{1}v}{c^{2}}\right),$$

所以

$$\delta' = \delta_{\circ}\gamma_{u}^{2}\gamma_{v}^{2}\left(1 - \frac{u_{1}v}{c^{2}}\right)^{2}\text{。}$$

利用(30.1)式,我们得到 δ' 与 δ 的变换关系

$$\delta' = \frac{\delta\left(1 - \dfrac{u_{1}v}{c^{2}}\right)^{2}}{1 - \beta^{2}}\text{。} \tag{30.3}$$

我们从(30.3)式看到,δ' 与 δ 的变换规律相当古怪,它既不是标量的变换规律,也不是矢量的某个分量的变换规律,因为(30.3)式和 x、y、z、t 中的任何一个的变换规律都不同。密度是个什么量呢?

让我们先思考一会:密度的意义是什么呢? 是单位体积中的质量,乘以 c^{2} 就得到能量密度。能量这东西倒是见过了,它是四动量矢量

$$m_{\circ}\boldsymbol{U}_{\mu}: \frac{m_{\circ}u_{1}}{\sqrt{1 - \dfrac{u^{2}}{c^{2}}}}, \quad \frac{m_{\circ}u_{2}}{\sqrt{1 - \dfrac{u^{2}}{c^{2}}}},$$

$$\frac{m_{\circ}u_{3}}{\sqrt{1 - \dfrac{u^{2}}{c^{2}}}}, \quad \frac{icm_{\circ}}{\sqrt{1 - \dfrac{u^{2}}{c^{2}}}}$$

的第四分量(只差一个常数 $-ic$,因为 $-icm_{\circ}U_{4} = mc^{2}$)。我们是否可以仿照建立四动量矢量的方式,但不是让 $m_{\circ}$ 去乘 $\boldsymbol{U}_{\mu}$ 而改用 $\delta_{\circ}$ 去乘 $\boldsymbol{U}_{\mu}$,这样,我们就得到一个把 $\delta_{\circ}$ 包括在内的四矢量。这个矢量也许能帮助我们弄清楚,由(30.3)式的变换所规定的密度 δ 是个什么样的量。很明显,$\delta_{\circ}\boldsymbol{U}_{\mu}$ 的 4 个分量为

$$\delta_{\circ}\boldsymbol{U}_{\mu}: \frac{\delta_{\circ}u_{1}}{\sqrt{1 - \dfrac{u^{2}}{c^{2}}}}, \quad \frac{\delta_{\circ}u_{2}}{\sqrt{1 - \dfrac{u^{2}}{c^{2}}}},$$

$$\frac{\delta_{\circ}u_{3}}{\sqrt{1 - \dfrac{u^{2}}{c^{2}}}}, \quad \frac{ic\delta_{\circ}}{\sqrt{1 - \dfrac{u^{2}}{c^{2}}}}\text{。}$$

这个矢量的各个分量(即使乘上一个常数)都没有和我们已习惯了的物理量对应。举例说,前面 3 个分量初看起来似乎是密度乘以速度,这似乎相应于动量密度;但实际上不能表示动量密度。为什么呢? 设想速度 $u_i(i=1,2,3)$ 是从 S 系所观测到的物体运动速度,则 S 系所观测到的密度按(30.1)式就应是 $\delta = \delta_\circ \left/ \left(1-\dfrac{u^2}{c^2}\right)\right.$ 而不是 $\delta = \delta_\circ \left/ \sqrt{1-\dfrac{u^2}{c^2}}\right.$。因此,真正表示动量密度的量应是 $\delta u_i = \delta_\circ u_i \left/ \left(1-\dfrac{u^2}{c^2}\right)\right.$ 而不是 $\delta_\circ U_\mu$ 的前 3 个分量。可见,$\delta_\circ U_\mu$ 这个矢量,连其自身各个分量都找不到一个对应的熟知的物理量,不能指望由它来帮忙弄清楚密度 δ 的身份。

问题是,我们从 $\delta_\circ U_\mu$ 的各个分量可以看到,$\delta_\circ$ 乘以 U_μ 后就冒出一个 $1 \left/ \sqrt{1-\dfrac{u^2}{c^2}}\right.$,如果再乘一次 U_μ,不就冒出一个 $1 \left/ \left(1-\dfrac{u^2}{c^2}\right)\right.$ 吗? 而 $\delta_\circ \left/ \left(1-\dfrac{u^2}{c^2}\right)\right.$ 可就是小呀,这就把我们要追究的 δ 本身也卷进去了。好,让我们看看 $\delta_\circ U_\mu U_\mu$。根据我们的符号约定

$$\delta_\circ U_\mu U_\mu = \delta_\circ (U_1 U_1 + U_2 U_2 + U_3 U_3 + U_4 U_4)$$

$$= \frac{\delta_\circ}{1-\dfrac{u^2}{c^2}}(u_1^2 + u_2^2 + u_3^2 \quad c^2)。$$

$$= \frac{-c^2 \delta_\circ}{1-\dfrac{u^2}{c^2}}\left(1-\frac{u^2}{c^2}\right)$$

$$= -c^2 \delta_\circ。$$

不错,是曾冒出了个 $1 \left/ \left(1-\dfrac{u^2}{c^2}\right)\right.$,但只是昙花一现,由于分子也冒出了个 $1-\dfrac{u^2}{c^2}$,同归于尽,约掉了。尽管如此,这几步运算对我们还是很有启发的。我们设法在分子中除去因子 $\left(1-\dfrac{u^2}{c^2}\right)$ 不就行了吗? 让我们去掉 $U_1 U_1 + U_2 U_2 + U_3 U_3$ 只留下 $U_4 U_4$,分母出现的 $1-\dfrac{u^2}{c^2}$ 就可以保住了。按

$$\delta_\circ U_4 U_4 = \frac{-c^2 \delta_\circ}{1-\dfrac{u^2}{c^2}}。$$

对比(30.1)式可知,
$$-c^2\delta=\delta_。U_4U_4。$$
可见,δ 与 $\delta_。U_4U_4$,这东西只差一个常数 $-c^2$。$\delta_。U_4U_4$ 是什么量呢? 它是
$$\delta_。\boldsymbol{U}_\mu\boldsymbol{U}_\nu$$
这样的量的一个分量,即 $\mu=4,\nu=4$ 的分量。而 $\delta_。\boldsymbol{U}_\mu\boldsymbol{U}_\nu$ 这个量当然是一个二阶张量,因为 $\boldsymbol{U}_\mu\boldsymbol{U}_\nu$ 为两个矢量直接相乘,是二阶张量,而 $\delta_。$ 为标量,标量乘上二阶张量仍为二阶张量。所以,我们的结论是:密度 δ 是二阶张量 $\delta_。\boldsymbol{U}_\mu\boldsymbol{U}_\nu$ 的最后一个分量 $\delta_。U_4U_4$ 乘以常数 $-c^2$。就是说,δ 是一个拥有 16 个分量的二阶张量的一个分量而已。它的变换规律之所以看起来有点怪,仅是由于我们是第一次接触到包含于二阶张量之中的物理量。

二阶张量有 16 个分量,其余 15 个分量是什么呢? 让我们令 $\boldsymbol{T}_{\mu\nu}=\delta_。\boldsymbol{U}_\mu\boldsymbol{U}_\nu$,$\boldsymbol{T}'_{\mu\nu}=\delta_。\boldsymbol{U}'_\mu\boldsymbol{U}'_\nu$,来认认真真考察一下这个第一次见面的物理学上的二阶张量。

首先,我们刚见过
$$T_{44}=-c^2\delta,$$
由于 δ 为质量密度,因此 $c^2\delta$ 为能量密度,则 $-T_{44}$ 就是能量密度,即单位体积中拥有的能量。

其次,让我们考察
$$T_{ij}。$$
请注意,下标 i、j 是拉丁字母,我们令拉丁字母下标表示从 1 到 3,而让希腊字母下标表示从 1 到 4。按
$$T_{ij}=\delta_。U_iU_j$$
$$=\delta_。\frac{u_iu_j}{1-\dfrac{u^2}{c^2}}$$
$$=\delta u_iu_j。$$

δu_i 无疑是动量密度,因为密度 $\delta=\delta_。\Big/\left(1-\dfrac{u^2}{c^2}\right)$,这其中的 u 与 u_i 是同一个速度的不同"侧面",u 指速度的大小,u_i 指各个分量,因此 δu_i 就是单位体积所拥有的沿 $i=1,2,3$(或 x、y、z)方向的动量。问题是 δu_iu_j 表示什么呢? 我们以具体的
$$\delta u_xu_y$$

为例来说明。δu_x 为沿 X 方向的动量密度,乘以 u_y 就表示单位时间里通过与 Y 轴垂直的单位截面的 X 方向动量。所以 $(\delta u_x)u_y$ 为单位时间里沿 Y 方向通过单位横截面迁移出去的 X 方向动量——动量流密度。由于 $\delta u_x u_y$ 与 $\delta u_x u_x$ 中 u_x 与 u_y 的地位相当,因此把 $\delta u_x u_y$ 说成沿 X 方向迁移的 Y 方向动量流密度也可以。总之,$T_{ij}=T_{ji}$,它们表示动量流密度的 9 个分量,即分别沿 X、Y、Z 这 3 个方向迁移的动量流密度,而沿每个方向迁移的动量流密度本身还有 3 个分量。这还可以用具体形象化的例子来说明:设想有一大堆均匀分布的粒子,其质量密度(平均密度)为 δ,它们均匀迁移,速度都是 $u_i:u_1,u_2,u_3$。对于和 X 轴垂直的单位横截面来说,每秒钟跑过去的粒子质量为 δu_x,这些粒子所带走的动量为 $(\delta u_x)u$,因而单位时间里迁移过与 X 轴垂直的单位横截面的 X 方向动量为 $\delta u_x u_x$,Y 方向动量为 $\delta u_x u_y$,Z 方向动量为 $\delta u_x u_z$,余类推。

再来让我们看看 T_{i4}。按

$$T_{i4}=\delta U_i U_4$$

$$=\frac{\delta_o}{1-\dfrac{u^2}{c^2}}u_i(\mathrm{i}c)$$

$$=\mathrm{i}c\delta u_i,$$

请注意,作为下标的 $i=1,2,3$ 为自由指标,而非下标的 $\mathrm{i}=\sqrt{-1}$。可见,T_{i4} 表示动量密度与常数 $\mathrm{i}c$ 的乘积。因此,它们反映的就是 $i=1,2,3$ 方向的动量密度。从 $\boldsymbol{T}_{\mu\nu}=\delta_o\boldsymbol{U}_\mu\boldsymbol{U}_\nu$ 的定义可知,$\boldsymbol{T}_{\mu\nu}=\boldsymbol{T}_{\nu\mu}$,这样的张量叫二阶对称张量。我们上面已见过 $T_{ij}=T_{ji}$,这里还要加上 $T_{i4}=T_{4i}$。因比,知道了 T_{i4} 也就知道了 T_{4i}。所以,到此为止,我们对 $\boldsymbol{T}_{\mu\nu}$ 的 16 个分量都已考察过了。我们把这 16 个分量用方阵的形式写下来就是

$$\boldsymbol{T}_{\mu\nu}=\begin{pmatrix} T_{11} & T_{12} & T_{13} & T_{14} \\ T_{21} & T_{22} & T_{23} & T_{24} \\ T_{31} & T_{32} & T_{33} & T_{34} \\ \hline T_{41} & T_{42} & T_{43} & T_{44} \end{pmatrix}$$

$$= \begin{pmatrix} \text{动量流密度} & \begin{matrix} i c \\ \text{动} \\ \text{量} \\ \text{密} \\ \text{度} \end{matrix} \\ \hline i c\ \text{动量密度} & \begin{matrix} -1 \\ \text{能} \\ \text{量} \\ \text{密} \\ \text{度} \end{matrix} \end{pmatrix}。$$

总之,动量流密度的 9 个分量与动量密度、能量密度共 16 个量,构成一个二阶张量。它们的变换规律是

$$T'_{\mu\nu} = a_{\mu\lambda} a_{\nu\sigma} T_{\lambda\sigma}$$

或

$$\delta_\circ U'_\mu U'_\nu = a_{\mu\lambda} a_{\nu\sigma} \delta_\circ U_\lambda U_\sigma。$$

以沿 X' 方向迁移的 X' 方向动量密度为例,这样的动量流密度就是 T'_{11},它与 S 系中的各个 $T_{\mu\nu}$ 的分量的关系为

$$T'_{11} = a_{11}a_{11}T_{11} + a_{11}a_{12}T_{12} + a_{11}a_{13}T_{13} + a_{11}a_{14}T_{14} +$$
$$a_{12}a_{11}T_{21} + a_{12}a_{12}T_{22} + a_{12}a_{13}T_{23} + a_{12}a_{14}T_{24} +$$
$$a_{13}a_{11}T_{31} + a_{13}a_{12}T_{32} + a_{13}a_{13}T_{33} + a_{13}a_{14}T_{34} +$$
$$a_{14}a_{11}T_{41} + a_{14}a_{12}T_{42} + a_{14}a_{13}T_{43} + a_{14}a_{14}T_{44}$$

根据(28.5)式,

$$a_{11} = a_{44} = \gamma,$$
$$a_{14} = -a_{41} = i\beta\gamma,$$
$$a_{22} = a_{33} = 1,$$

其余 $\quad a_{\mu\nu} = 0。$

可得

$$T'_{11} = \gamma^2 T_{11} + i\beta\gamma^2 T_{14} + i\beta\gamma^2 T_{41} - \beta^2\gamma^2 T_{44}$$
$$= \gamma^2 (\delta_\circ U_1 U_1 + i\beta\delta_\circ U_1 U_4 + i\beta\delta_\circ U_4 U_1 - \beta^2 \delta_\circ U_4 U_4)$$
$$= \frac{\delta_\circ}{1 - \dfrac{u^2}{c^2}} \gamma^2 (u_1 u_1 - u_1 v - v u_1 + v^2)$$
$$= \frac{\delta(u_1 - v)^2}{1 - \beta^2}。$$

事实上,由于张量 $T_{\mu\nu}$ 是由两个矢量直接相乘而得,因此直接用矢量的变换关系会使上面运算更简单些:

$$U'_{11} = \delta_\circ U'_1 U'_1$$
$$= \delta_\circ (\alpha_{11} U_1 + \alpha_{14} U_4)^2$$
$$= \delta_\circ \left(\gamma \frac{u_1}{\sqrt{1 - \dfrac{u^2}{c^2}}} + i\beta\gamma \frac{ic}{\sqrt{1 - \dfrac{u^2}{c^2}}} \right)$$
$$= \frac{\delta_\circ \gamma^2}{1 - \dfrac{u^2}{c^2}} (u_1 - v)^2$$
$$= \delta \gamma^2 (u_1 - v)^2 .$$

如果考虑到 $T'_{\mu\nu} = \delta_\circ U'_\mu U'_\nu$ 中,U'_μ 这样的矢量只包含变量 u'_i 而 $T_{\mu\nu} = \delta_\circ U_\mu U_\nu$ 中的 U_μ 只包含 u_i,利用速度的变换公式及常用的(20.1)式,求 $T'_{\mu\nu}$ 的各个分量的变换规律还更容易。例如,

$$T'_{11} = \delta_\circ U'_1 U'_1 = \delta_\circ \left(\frac{u'_1}{\sqrt{1 - \dfrac{u'^2}{c^2}}} \right)^2$$
$$= \delta_\circ \frac{\left(\dfrac{u_1 - v}{1 - \dfrac{u_1 v}{c^2}} \right)^2}{\left(1 - \dfrac{u^2}{c^2} \right)(1 - \beta^2)} \cdot \left(1 - \frac{u_1 v}{c^2} \right)^{-2}$$
$$= \frac{\delta_\circ (u_1 - v)^2}{\left(1 - \dfrac{u^2}{c^2} \right)(1 - \beta^2)} .$$

最后,让我们看看 T'_{44} 的变换式,不用说,T'_{44} 的变换式必然与(30.3)式等价。按

$$T'_{44} = \delta_\circ U'_4 U'_4$$
$$= \frac{-c^2 \delta_\circ}{1 - \dfrac{u'^2}{c^2}} = -c^2 \delta' ,$$

据(20.1)式,可得

$$T'_{44} = \frac{-c^2\delta_\circ\left(1-\dfrac{u_1 v}{c^2}\right)^2}{\left(1-\dfrac{u^2}{c^2}\right)\left(1-\dfrac{v^2}{c^2}\right)}$$

$$= \frac{-c^2\delta_\circ\left(1-\dfrac{u_1 v}{c^2}\right)^2}{1-\beta^2}\text{。}$$

可见

$$-c^2\delta' = -c^2\delta\,\frac{\left(1-\dfrac{u_1 v}{c^2}\right)^2}{1-\beta^2},$$

这正是(30.3)式。

为了熟识张量的变换规律,建议读者演算下面练习题:

练习题

求出张量 $\boldsymbol{T'_{\mu\nu}} = \delta_\circ \boldsymbol{U'_\mu}\boldsymbol{U'_\nu}$,其余 14 个分量的变换公式。

(答案:

$$T'_{12} = \delta' u'_1 u'_2 = \delta u_1 u_2\,\frac{1-\dfrac{v}{u_1}}{\sqrt{1-\beta^2}} = T'_{21}\,,$$

$$T'_{13} = \delta' u'_1 u'_3 = \delta u_1 u_3\,\frac{1-\dfrac{v}{u_1}}{\sqrt{1-\beta^2}} = T'_{31}\,,$$

$$T'_{14} = \mathrm{i}c\delta' u'_1 = \mathrm{i}c\delta u_1 \times \frac{\left(1-\dfrac{v}{u_1}\right)\left(1-\dfrac{u_1 v}{c^2}\right)}{1-\beta^2} = T'_{41}\,,$$

$$T'_{24} = \mathrm{i}c\delta' u'_2 = \mathrm{i}c\delta u_2\,\frac{1-\dfrac{u_1 v}{c^2}}{\sqrt{1-\beta^2}} = T'_{42}\,,$$

$$T'_{34} = \mathrm{i}c\delta' u'_3 = \mathrm{i}c\delta u_3\,\frac{1-\dfrac{u_1 v}{c^2}}{\sqrt{1-\beta^2}} = T'_{43}\,,$$

$$T'_{23} = \delta' u'_2 u'_3 = \delta u_2 u_3 = T'_{32} = T_{32} = T_{23} ,$$
$$T'_{22} = \delta' u'_2 u'_2 = \delta u_2 u_2 = T_{22} ,$$
$$T'_{33} = \delta' u'_3 u'_3 = \delta u_3 u_3 = T_{33})$$

31   综合例题

例 1   在基本粒子的反应中,当两个质子碰撞时,假如其动能足够大,就会产生一对正、反质子,即变成一共 3 个质子和一个反质子,反质子的静止质量和质子相同,但带一自然单位负电,而普通质子带的是一自然单位的正电。以 P 表示质子,$\overline{P}$ 表示反质子,上述反应可写为

$$P+P \longrightarrow P+P+P+\overline{P}$$

试讨论,要产生这样的反应,碰撞前两个质子的动能至少应多大?

解: 根据能量守恒和动量守恒原理的要求,碰撞后 4 个粒子的总能量与总动量应分别与碰撞前两个质子的总能量与总动量相等。因此,如果碰撞后 4 个粒子都静止,它们就皆只具有静能 m_0c^2(m_0 为质子或反质子的静止质量),没有动能,这就对应于反应前两个质子总能量最小,也就是总动能最小的情况。这就告诉人们,要实现上述反应,碰撞前两个质子的总能量至少应当等于反应后 4 个粒子的静能的总和,即等于

$$4m_0c^2。$$

另一方面,根据动量守恒原理,反应后 4 个粒子要都静止,反应前两个质子的总动量应当为零。因而反应前的两个质子的速度必须大小相等、方向相反,只有这样才能既具有一定数值的动能而总动量为零。可见,反应前两个质子的能量应相同,各为总能量 $4m_0c^2$ 的一半。就是说,反应前每个质子的能量各为

$$2m_0c^2。$$

能量为 $2m_0c^2$ 的质子,其速度 v 该多大呢? 这可由下式求出:

$$\frac{m_0}{\sqrt{1-\dfrac{v^2}{c^2}}}c^2=2m_0c^2。$$

让我们以 γ_v 表示量 $\dfrac{1}{\sqrt{1-\dfrac{v^2}{c^2}}}$，这样，上式就是要求

$$\gamma_v = \frac{1}{\sqrt{1-\dfrac{v^2}{c^2}}} = 2。$$

这样的质子动能为

动能＝总能－静能＝$m_0 c^2$。

如果我们把观测到上述粒子碰撞反应的参考系叫 S 系，我们来看看，从 S' 系看来，情况如何呢？如图 31.1 所示，设 S' 相对于 S 的速度 v 是沿着碰撞前两个质子的连线方向，由于 S' 相对于 S 以速度 v 运动，因此对于 S' 系而言，碰撞后在 S 系中静止的 4 个粒子，不再是静止的，而是以速度 v 运动，并且碰撞前的两个质子，其中之一是静止的，动能为零，另一个速度为 u。根据速度合成公式可知

$$u = \frac{2v}{1+\beta^2}。$$

这个以速度 u 运动的质子，其动能为

$$\frac{m_0}{\sqrt{1-\dfrac{u^2}{c^2}}} \cdot c^2 - m_0 c^2$$
$$= m_0 \gamma_u c^2 - m_0 c^2$$
$$= (\gamma_u - 1) m_0 c^2。$$

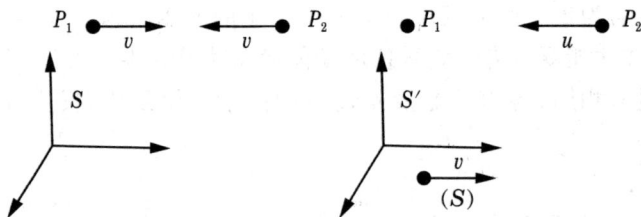

图 31.1

我们这里仿照上面那样,以 γ_u 表示因子 $\dfrac{1}{\sqrt{1-\dfrac{u^2}{c^2}}}$。我们看到,只要能求出

γ_u 与 γ_v 的关系,就能知道,从 S' 系看来,这个以速度 u 运动的质子的动能是以速度 v 运动的质子的几倍。

把 $u=\dfrac{2v}{\left(1+\dfrac{u^2}{c^2}\right)}$ 代入 $\gamma_u=\dfrac{1}{\sqrt{1-\dfrac{u^2}{c^2}}}$ 得

$$
\begin{aligned}
\gamma_u &= \frac{1}{\sqrt{1-\dfrac{4v^2}{c^2(1+\beta^2)^2}}}\\
&= \frac{c(1+\beta^2)}{\sqrt{c^2(1+\beta^2)^2-4v^2}}\\
&= \frac{c(1+\beta^2)}{\sqrt{c^2(1-\beta^2)^2}}\\
&= \frac{1+\beta^2}{1-\beta^2}\\
&= \gamma_v^2(1+\beta^2)\\
&= 2\gamma_v^2-1。
\end{aligned}
\tag{A}
$$

在我们的例子中,上面已算得 $\gamma_v=2$,所以

$$\gamma_u=8-1=7。$$

因此,S' 系中应观测到碰撞前高速运动的质子的动能为

$$m_0\gamma_u c^2-m_0 c^2=6m_0 c^2。$$

事实上,要求得 γ_u,还有更简便的方法。从 S' 系来看,碰撞后 4 个粒子由于速度皆为 v,故总能量为

$$4m_0\gamma_v c^2=8m_0 c^2。$$

上面已算出 $\gamma_v=2$,所以从 S' 系看来,碰撞前两个质子总能量为

$$m_0 c^2+m_0\gamma_u c^2=8m_0 c^2。$$

故

$$\gamma_u=7。$$

上面的讨论表明,如果让加速器出来的质子去轰静止的质子,即让高速运动的质子与静止的质子碰撞,这就相当于在 S' 系中看问题(人们把这样

的参考系叫实验室参考系），在这种情况下，运动的质子动能必须高达 $6m_0c^2(\gamma_u=7)$，才可能生成质子、反质子对的反应。如果让两个质子在总动量为零的情况下对撞，这相当于在 S 系中看问题（人们叫这样的参考系为质心参考系），在这种情况下，每个质子只需小得多的动能就能产生同样的反应。可见，单是从产生某种新的粒子的反应这一点来说，设法使小加速器出来的能量比较小的粒子迎头碰撞，可以抵得上建造能量大得多的加速器，假如这大加速器出来的粒子是用于轰击静止的靶的话。换句话说，如果已经建造了一个大加速器，要是能够让其输出的高能粒子进行迎面对撞，其效果就相当于把加速器的能量提高很多倍。按（A）式可知，γ_u 随 γ_v^2 而增加，越是高能加速器，输出粒子的 γ_v 越大，迎头碰撞所等效的能量（由 γ_u 决定）增加得越可观。我们上面 $\gamma_v=2$，$\gamma_u=7$，相当于把粒子的动能提高 6 倍。要是 $\gamma_v=4$（比方说），则 $\gamma_u=31$。粒子的动能就相当于由 $3m_0c^2$ 增加为 $30m_0c^2$，增加 10 倍。这就是目前很多高能粒子加速器都要弄成对撞机（即让粒子进行总动量为零的迎头碰撞）的道理。

例 2 设有一个频率为 ν 的光子与一个静止的电子碰撞，这光子碰撞后，其行进路径与原来路径偏离了 θ 角。讨论碰撞后光子频率的变化（康普顿效应）。

解：由于碰撞后光子的动量改变了（运动方向变化了），根据动量守恒的要求，电子动量也应有所变化，因而电子就不再是静止的了。电子有了速度，就表示它的能量有新增加，因为多了一些动能了嘛！再根据能量守恒，可见碰撞后光子能量变小了，也就是频率变小了。我们设碰撞后光子频率变为 ν'，则 $\nu'<\nu$。下面就来具体讨论碰撞后光子频率如何变化。

讨论这类碰撞问题，不外是讨论碰撞后两个粒子的动量、能量如何变化。我们已知道，一个粒子的动量、能量构成一个叫四动量的四维矢量

$$\boldsymbol{P}_\mu : P_x, P_y, P_z, m=\frac{E}{c^2}。$$

任何四矢量都有一个与间隔不变量

$$\Delta x^2 + \Delta y^2 + \Delta z^2 - c^2\Delta t^2$$

对应的不变量。这和三维空间的矢量类似：在三维空间中，任何矢量都存在着一个与 $\Delta x^2 + \Delta y^2 + \Delta z^2$ 对应的量，这就是矢量各个分量的平方之和，这个量是不随坐标系的变换而变化的不变量。对于四维动量矢量来说，这个与间隔对应的不变量就是

$$P_x^2 + P_y^2 + P_z^2 - c^2\left(\frac{E}{c^2}\right)^2 = P^2 - \frac{E^2}{c^2} = \text{不变量},$$

其中字母 P 表示三维动量。这个不变量表明,不管粒子的速度多大,粒子的 $P^2 - \dfrac{E^2}{c^2}$ 都保持不变。对于光子来说,$E = h\nu$,$P = \dfrac{h\nu}{c}$,

$$P^2 - \frac{E^2}{c^2} = 0 \ \text{或} \ P^2 = \frac{E^2}{c^2}$$

这个性质有时叫光子的四动量的长度为零。对于电子来说,设其静止质量为 m_o,则

$$P = \frac{m_o}{\sqrt{1 - \dfrac{u^2}{c^2}}}u, \quad E = \frac{m_o}{\sqrt{1 - \dfrac{u^2}{c^2}}}c^2,$$

$$P^2 - \frac{E^2}{c^2} = -m_o^2 c^2 。 \tag{B}$$

只要记得光子的静止质量为零,这个式子就适用于所有粒子。

对于光子与电子的碰撞来说,碰撞前光子与电子总能量为

$$h\nu + m_o c^2 。$$

根据能量守恒原理,碰撞后总能量为

$$h\nu' + \frac{m_o}{\sqrt{1 - \dfrac{u^2}{c^2}}}c^2 = h\nu + m_o c^2,$$

式中,u 为电子的速度。就是说,电子能量的增加必须等于光子能量的减少。

$$m_o c^2\left(\frac{1}{\sqrt{1 - \dfrac{u^2}{c^2}}} - 1\right) = h\nu - h\nu' 。$$

从这个式子可得

$$\frac{1}{\sqrt{1 - \dfrac{u^2}{c^2}}} = \frac{h(\nu - \nu')}{m_o c^2} + 1 。 \tag{C}$$

设光子原来沿 X 轴方向前进,则碰撞前光子与电子的总动量为 $P_x = \dfrac{h\nu}{c}$,根据动量守恒原理,碰撞后电子速度的两个分量 u_x、u_y 就满足下式(据

图 31.2)

$$\frac{m_0}{\sqrt{1-\dfrac{u^2}{c^2}}}u_x+\frac{h\nu'}{c}\cos\theta=\frac{h\nu}{c},$$

$$\frac{m_0}{\sqrt{1-\dfrac{u^2}{c^2}}}u_y+\frac{h\nu'}{c}\sin\theta=0。$$

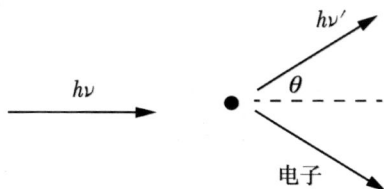

图 31.2

于是有

$$\left(\frac{m_0}{\sqrt{1-\dfrac{u^2}{c^2}}}u_x\right)^2+\left(\frac{m_0}{\sqrt{1-\dfrac{u^2}{c^2}}}u_y\right)^2$$

$$=\left(\frac{h\nu}{c}-\frac{h\nu'}{c}\cos\theta\right)^2+\left(-\frac{h\nu'}{c}\sin\theta\right)^2$$

$$=\frac{m_0^2}{1-\dfrac{u^2}{c^2}}u^2$$

$$=\left(\frac{h\nu}{c}\right)^2+\left(\frac{h\nu'}{c}\right)^2-\frac{2h^2\nu\nu'\cos\theta}{c^2}。 \tag{D}$$

据(B)式得

$$\frac{m_0^2}{1-\dfrac{u^2}{c^2}}u^2=P^2=-m_0^2c^2+\frac{E^2}{c^2}$$

$$=-m_0^2c^2+\frac{m_0^2c^2}{1-\dfrac{u^2}{c^2}}=m_0^2c^2\left(\frac{1}{1-\dfrac{u^2}{c^2}}-1\right)。$$

把这代入(C)式得

$$\frac{m_o^2}{1-\dfrac{u^2}{c^2}}u^2=m_o^2c^2\left\{\left[\frac{h(\nu-\nu')}{m_oc^2}\right]^2+2\,\frac{h(\nu-\nu')}{m_oc^2}\right\}$$

$$=\frac{h^2(\nu-\nu')^2}{c^2}+2hm_o(\nu-\nu')\,。$$

把这代入(D)式得

$$\frac{h^2(\nu-\nu')^2}{c^2}+2m_oh(\nu-\nu')$$

$$=\left(\frac{h\nu}{c}\right)^2+\left(\frac{h\nu'}{c}\right)^2-\frac{2h^2\nu\nu'\cos\theta}{c^2}\,,$$

则

$$(\nu-\nu')^2+\frac{2m_oc^2}{h}(\nu-\nu')=\nu^2+\nu'^2-2\nu\nu'\cos\theta-2\nu\nu'+$$

$$\frac{2m_oc^2}{h}(\nu-\nu')+22\nu\nu'\cos\theta$$

$$=0,$$

得

$$\nu'=\frac{\nu}{1+\dfrac{h\nu}{m_oc^2}(1-\cos\theta)}\,。$$

这就是光子与电子碰撞(散射)后频率的变化与散射角之间的关系,这个关系称为康普顿效应。

从 ν' 与 ν 的关系式可知,要是光子的频率不太大,$h\nu$ 远小于 m_oc^2,即光子的能量远小于电子的静能的话,$\nu'\simeq\nu$,观测不到光子被电子散射后频率的变化。对于可见光来说,$\nu\simeq0.6\times10^{15}/$秒,$h=6.6256\times10^{-34}$ 焦耳秒,电子静能 $m_oc^2=8.186\times10^{-14}$ 焦耳,$h\nu/m_oc^2\simeq0.5\times10^{-5}$,不管 θ 多大,分母与 1 的差别最大也只不过 10^{-5},即 ν' 与 ν 的差别,在十万分之一以下,不易观测到康普顿效应。但对于频率 $\nu=10^{20}/$秒的 X 射线来说,以 $\theta=60°$,$\cos\theta=0.5$ 为例,$\nu'\simeq\nu/1.5$,ν 与 ν' 的差别就非常大了,就很容易探测到光子受电子散射后的频率变化。

上面的讨论,m_o 设为电子的静止质量。事实上,从讨论的过程看来,与光子碰撞的如果是别的粒子,比如整个原子,只要把 m_o 理解为这种粒子的静止质量,上面的结果依然是正确的。对于 m_o 很大的粒子,比如一般的原子,m_o 为电子的几千、几万倍,康普顿效应也就相应地减弱,就是上述 $\nu=$

10^{20}/秒的 X 射线的频率变化,也很难以观测。当光子碰到的是被紧紧地控制在原子中的电子时,这时整个原子一起行动,就出现这种情况。

有时候,康普顿效应也用频率的变化 $\Delta\nu$ 来描述。为此,让 $\nu' = \nu - \Delta\nu$ 得

$$\nu - \Delta\nu = \frac{\nu}{1 + \dfrac{h\nu}{m_o c^2}(1 - \cos\theta)},$$

则

$$\Delta\nu = \nu - \frac{\nu}{1 + \dfrac{h\nu}{m_o c^2}(1 - \cos\theta)}$$

$$= \frac{\nu}{1 + \dfrac{m_o c^2}{h\nu(1 - \cos\theta)}}。$$

这里由于我们定义 $\Delta\nu = \nu - \nu'$,因此 $\Delta\nu > 0$。

请把本例题与练习题 21.1 及 21.2 比较。

例 3 电子与正电子相遇时,会发生所谓湮没现象。一对正、负电子的静能(我们先设这对正、负电子的动量及动能皆可以忽略不计)皆转换为光子的能量,这种反应过程产生的光子,如果只有一个,只要这个光子的频率 ν 满足 $h\nu = 2m_o c^2$,就能够满足能量守恒的要求,这里 m_o 为电子或正电子的静止质量。但是如果仅产生一个光子无法满足动量守恒的要求,因为原先两个正、负电子的总动量为零而产生的光子动量为 $\dfrac{h\nu}{c} = 2m_o c$。因此,如果能量守恒和动量守恒要同时满足,就要求湮没时产生的至少是一对光子。只要这对光子频率相同但运动方向相反,且频率满足

$$2h\nu = 2m_o c^2,$$
$$h\nu = m_o c^2$$

就可以同时满足动量守恒和能量守恒的要求。

实验观测一再证明,在正、负电子湮没过程中,动量守恒与能量守恒的要求总是能得到满足,没有观测到只产生一个光子的湮没现象。现在让我们设,在 S' 系中观测到两个基本上没有动能的正、负电子湮没时,产生了两个同频率的分别沿正、负 X' 轴方向飞行的光子,而且光子的频率 ν' 满足能量守恒的要求,$h\nu' = m_o c^2$。我们要问的是,从 S 系来观测,这一对正、负电子的湮没过程,能量和动量是否也守恒呢?

解:从 S 系看来,湮没前的正、负电子对不再是静止的,而是沿 X 轴以速度 v 运动,因此总能量为

$$2m_0 \gamma_v c^2,$$

沿 X 轴方向的动量为

$$P_x = 2m_0 \gamma_v v。$$

由于空间均匀且各向同性,因此我们可以随意选取观测者所在位置和 S、S' 的相对速度的方向。为简单起见,我们让 X 轴(及 X' 轴)与湮没后沿相反方向运动的两个光子的路径重合,并设观测者就在 X 轴上。这样,根据 (21.1) 式,在 S' 系中两个频率都是 ν' 的光子,从 S 系看来,频率变了。沿正 X 轴传播的光子,频率变为

$$\nu_1 = \nu' \frac{\sqrt{1-\beta^2}}{1-\beta},$$

而沿负 X 轴传播的光子,频率变为

$$\nu_2 = \nu' \frac{\sqrt{1-\beta^2}}{1-\beta}。$$

我们已知条件是在 S' 系中,能量守恒定律成立,$\nu' = \dfrac{m_0 c^2}{h}$,所以从 S 系看来,这两个光子的能量总和为

$$
\begin{aligned}
h\nu_1 + h\nu_2 &= h\nu' \sqrt{1-\beta^2} \left(\frac{1}{1-\beta} + \frac{1}{1+\beta} \right) \\
&= h\nu' \sqrt{1-\beta^2} \left(\frac{2}{1-\beta^2} \right) \\
&= \frac{2h\nu'}{\sqrt{1-\beta^2}} \\
&= 2h\gamma_v \cdot \frac{m_0 c^2}{h} \\
&= 2m_0 \gamma_v c^2。
\end{aligned}
$$

可见,两个光子的总能量恰等于湮没前两个正、负电子的总能量。从 S 系看来,两个光子的动量为

$$
\begin{aligned}
P_x &= \frac{h\nu_1}{c} - \frac{h\nu_2}{c} \\
&= \frac{h\nu'}{c} \left(\frac{\sqrt{1-\beta^2}}{1-\beta} - \frac{\sqrt{1-\beta^2}}{1+\beta} \right)
\end{aligned}
$$

$$= \frac{h\nu'}{c}\sqrt{1-\beta^2}\left(\frac{2\beta}{1-\beta^2}\right)$$

$$= \frac{h\nu'}{c}\gamma_v \cdot 2\frac{v}{c}$$

$$= \frac{h\nu'}{c^2} \cdot \gamma_v \cdot 2v$$

$$= 2m_0\gamma_v v_o$$

这正是湮没前两个正、负电子在 X 方向的动量。可见,从 S 系来观测,湮没过程动量也是守恒的。

例 4 正、负电子对的湮没,有时也会产生 3 个光子。为了保证动量守恒,这 3 个光子必然都在同一个平面上传播。因为正、负电子的动量如果都可忽略不计时,湮没前动量为零,湮没后 3 个光子的动量矢量总和也要为零。而 3 个矢量只有在同一平面上,总和才可能为零。我们把这 3 个光子所决定的平面作为 XY 平面,正、负电子湮没(设原来正、负电子的动量都忽略不计)过程动量守恒就可用下面式子来表示(设在 S' 系中看问题)(图 31.3):

$$\frac{h\nu_1'}{c} + \frac{h\nu_2'}{c}\cos\theta' + \frac{h\nu_3'}{c}\cos\varphi' - 0, \tag{E}$$

$$\frac{h\nu_2'}{c}\sin\theta + \frac{h\nu_3'}{c}\sin\varphi' = 0_o \tag{F}$$

在这里,为了简单起见,我们选取频率为 ν_1' 的光子行进的方向为 X' 轴。

能量守恒则要求

$$h(\nu_1' + \nu_2' + \nu_3') = 2m_0 c^2_o \tag{G}$$

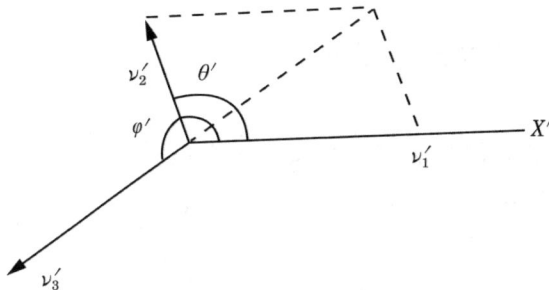

图 31.3

对于具体过程,有具体的 θ' 与 φ' 以及具体的 ν_1'、ν_2'、ν_3',但这些量都要满足上面 3 个式子,这已为实验一再证实。问题是,假如在 S' 系中观测到上述 3 光子的湮没反应,并有具体的 θ'、φ'、ν_1'、ν_2'、ν_3',都满足(E)、(F)、(G)这 3 式。从 S 系看来,湮没前后的能量、动量是否也依然守恒呢?

解:从 S 系看来,在 S' 系中动量皆可忽略的正、负电子,都具有速度 $u_x = v$,因此总动量为

$$P_x = \frac{2m_0}{\sqrt{1-\beta^2}}v, \quad P_y = 0。$$

总能量为

$$\frac{2m_0}{\sqrt{1-\beta^2}}c^2。$$

至于反应后的光子,其频率和行进方向都应根据多普勒效应和光行差的式子(21.1)、(22.2)变换到 S 系:

$$\nu_1 = \nu_1'\frac{1+\beta}{\sqrt{1-\beta^2}}, \qquad (\cos\alpha' = 1)$$

$$\nu_2 = \nu_2'\frac{1+\beta\cos\theta'}{\sqrt{1-\beta^2}},$$

$$\nu_3 = \frac{\nu_3'(1+\beta\cos\varphi')}{\sqrt{1-\beta^2}},$$

$$\cos\theta = \frac{\cos\theta'+\beta}{1+\beta\cos\theta'}, \qquad \cos\varphi = \frac{\cos\varphi'+\beta}{1+\beta\cos\varphi'},$$

从而我们得

$$\frac{h\nu_1}{c} + \frac{h\nu_2}{c}\cos\theta + \frac{h\nu_3}{c}\cos\varphi$$

$$= \frac{h\nu_1'}{c}\frac{1+\beta}{\sqrt{1-\beta^2}} + \frac{h\nu_2'}{c}\frac{1+\beta\cos\theta'}{\sqrt{1-\beta^2}} \cdot \frac{\cos\theta'+\beta}{1+\beta\cos\theta'} +$$

$$\frac{h\nu_3'}{c}\frac{1+\beta\cos\varphi'}{\sqrt{1-\beta^2}} \cdot \frac{\cos\varphi'+\beta}{1+\beta\cos\varphi'}$$

$$= \frac{1}{\sqrt{1-\dfrac{v^2}{c^2}}}\left(\frac{h\nu_1'}{c} + \frac{h\nu_2'}{c}\cos\theta' + \frac{h\nu_3'}{c}\cos\varphi'\right) +$$

$$\frac{1}{\sqrt{1-\beta^2}} \cdot \frac{v}{c}\left(\frac{h\nu_1'}{c}+\frac{h\nu_2'}{c}+\frac{h\nu_3'}{c}\right)。$$

注意到(E)、(F)、(G)这3式,可知

$$\frac{h\nu_1}{c}+\frac{h\nu_2}{c}\cos\theta+\frac{h\nu_3}{c}\cos\varphi=\frac{2m_0v}{\sqrt{1-\beta^2}},$$

右边正是从 S 系观测到的湮没前两个正、负电子在 X 轴方向的动量。

还可以有

$$\frac{h\nu_2}{c}\sin\theta+\frac{h\nu_3}{c}\sin\varphi = \frac{h\nu_2}{c}\sqrt{1-\cos^2\theta}+\frac{h\nu_3}{c}\sqrt{1-\cos^2\varphi}$$

$$= \frac{h\nu_2}{c}\frac{\sqrt{1-\beta^2}\cdot\sin\theta'}{1+\beta\cos\theta'}+\frac{h\nu_3}{c}\frac{\sqrt{1-\beta^2}\cdot\sin\varphi'}{1+\beta\cos\varphi'}$$

$$= \frac{h\nu_2'}{c}\frac{1+\dfrac{v}{c}\cos\theta'}{\sqrt{1-\beta^2}}\cdot\frac{\sqrt{1-\beta^2}\sin\theta'}{1+\beta\cos\theta'}+$$

$$\frac{h\nu_3'}{c}\frac{1+\beta\cos\varphi'}{\sqrt{1-\beta^2}}\cdot\frac{\sqrt{1-\beta^2}\sin\varphi'}{1+\beta\cos\varphi'}$$

$$=0。\qquad [利用(F)式]$$

可见,从 S 系看来,湮没后 Y 方向的动量仍然为零。

最后还可得

$$h(\nu_1+\nu_2+\nu_3)=\frac{h}{\sqrt{1-\beta^2}}[\nu_1'(1+\beta)+\nu_2'(1+\beta\cos\theta')+$$

$$\nu_3'(1+\beta\cos\varphi')]$$

$$=\frac{h}{\sqrt{1-\beta^2}}(\nu_1'+\nu_2'+\nu_3'+\beta\nu_1'+\beta\nu_2'\cos\theta'+$$

$$\beta\nu_3'\cos\varphi')$$

$$=\frac{h}{\sqrt{1-\beta^2}}(\nu_1'+\nu_2'+\nu_3')+$$

$$\frac{v}{\sqrt{1-\beta^2}}\left(\frac{h\nu_1'}{c}+\frac{h\nu_2'}{c}\cos\theta'+\frac{h\nu_3'}{c}\cos\varphi'\right)。$$

利用(G)及(E)式得

$$h(\nu_1+\nu_2+\nu_3)=\frac{2m_0c^2}{\sqrt{1-\beta^2}},$$

右边正是从 S 系看来,湮没前两个正、负电子的总能量。可见,在 S 系中动量守恒与能量守恒仍然得到满足。

例 5　所谓光子火箭,指的是火箭喷射的都是光子而不是一般的炽热气体流。设有一光子火箭,在地球上出发时,静止质量为 M,这火箭从其后方喷口不断地喷射光子,从而使自己加速,最后静止质量剩下 m。求这时火箭相对于地球的速度 v 与 M/m 的关系。

解:以地球为参考系,原来火箭总质量为 M,后来为 $m/\sqrt{1-\beta^2}$,因此喷出的光子的总质量为

$$M-\frac{m}{\sqrt{1-\beta^2}}。$$

光子都以速度 c 运动,因此这些光子动量共为

$$\left(M-\frac{m}{\sqrt{1-\beta^2}}\right)c。$$

根据动量守恒要求,火箭最后的动量应与它喷出的所有光子的动量大小相等、方向相反,所以火箭最后动量(只管数值)为

$$\frac{mv}{\sqrt{1-\beta^2}}=\left(M-\frac{m}{\sqrt{1-\beta^2}}\right)c,$$

得

$$\frac{M}{m}=\sqrt{\frac{c+v}{c-v}}。$$

从这个关系式可知,如果火箭要达到 $0.99c$ 的速度而且最后要剩下 100 吨的静止质量(这是对载人的长时间飞行的宇宙飞船质量的最保守估计)的话,出发时静止质量至少就该有

$$M=100\sqrt{\frac{1.99}{0.01}}$$
$$\simeq 1400(吨),$$

即至少得有 1300 吨的正、负电子各半的(或其他诸如此类的)高效率的光子火箭燃料。

例 6　在 S 系中 XY 平面里有一个矩形导体线圈,此线圈截面均匀,且四边分别与 X、Y 轴平行,长度分别为 a、b,并且通以恒定电流 I,如图 31.4 所示。试求出,从 S' 系看来,此线圈各边所通过的电流强度和带电量,并讨论电荷守恒和电流闭合的问题。

解: 设在 S 系中导线截面为 A, 对于 DC 边, 四电流密度矢量为

$$\boldsymbol{J}_\mu : J_1 = \frac{I}{A}, J_2 = J_3 = 0, J_4 = 0。$$

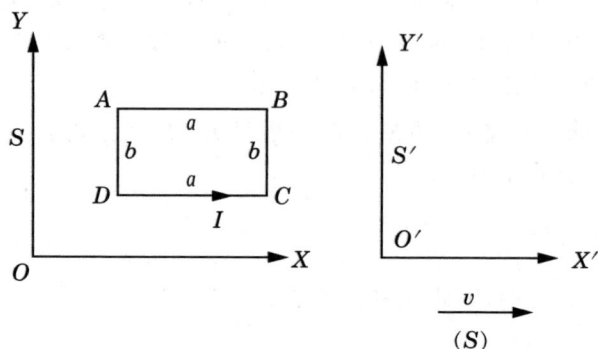

图 31.4

对于 CB 边

$$\boldsymbol{J}_\mu : J_1 = 0, J_2 = \frac{I}{A}, J_3 = 0, J_4 = 0。$$

从 S' 系看来, 根据四电流密度是四矢量的性质可知, 对于 DC 边

$$J_1' = \frac{J_1 - v J_4}{\sqrt{1 - \dfrac{v^2}{c^2}}} = \gamma J_1 = \gamma \frac{I}{A}, \quad J_2' = J_3' = 0,$$

$$J_4' = \gamma\left(J_4 - \frac{v}{c^2} J_1\right) = -\frac{v}{c^2} \gamma \frac{I}{A},$$

即

$$J_1' = \gamma \frac{I}{A}, \quad \rho' = -\frac{v}{c^2} \gamma \frac{I}{A}。$$

由于 DC 边截面依然为 A, 但长度变为 $\dfrac{a}{\gamma}$, 因此

$$I' = j_x' A = \gamma I, \quad Q' = \rho' A \cdot \frac{a}{\gamma} = \frac{vIa}{c^2}。$$

对于 CB 边

$$J_1' = 0, \quad J_2' = J_2 = \frac{I}{A}, \quad J_3' = 0,$$

220

$$J_4' = \gamma\left(J_4 - \frac{v}{c^2}J_1\right) = 0,$$

即 $$j_y' = \frac{I}{A}, \qquad \rho' = 0。$$

由于 CB 边截面积缩小,变为 $\frac{A}{\gamma}$,并且 $\rho' = 0$,因此

$$I' = j_y'\frac{A}{\gamma} = \frac{I}{\gamma}, \quad Q' = 0。$$

至于 AB 边及 AD 边,其情况分别与 DC 边及 BC 边类似,只是电流方向相反,带电量符号相反。因此,总电量为零不成问题,但是电流的闭合问题就必须说几句话。

根据上面计算,长边电流强度 $I' = \gamma I$,短边电流强度 $I' = \frac{I}{\gamma}$,两者不相等。这样,以 C 点为例,因为自左向右电流大,自下向上电流小,C 点似乎该有正电荷不断累积才对?不会。原因如下:

从 S' 看来,DC 边电流比 BC 边大,这些计算是正确的,但 C 点不会有电荷累积。因为 DC 边的电流并不全是由于电荷在导体内迁移而来,其中还有一部分是由于 DC 边有过剩电荷,而且 DC 边又自右向左运动,因而出现了额外的电流。

根据上面计算,S' 认为 DC 边单位体积有过剩电荷 $\rho' = -\frac{v}{c^2}\gamma\frac{I}{A}$,这些电荷自右向左以速度 v 运动,因而产生自右向左的电流密度(单位横截面的电流)

$$-\frac{v}{c^2}\gamma\frac{I}{A}v,$$

即自左向右电流密度为

$$+\frac{v}{c^2}\gamma\frac{I}{A}v,$$

乘以导线横截面 A 就得到自左向右电流为

$$\frac{v^2}{c^2}\gamma I。$$

把上面算得 DC 边电流 $I' = \gamma I$ 扣去这部分不在导体内部迁移电荷的电流就得

$$\gamma I - \gamma I \frac{v^2}{c^2} = \gamma I (1-\beta^2)$$

$$= \frac{I}{\gamma}$$

恰好等于 BC 边电流。可见，在导体内部迁移电荷所贡献的电流各边相同，不会在 C 点这种地方出现电流的堆积现象。

32　关于光速不变及其他

　　狭义相对论发表以来的80多年间,有很多人想去掉"光速不变"假设。初看起来,去掉光速不变假设,是有可能导出相对论的全部内容的。我们试以比较易懂的方式,不用"各个惯性系中光速皆相同"或"光速与光源运动速度无关"的假设,来建立相对论。

　　首先,我们设,空间是均匀的并且各向同性,时间也是均匀的。由于空间和时间都是均匀的,因此可以随意选取时间与空间坐标的原点。由于空间是各向同性的,因此也就可以随意选取两个参考系的相对速度的方向。此外,由于时间和空间是均匀的,不同惯性系的时空坐标之间的变换关系应当是线性的,即只包含时间或空间坐标的一次项,不能有二次以上的高次项。如果以我们前面已习惯采用的 S、S' 两个参考系为例,时空变换可设如下形式:

$$\begin{cases} x'=\alpha x+\beta t\,, \\ y'=y\,, \\ z'=z\,, \\ t'=\gamma x+\delta t\,. \end{cases} \tag{A}$$

我们只要能求得 α、β、γ、δ,就求得了 S、S' 两个参考系之间的时空坐标变换关系。如果所求得的 α、β、γ、δ 满足洛伦兹变换的要求,我们就可以利用这些变换关系式导出狭义相对论的所有推论。因而在这个意义上就可以说,建立狭义相对论可以"抛弃"光速不变假设。

　　怎么求出 α、β、γ、δ 这些量呢? 首先,变换式(A)既然不能包含时间与空间坐标的二次以上的项,那么 α、β、γ、δ 这些量就与时间或空间坐标无关,只能是 S、S' 相对速度 v 的函数。其次,由于 S、S' 相对速度为 v,因此在 S 系中 $x=$ 常数的点,从 S' 看来,必然具有 X' 方向的速度 $-v$。据(A)式,当 $x=$ 常数时,有

$$\frac{\mathrm{d}x'}{\mathrm{d}t'} = \frac{\beta \mathrm{d}t}{\delta \mathrm{d}t} = \frac{\beta}{\delta}, \qquad (x = 常数)$$

所以

$$\frac{\beta}{\delta} = -v 。 \qquad\qquad\qquad\qquad\qquad (B)$$

同样道理，在 S' 系中 $x' = $ 常数的点，从 S 系看来，其 X 方向速度应为 v。据(A)式，当 $x' = $ 常数时，有

$$\alpha \mathrm{d}x = -\beta \mathrm{d}t , \qquad (x' = 常数)$$

$$\frac{\mathrm{d}x}{\mathrm{d}t} = -\frac{\beta}{\alpha},$$

所以我们得

$$-\frac{\beta}{\alpha} = v 。 \qquad\qquad\qquad\qquad\qquad (C)$$

从(B)、(C)式得

$$\delta = \alpha , \qquad\qquad\qquad\qquad\qquad\qquad (D)$$

$$\beta = -v\alpha 。 \qquad\qquad\qquad\qquad\qquad (E)$$

有了(D)、(E)式，我们只要能求出 α，就可以据这两式求出 δ 与 β，因此剩下的任务是求出 α 与 γ。

要求得 α 与 γ，让我们设有另一参考系 S''，S'' 相对于 S' 而言，以速度 v' 沿 X' 方向运动。S'' 与 S' 的关系，就如 S' 与 S 的一样，其差别仅在于相对速度数值改为 v' 而已。让我们把相应于速度值为 v' 时(A)式那些与坐标无关的量分别记为 α'、β'、γ'、δ'，而让 α、β、γ、δ 表示相应于速度值为 v 时的量，以互相区别。这样一来，我们就有

$$x'' = \alpha'x' + \beta't'$$

$$= \alpha'(\alpha x + \beta t) + \beta'(\gamma x + \delta t) 。$$

这里我们把(A)式关于 x'、t' 和 x、t 的变换关系代了进来。利用(D)、(E)式，上面这个式子可整理成

$$x'' = (\alpha'\alpha - v'\alpha'\gamma)x - (v\alpha'\alpha + v'\alpha'\alpha)t 。 \qquad (F)$$

类似道理，有

$$t'' = \gamma'(\alpha x + \beta t) + \delta'(\gamma x + \delta t)$$

$$= (\gamma'\alpha + \alpha'\gamma)x + (\alpha'\alpha - \gamma'v\alpha)t 。 \qquad (G)$$

由于各个惯性系都等效，因此必然存在着一组直接联系着 S'' 与 S 的、与(A)式类似的变换方程式。我们把它写成(只写下 x''、t'' 与 x、t 的变换就够

了，因为 $y''=y$, $z''=z$)

$$x''=\alpha_{\circ}x+\beta_{\circ}t,$$

$$t''=\gamma_{\circ}x+\delta_{\circ}t,$$

这里 $\alpha_{\circ}$ 、 $\beta_{\circ}$ 、 $\gamma_{\circ}$ 、 $\delta_{\circ}$ 为相应于 S'' 与 S 的相对速度（设为 $v_{\circ}$ ）的变换常数（与时空坐标无关的量）。 $v_{\circ}$ 的具体数值,它与 v 、 v' 有什么关系,因为我们尚未知道速度的合成公式,一时还未能具体求出。但无论如何,各个惯性系等效,因此也当然有

$$\delta_{\circ}=\alpha_{\circ}, \tag{D'}$$

$$\beta_{\circ}=-v_{\circ}\alpha_{\circ}. \tag{E'}$$

就如上面(D)、(E)式那样。因而我们也就有

$$x''=\alpha_{\circ}x-v_{\circ}\alpha_{\circ}t,$$

$$t''=\gamma_{\circ}x+\alpha_{\circ}t_{\circ}$$

与(F)、(G)式比较,得

$$\alpha_{\circ}=\alpha'\alpha-v'\alpha'\gamma, \tag{H}$$

$$v_{\circ}\alpha_{\circ}=v\alpha\alpha'+v'\alpha\alpha', \tag{I}$$

$$\gamma_{\circ}=\gamma'\alpha+\alpha'\gamma, \tag{J}$$

$$\alpha_{\circ}=\alpha'\alpha-v\alpha\gamma'. \tag{K}$$

由(H)、(K)式得

$$v'\alpha'\gamma=v\alpha\gamma',$$

则

$$\frac{v'\alpha'}{\gamma'}=\frac{v\alpha}{\gamma}. \tag{L}$$

(L)式很有意思,它告诉我们, $v\alpha$ 与 γ 的比值在任何两个惯性系中都保持相等,所以这个比值应当是常数,我们让这个常数为 k ,即

$$\frac{v'\alpha'}{\gamma'}=\frac{v\alpha}{\gamma}=\frac{v_{\circ}\alpha_{\circ}}{\gamma_{\circ}}=\cdots=k \tag{M}$$

或

$$v\alpha=k\gamma, \quad v'\alpha'=k\gamma', \quad v_{\circ}\alpha_{\circ}=k\gamma_{\circ}, \quad \cdots.$$

有了(M)式,只要能求出 α ,就可以根据它来定 γ 。至于 k ,那是一个与参考系无关的普适常数,这只能依靠实验来测定。

如何求 α 呢?

根据(A)式($x'=\alpha x+\beta t$),在 S 及 S' 系的原点 O 、 O' 重合这个时刻,从 S 系看来, S 系中 OX 轴上处处的钟都指 O 。因此,对于 S' 系来说, S 系中

坐标为 x 的点,其 x' 坐标为

$$x' = \alpha x + 0 = \alpha x,$$

即,在 O、O' 重合这个时刻,S' 认为某点的 S 系坐标 x 与自己所测得的 x' 存在着比例关系:

$$\frac{x'}{x} = \alpha,$$

并且,既然此时 O、O' 重合,正的 x 当然对应着正的 x',故 $\alpha > 0$。根据各个惯性系等效的要求,在发生 O、O' 重合这个事件的这个时刻,S 也应认为存在着比例关系:

$$\frac{x}{x'} = \alpha。$$

就是说,(A)式的逆变换必然是形式如 $x = \alpha x' + \varepsilon t'$ 的变换,其中 ε 为由 v 决定但与时空坐标无关的量。由于 S 与 S' 系的差别仅在于 S 看 S' 是沿 OX 轴以速度 v 运动,而 S' 看 S 是沿 $O'X'$ 轴以速度 $-v$ 运动。可见,仅是速度方向的差别不会改变 α,因为 S 和 S' 系两个 α 相同。所以,作为速度 v 的函数 α,当把其中的 v 换为 $-v$ 时,α 不受影响。既然如此,让我们回到上面说过的坐标系 S''。令 $v' = -v$,则 S'' 系事实上就是 S 系自己。在这种情况下,$\alpha' = \alpha$ 而 $v_0 = 0$,$x'' = x$。因此,据上面(E')式下方的式子得

$$x'' = \alpha_0 x - v_0 \alpha_0 t = x,$$

从而得,在 $v_0 = 0$ 时,$\alpha_0 = 1$。再据(H)式,有

$$1 = \alpha^2 + v\alpha \cdot \frac{v\alpha}{k},$$

即

$$\alpha^2 \left(1 + \frac{v^2}{k}\right) = 1,$$

得

$$\alpha = \frac{1}{\sqrt{1 + \dfrac{v^2}{k}}}。$$

上面已说过,$\alpha > 0$,所以这里在开方时只留正号。常数 k 表示什么呢?我们可以从(I)、(K)这两个式子看出一些名堂来,从(I)、(K)式可得

$$v_0 \alpha_0 = (v + v')(\alpha \alpha'),$$

则

$$v_0 = \frac{\alpha \alpha'(v + v')}{\alpha_0}$$

$$= \frac{\alpha\alpha'(v+v')}{\alpha\alpha'-v\alpha\gamma'}。$$

利用（M）式得

$$v_。 = \frac{\alpha\alpha'(v+v')}{\alpha\alpha'-v\alpha\dfrac{v'\alpha'}{k}}$$

$$= \frac{v+v'}{1-\dfrac{vv'}{k}}。 \tag{N}$$

（N）式事实上就是由 v 与 v' 如何合成速度 $v_。$ 的公式。我们来看看,这个公式对 k 的数值有什么要求。

当 $v'=v$ 时,即两个同方向的速度 v 加在一起时,其合成的速度为

$$v_。 = \frac{2v}{1-\dfrac{v^2}{k}}。$$

从这个式子看出,如果 $k \to \infty$,则 $v_。=2v$。这正是牛顿力学所要求的速度合成规律。事实上,根据 $\alpha = 1 \Big/ \sqrt{1+\dfrac{v^2}{k}}$ 可知,此时 $\alpha=1$。有了 α,就可以求得 β、γ、δ,结果是(让读者自己去验算)（A）式的变换就是伽利略变换。这不是我们所希望要的,因此 k 应当是有限的。

设 $k>0$,则从 $v_。 = 2v \Big/ \left(1-\dfrac{v^2}{k}\right)$ 看到,当 $v^2 \to k$ 时,$v_。 \to \infty$。这表示两个有限的同方向速度 v 合成后得到无限大的速度,这不合一切已知的实验事实。当然,人们可以规定速度有个极限值,使得 v^2 总是小于 k,就可以避免 $v_。 \to \infty$ 的困难。但这会出现一个新的矛盾:让我们设,最大可能的速度为 $v_。$,$v_。^2 < k$。根据 $v_。 = 2v_e \Big/ \left(1-\dfrac{v_。^2}{k}\right)$ 的合成式子,我们看到,由于 $k>0$,合成的 $v_。 > 2v_。$,这表示 $v_。$ 被超越了,与原来设 $v_。$ 为最大速度矛盾。这意思是说,如果有一列车以最大速度 $v_。$ 前进,列车上有一子弹朝车头方向以速度 $v_。$ 相对于列车射出,则按上面公式,这子弹相对于地球的速度 $v_。 > 2v_。$,冲破了 $v_。$ 为最大可能达到的速度的假设。所以,$k>0$ 行不通。

这些讨论表明,k 只能是小于零的有限值,让我们设 $k=-K^2$,K 为实数,这样,根据上面已求得的 α 表达式得

$$\alpha = \frac{1}{\sqrt{1+\dfrac{v^2}{k}}} = \frac{1}{\sqrt{1-\dfrac{v^2}{K^2}}}。$$

从（M）式可得

$$\gamma = \frac{v\alpha}{k} = -\frac{v}{K^2}\frac{1}{\sqrt{1-\dfrac{v^2}{K^2}}},$$

再据（D）、（E）式得

$$\beta = -\alpha v = -\frac{v}{\sqrt{1-\dfrac{v^2}{K^2}}}, \quad \delta = \alpha = \frac{1}{\sqrt{1-\dfrac{v^2}{K^2}}}。$$

因此，S' 与 S 的时空变换关系为

$$x' = \frac{x-vt}{\sqrt{1-\dfrac{v^2}{K^2}}},$$

$$y' = y,$$
$$z' = z,$$

$$t' = \frac{t-\dfrac{v}{K^2}x}{\sqrt{1-\dfrac{v^2}{K^2}}}。$$

我们看到，只要把 K 改为 c，这些式子就是不折不扣的洛伦兹变换。也就是说，只要把 K 换成 c，就可以得到相对论的所有推论。我们可以根据这些推论中的任何一个，利用实验来确定 K 值。比如，根据具有速度 u 的物体，其质量应为

$$m_o = \frac{m_o}{\sqrt{1-\dfrac{u^2}{K^2}}},$$

这就可从实验方面来确定 K 值。当然也可以依据

$$E = mK^2$$

这类式子来确定 K 值。目前的实验表明，K 与真空中的光速 c 符合得很好。因此，对于各个参考系都相同的常数 $k = -K^2 = -c^2$。

上面这些讨论，使人们产生这样印象：光速不变原理可以从狭义相对论

的基本假设中除去。只要承认相对性原理并假设空间均匀且各向同性,时间也均匀(这些假设狭义相对论本来就承认),就会很自然地得出结论:两个惯性系的时空变换只能有两种方式:一种是伽利略变换,这相当于让 $k \to \infty$ 或 $K \to \infty$(记得 $k = -K^2$);另一种是形式如洛伦兹变换,只不过 c 被换成各个参考系都适用的常量 K。K 的量纲就是速度的量纲。这个常数 K 可由实验确定,迄今为止所有实验表明 $K = c$。就是说,光速不变原理可以不是作为相对论的前提假设,而是作为相对性原理结合时空均匀且空间各向同性的必然推论。

但是,只要仔细想一想,问题没有这样简单。让我们仔细思考一下,我们在推导以 K 代 c 的洛伦兹变换过程中,有没有不自觉地塞进什么假设?我们曾设,惯性系 S' 与 S 相对速度恒为 v,不管是 S 或 S',都测到对方以恒定速度 v 沿某一直线运动着。且慢,让我们问一问,S、S' 的恒定速度该是如何测量的呢?不管是 S 或 S',为了测定对方的速度,只能在对方运动的直线路径(直线如何确定?)上不同地点,放上一系列静止的钟,用来断定对方在相等的时间里,的确通过相同的路程。很显然,这些钟必须是对准的,或者至少它们的读数之差必须知道(假设这些钟的结构完全相同)。只有这样,才能用这些钟来测定对方的运动速度。可是为了确定不同地点的两个钟是否同步或读数相差多少,就必须找来一种通信工具,在这两点之间传递信息。这种传递信息的工具必须是能够在真空中传递的才行。因为 S 与 S' 一般说来是被真空隔开的。不止如此,这种用来对钟的信号,其传播速度必须已知,否则就不能用它来把不同地点的钟的读数对准或测出其读数之差,因为信号往来所需时间无法加以考虑,而这种考虑是异地对钟所必不可少的。严格说来,我们听收音机里最后一响报时信号是 8 时整,我们的表如果指针恰指 8 时,表明我们的表落后了,因为信号从出发点到达我们这里已有一段时间耽搁,这段时间得了解清楚并加以校正才能真正对准我们的表,这就需要知道信号的传播速度。

让我们再问一下,对钟信号的速度如何"知"呢?这里存在两种可能性:一种是自然界里存在着速度无限大的通信工具,用这种信号来对钟方便极了,可以不考虑信号往来所需时间。这不就相当于上面 $K \to \infty$ 的情况吗?不过实际上人们从来也没有找到这种通信工具。因此,对应于 $K \to \infty$ 的伽利略变换不能很好地反映客观世界的规律性。另一种可能情况是自然界并不存在能够瞬时传递的信号,只存在着用有限速度在真空中传递的信号。

对于这种情况,我们就得首先测出这类可能用来对钟的信号的传播速度才好使用它,从而出现这种情况:S 或 S' 要想测对方速度,就得先学会测量某种可用来对钟的信号的传播速度。这就是说,测速度需要对钟,对钟需要测速度……遇到了无限循环的深渊!

当然,处境还不至于这样狼狈。因为测量能在真空中传递的信号的速度与测量一般匀速直线运动的物体的速度还是有区别的。我们可以让信号走了某段距离后再返回原处,测量信号来回一趟所需时间,从而定出速度。就如在 1 中所介绍的伽利略测光速的原理一样。这种测量信号速度的方法,只需一个钟就行了,无须异地对钟。就是说,可以用来对钟的信号速度,可用"双程"方法测量,不必通过对钟手续。由于空间各向同性,这种能在真空空间传递的信号速度各方向应当相同,因此双程方法测得的速度应与单程的一样。不止如此,对于各个不同惯性系来说,这种能在真空中传播的信号在真空中的速度,应当有相同的数值;否则,在千千万万个惯性系中,原则上可以找到某个参考系或某些参考系,在这个或这些参考系中,这种信号的传播速度比其他参考系所测得的都小(包括可能的零值)或都大。这样一来,局限在自己参考系里单凭测量这种能够在真空中传播的信号的速度,就能把这个或这些特殊参考系与别的参考系区别开来。这就违反相对性原理。

上面的分析表明,为了确定两个参考系是否相互做匀速直线运动,就要求找到可用来对钟的信号,这种信号必须能够在真空中传播且传播速度必须已知。这速度可用"双程"方法测量。为了满足相对性原理的要求,这种能在真空中传播的信号速度要么无限大(这会导致伽利略变换,因此被排除),要么各个惯性系皆是相同的有限值。事实上还不止如此。为了确定"匀速直线",单测量速度还不够,还要确定直线。人们还得用这种能在真空中传递的信号来定直线。事实上人们还是利用这种信号在真空中所走的路径来定义直线的呢!除此之外,还未见有什么物理的办法能定义直线。总之,单是要使"匀速直线"有明确的意义,就脱离不了某种能在真空中传播的速度已知,且各个惯性系所测得的速度都相同的信号。因此,上面那一整套数学推导并不说明可以把光速不变原理从相对论的假设中抽掉。恰相反,在假定 S、S' 相互做匀速直线运动时,事实上,就已把推导的结论——自然界要么存在着在真空中速度无限大的通信工具,要么存在着各个惯性系都测出相同的传播速度的通信工具——放到前提条件中去了。因此,我们认为,类似上面介绍的,打算把光速不变原理从相对论的基本假设中抽出来的证明,是没有多大意义的。

这是不是说,相对论是天衣无缝,更动、改进不得呢? 绝非如此。相对论与其他正确的自然科学理论一样,都是反映客观世界的一部分规律,而且只能是近似地、有条件地反映出这些规律。客观世界无限丰富多彩,单是空间和时间的性质,就绝不是一个理论所能全部包括得了的。我们可以举一两个比较浅显的例子来说明这一点。

首先,关于时空的性质,由洛伦兹变换所反映的时空,是均匀平直的时空。在这种时空中,任意两点(四维时空的世界点)之间的间隔不变量形式为

$$(x_2-x_1)^2+(y_2-y_1)^2+(z_2-z_1)^2-c^2(t_2-t_1)^2。$$

在这个不变量的表达式中,各个坐标之差的平方的系数都是常数(1或$-c^2$)。具有这种间隔的时空只能反映不存在引力场的情况下时空的性质。狭义相对论的自然的推广——广义相对论已指出,在引力场存在的情况下,不管选取什么样的坐标框架,都不能使间隔的表达式中各项的系数都是常数。这些系数与物质的具体分布有关。用数学的语言来说,时空不再是平直的,而是弯曲的。好些实验表明,广义相对论的看法是有道理的。

其次,我们再考虑“匀速直线”运动,这是相对论中联系两个惯性系必不可少的概念。这概念也只能是近似的。不进行观测就无法断定对方是在做匀速直线运动,可是一旦进行观测,就必须彼此交换情报,也就必须交换物质(在物理学中认为,任何情报的交换都伴随着物质的交换,情报只能用某种物质来携带)。比方说,用光把对方照一照(进行测量嘛!)。这样问题就来了:你用光照对方,光子是有动量和能量的(这是相对论自己的结论),对方就会因此改变动量和能量。你自己从对方看来,也改变了能量和动量。总之,任何对对方的观测,都不可避免地直接破坏了彼此间的匀速直线运动状态。为了尽可能减少这种由必不可少的测量所引起的对匀速直线运动的干扰,可以让 S 和 S' 都是拥有巨大质量的物理系统。这样的系统对于交换几个光子所产生的干扰就不在话下,可以忽略不计。可是这样一来,巨大的质量会使周围空间严重地失去均匀且各向同性的性质,严重地影响到洛伦兹变换下的时空间隔不变性。你看,狭义相对论自己在这些问题上不是存在着一系列矛盾,不能自圆其说吗?

再说,“直线”这个东西,狭义相对论几乎开宗明义就谈到它。可是“直

线"这概念是否说清楚了呢？怎样确定直线？直线只能用光在真空中所走的路径来定义,除此以外没有别的可行的办法。可是,由于光的衍射现象总是不可避免,用光来定直线永远有误差。总之,狭义相对论连最"简单"的概念如"匀速""直线"都无法不含糊地定义清楚。而众所周知,它还算是物理学中最严格的理论之一呢？

再随便举一个例子,电子该是一个无大小的点状物呢还是一个有限大小的球(或其他形状)呢？相对论对此也是自相矛盾的。如果电子有一定的大小,根据相对论,电子和周围其他物质的相互作用就应当有先有后,因为任何物理作用最快的传播速度是 c,电子必然总是这一侧先受到作用,然后是另一侧,不会是整体一下子都受到作用。因此,电子不该老是整体行动。可是人们从来未观测到电子中有个别部分单独行动的例子。可见,电子应当是没有大小的点状东西才合理。可是,一个点状带电体,其附近电场强度趋于无限大,电场能量也趋于无限大,电子的质量(根据 $m = E/c^2$)也就应当无限大才对。但观测事实表明,电子质量是有限的。你看,单是在电子的大小问题上相对论就自相矛盾,无法协调。

事实上,不止相对论如此,其他物理理论(它们多半比相对论更粗糙更不严密)更是如此,永远不能建立没有矛盾的物理理论。任何物理理论必然存在着一些在其自身内部无法克服的矛盾,所谓真正"自洽的"物理理论实际上是没有的,也永远不会有。事物的矛盾总是不可避免的,没有矛盾也就没有世界,也不会有物理理论。正是这些矛盾推动事物的发展。相对论既然不可避免地存在着自身不可克服的矛盾,它自然还会发展,不会停留在目前水平上。不过发展了的新理论,虽然可能解决一些在狭义相对论中无法克服的矛盾,但必然又出现新的,在新理论自身内部无法克服的矛盾。

从本质上说,任何物理理论都是以一些公理为依据的,而这些公理都直接或间接地来自实践。物理学中很多名字冠冕堂皇地叫定律、原理之类的东西,如牛顿力学三定律、热力学中的几个定律、量子力学中的测不准关系式、薛定锷方程等,事实上只不过是一些公理。既然公理是来自实践(直接或间接的),随着人类对自然界认识的逐步提高,随着实验技术的不断进步,公里的适用范围会越来越明确。新的、牵涉更广阔领域的公理也就可能取代旧的公理。只要人类不停地研究自然,这样的"公理变迁"过程是永远不会停止的。任何物理理论都不会是最后理论,任何物理公理都不是普遍公理,都会发展提高。总之,本书所谈的有关相对论的一切,虽然它们是物理学中最严密的东西的一部分,但依然只能是近似的,千万别看成是动不得的。但是有一点也应着重指出:物理公理的建立靠的是实践,物理公理的被推翻(这比较少见)或推广提高,首先也得根据实践。在目前实验所及的范围里,我们前面所介绍的那些有关相对论内容,是相当准确地反映了客观世界的规律的。

附:关于狭义相对论的实验基础

最近几年来一些天文学上的事实,对狭义相对论的实验基础有相当的影响,我们这里简要地论述一下。

(一)关于光速与光源运动速度无关的实验事实

20 世纪 60 年代末期发现脉冲星以后,我国有关宋朝历史的史书上所记载的一次超新星爆发现象,在原来已引起人们很大兴趣的基础上,更加引人注意。那次超新星爆发,发生于公元 1054 年,我国史书上好些地方都有相当明确的记载。在宋朝人所记录下来的那部分天空,至今尚留下一片云雾状的东西。因为这云雾状的东西看起来有点像螃蟹,天文学家也就戏称它为蟹状星云。这星云肉眼看不到,但只要有 10 厘米口径的质量好一点的望远镜就能看到。当人们知道天上有所谓脉冲星后,就考察这个星云,发现在蟹状星云的中心有一个脉冲星,人们给它一个编号,叫 PSR0531＋21 脉冲星。它既发射无线电波段脉冲,也发射可见光脉冲以至 X 射线和 γ 射线脉冲。脉冲重复周期非常准确,为 33.0955639268 毫秒[①],每次脉冲持续时间约 1 毫秒。这个脉冲星就是 1054 年爆发的那个超新星的残骸。它现在是一个中子星。

像 PSR0531＋21 这样的脉冲星,它们的脉冲重复周期会那样准确,是由作为脉冲星的中子星的自转所致。事实上这种脉冲星所发射的电磁波,原来并非脉冲式的。我们观测到成为脉冲的这部分电磁波,原是中子星上某个小区域发出的,大体上形成类似探照灯式的光束,随着中子星的自转,这光束定期地扫过地球,使我们定期地观测到一次又一次的闪光——脉冲。请注意,我们这里的"光",指的是电磁波,不是专指可见光。在现今已知的脉冲星当中,PSR0531＋21 比较特殊,它的脉冲周期很短,脉冲宽度(每次脉冲持续时间)也很小,而且脉冲的电磁波波段最宽,从无线电波到高能 γ

---

① 脉冲星脉冲周期随时间缓慢变化,这是 1969 年的数据

射线都有。其余的脉冲星多数只是探索到狭窄的一段电磁波而已,多半是无线电波段。脉冲星 PSR0531+21 的这些特点,和这个星是比较最近爆发的超新星而且距离我们比较近这些具体条件有关。在天文学上,一千年算不了什么,这个超新星大约在 1000 年前看到它爆发,这就算很新了。它距离我们约 6000 光年,相距 6000 光年的超新星,算是很近的了。

对于像 PSR0532+21 这类脉冲星的仔细考察表明,它们的脉冲来自高速带电粒子在磁场中运动时所产生的辐射,叫同步辐射。人们早就知道,高速带电粒子有加速度时,必然会沿着它的速度方向发射出一束狭窄的电磁波束。因为这种电磁波束差不多只沿着高速带电粒子的正前方射出,所以只有当这些高速带电粒子几乎正朝向地球飞来的瞬间所发射的电磁波,才让我们收到。所以我们看到的 PSR0531+21 的脉冲电磁波,其光源就是以接近光速运动的带电粒子,这些光源的运动方向基本上指向地球。电动力学的理论可以推证,这些高速带点粒子——光源——的运动方向如果与视线方向的偏离角 $\theta < \sqrt{1-v^2/c^2}$($v$ 为粒子运动速度),它们发射的同步辐射就可以到达地球。根据 PSR0531+21 的具体条件可以算出,这些带电粒子如果 $\sqrt{1-\dfrac{v^2}{c^2}} = \dfrac{1}{7}$,就足够发射能量超过 400 Kev 的 γ 射线。因此,我们所看到的脉冲光的光源,有的正向我们运动,有的则运动方向可能与视线方向偏离达 $\theta \simeq \dfrac{1}{7}$,甚至更多。这样一来,光源沿视线方向的速度的差别就至少可达

$$\Delta v \simeq c - c\cos\theta 。$$

在这里,我们让 $\cos\theta \simeq 1 - \dfrac{\theta^2}{2}$,按 $\theta = \dfrac{1}{7}$ 计,$\Delta v \simeq 0.01c$。

如果光源的速度 v 可能影响光速的话,让我们设光的速度变为 $c' = c + kv$,则沿视线方向运动的带电粒子所发的光,速度就约为

$$c + kc ,$$

运动方向与视线偏离 $\theta = \dfrac{1}{7}$ 的带电粒子所发的光,速度约为

$$c + k(c - 0.01c) = c + 0.99kc 。$$

因而同一时刻从 PSR0531+21 这些高速运动带电粒子所发的光,到达地球所需时间相差为(设为 PSR0531+21 与地的距离)

$$\Delta t = \frac{l}{c+0.99kc} - \frac{l}{c+kc}。$$

这个时间差 Δt 显然必须小于脉冲宽度 0.001 秒,才能让我们看到脉冲宽度为 1 毫秒的脉冲,因此

$$\frac{l}{c+0.99kc} - \frac{l}{c+kc} < 0.001(秒)。$$

下面我们将看到,k 很小,所以上式左侧可以写成

$$\frac{l(c+kc) - l(c+0.99kc)}{(c+0.99kc)(c+kc)} \simeq \frac{0.01kcl}{c^2}。$$

就是说,我们让 $(c+0.99kc)(c+kc) \simeq c^2$,因而我们有

$$0.01kcl < 0.001c^2(秒),$$

则　　　　$k < \dfrac{c}{l} 0.1(秒)。$

由于 $l = 6000$ 光年,$\dfrac{l}{c} = 6000$ 年,所以

$$k < \frac{0.1\ 秒}{6000\ 年} \simeq 5 \times 10^{-13}。$$

就是说,要是把光源的速度对光速的可能影响记为 $c' = c + kv$ 的话,则从 PSR0531+21 的观测事实可以推出结论,"影响系数"$k < 5 \times 10^{-13}$。我们认为,这是到目前为止关于光速与光源速度无关的最好证据。

　　PSR0531+21 的观测事实除了给出光速与光源运动速度无关的证据,还给出了从可见光到相当高能的 γ 射线之间各种频率的电磁波在真空中的速度都相同的证据。因为 PSR0531+21 从可见光到 γ 射线脉冲都同时到达地面,相差小于 0.0002 秒。据此,设不同频率的光在真空中的速度差可达 Δc,则

$$\frac{l}{c} - \frac{l}{c+\Delta c} < 0.0002(秒),$$

或

$$\frac{l}{c-\Delta c} - \frac{l}{c} < 0.0002(秒)。$$

这两个式子都可以得出 $\dfrac{l\Delta c}{c^2} < 0.0002(秒)。$

　　在这里,左侧分母略去了 $\Delta c \cdot c$ 的项,因为 Δc 比 c 小很多,$\Delta c \cdot c$ 与 c^2

相比,完全可以略去。从这个式子得

$$\frac{\Delta c}{c} < \frac{c}{l} 0.0002(秒) \simeq 10^{-15}。$$

这表明,如果各种频率的电磁波在真空中的速度是有差别的话,则这个差别与平均速度 c 之比小于 10^{-15}。

(二)有关相对性原理的实验事实

20 世纪 60 年代天文学上的重大事件除了发现类星体,发现脉冲星,就是发现宇宙空间各个方向都充满着各向同性的微波辐射(主要的辐射属于微波波段),就如所有天体都处在一个温度为 2.7 K 的空腔中一样。一般认为,这些辐射不是来自某些具体的天体,而是来自宇宙学上所考虑的另一些原因,是整个宇宙到处存在的各向同性的辐射背景。因此,这些存在于恒星际空间和星系际空间的各向同性微波辐射通常就叫宇宙微波辐射背景。在1976—1977 年间,美国有人利用 U-2 飞机飞上高空仔细测量,发现这个微波辐射背景并不真正各向同性,而是存在微弱的各向异性。这个各向异性可以用银河系在宇宙微波辐射背景中的运动来解释。就是说,只要假设银河系相对于宇宙辐射背景的速度为 600 千米/秒,就能很好地说明所观测到的辐射背景的各向异性。因此,有的人就认为,这似乎测出了银河系的绝对速度,也即相对于所谓整个宇宙的速度。按照这样看法,微波背景辐射似乎代替了 19 世纪所设想而未能探测到的充满整个宇宙的以太。有了微波辐射背景,一个物体是运动着还是静止,可以由这个物体对于充满整个宇宙的微波辐射背景是否有速度来决定。宇宙微波辐射背景似乎可以作为一个绝对的参考系,因而相对性原理就好像受到了致命的冲击。事实不然,微波辐射背景和以太有一个非常根本的区别。按照以前所设想的以太,它是传光的媒质。什么地方有光传播,那个地方就有以太存在。人们无法对以太进行屏蔽。可是微波辐射就不是这样,要屏蔽或隔离微波辐射是轻而易举的事,如只要用一个金属做的车厢就行了。这样,局限在一个金属做的车厢里进行的任何实验,就无法测出这个车厢以多大速度沿哪一个方向相对于微波辐射背景运动着。相对性原理——局限在一个参考系中所进行的任何物理实验都无法区分自己这个参考系相对于其他某个参考系而言,是静止的还是匀速直线运动着这样两种状态——依然成立。因此,尽管测出了银河系相对于微波辐射的速度,并不像有些人所设想的那样,已经找到了在新的条件下的以太。相对性原理根本没有受到什么冲击。

因此,我们可以说,在狭义相对论提出 80 多年后的今日,这个理论所依据的实验基础比这个理论初提出来的当时还更牢靠。光速与光源运动速度无关的实验事实,以空前未有的精度确立了"影响系数"k 的上限,$k<5\times10^{-13}$,而相对性原理则多经受了 80 几年的实践考验。

附录 爱因斯坦 1905 年发表的两篇关于狭义相对论的论文

说明:估计青年读者不易读到爱因斯坦关于狭义相对论的原始论文,我们把 H.A. Lorentz, H. Weyl, H. Minkowski: *The Principle of Relativity* (Dover, New York)一书中所载爱因斯坦 1905 年发表的两篇相对论论文的英译本转译成中文,这两篇论文并不难读,但逻辑推理严密,影响深远,堪称科学论文典范,当年爱因斯坦年仅 26 岁。

A.运动物体的电动力学

人们知道,麦克斯韦电动力学——按目前一般人所理解的——用于运动物体时,会出现不对称,这不对称看来并不是客观现象所固有的。以磁铁和导体间相互的电动力学作用为例,可观测到的现象都只和磁铁与导体的相对运动有关,可是传统的观点却认为导体运动或磁铁运动这两种情况是截然不同的。因为如果磁铁运动而导体不动,则在磁铁周围就产生具有确定能量的电场,因而就在该处的导体中引起电流。但假如磁铁是静止的而导体运动着,在磁铁附近就不产生电场。然而,在这种情况下我们在导体中发现电动力〔注 1〕,对于这电动力,没有与之相应的能量,可是它引起电流——假如所讨论的这两种情况其相对运动是等同的话——这电流的路径与强度和第一种情况中由电力所产生的一样。

这一类例子,以及想发现地球相对于"光介质"运动的一些失败的尝试提醒我们,电动力学现象与力学过程一样,不具有与绝对静止概念相对应的性质。它们还更暗示着——在考虑到一级小量的条件下,是已经被证实了的——

对于力学规律能很好成立的参考系来说,电动力学及光学规律在这些参考系中也照样适用①。我们把这个猜想(其含义在下文中将叫"相对性原理")提高到作为公设的地位,并引入另一个公设,这个公设是,光在真空中总以确定的速度 c 传播,与发光体的运动状态无关。这两个公设只是表面上似不相容。有了这两个公设,从静止物体的麦克斯韦理论出发,就足够导出一个简单且前后一致互相协调的关于运动物体的电动力学理论。引入"传光的以太"是多余的,因为照下面将要阐明的观点,并不需要一个拥有特殊性质的"绝对空间",也不需要给发生电磁过程的真空空间的某一点指定一个速度矢量。

下面将要展开的理论基于——像所有电动力学一样——刚体运动学,因为这理论的任何论断都与刚体(坐标系),钟和电磁过程之间的关系打交道。目前关于运动物体的电动力学所遇到的困难,其根子就在于对这种情况考虑得不够充分。

Ⅰ.运动学部分

§1.同时的定义

让我们选取一个牛顿力学方程能很好成立的坐标系②。为了使我们的表述更精确以及把这个坐标系与下面将要引入的其他坐标系在口头上加以区别,我们叫这个坐标系为"静止坐标系"。

设有一个质点相对于这个坐标系静止着,它的位置可以根据欧基里德几何学的方法,用刚性标准尺进行测量而规定下来,并表成笛卡尔坐标。

我们如果打算描述一个质点的运动,就把它的坐标值作为时间函数的形式表示出来,不过必须小心记住,除非我们完全清楚"时间"是什么,否则这样的数学描述没有物理意义。我们不得不注意到,我们一切有关时间的判断是关于同时事件的判断。例如,"那列车于 7 时到达这里",我指的是诸如"我的表的小针指 7 与列车到达是同时事件"。③

---

① 作者当时还不知道洛伦兹 1904 年的论文"以小于光速的任意速度运动的系统中的电磁现象"。——英译者注。

② 在一级近似条件下。——原注。

③ 我们这里不讨论接近于同一地点的两个事件的同时概念中潜在的不严密性,这问题只有通过一定的抽象处理才能清除。——原注。

把"时间"用"我的表小针所指位置"来代替,似乎可以避免有关"时间"定义的所有困难。事实上这样的定义仅仅适用于规定表的所在地的时间,当我们要确定不同地点的事件的时间先后,或——事实上是一样的东西——要确定离表很远的事件的时间时,这样的定义就不行了。

当然,我们可能满足于按下面方式来确定时间,让一个观测者与一个表静止坐标原点,每一个需要确定时间的事件,可在事件发生时,发出一个光信号,这光信号通过真空到达表的所在地,照出指针的位置,就用这指针的位置来规定该事件的时间数值。可是,这样来定时间坐标有一个缺点,我们从经验知道,这样定出的时间值不能不与观测者以及表所在的地点有关。我们可按下面的思路得出一个更加实用得多的确定时间坐标的方式。

设在空间 A 点有一个钟,在 A 点的观测者就可以利用这个钟来确定发生于紧靠 A 点的事件的时间,这只要读出在事件发生的同时,这钟的指针指在什么地方就行了。设在空间 B 点有另一个钟,这钟与 A 处的钟各个方面都相同,在 B 点的观测者就可以用它来确定发生于紧傍 B 点的事件的时间。但是,如果没有进一步的假设,人们就不可能比较发生在 A 处的事件与 B 处的事件的时间先后。到此为止,我们只定义了"A 时间"与"B 时间",还没有定义 A 与 B 的共同"时间"。我们可以通过定义光从 A 到 B 所需"时间"与从 B 到 A 所需"时间"相等,由此来定义共同时间〔注 2〕。设一束光于"A 时间"t_A 从 A 出发射向 B,设这光在"B 时间"t_B 从 B 反射向 A,并在"A 时间"t_A' 再次到达 A。按定义,如果

$$t_B - t_A = t_A' - t_B,$$

则两个钟同步。

我们假设关于钟的同步的这样定义是不自相矛盾的,可用于不管多少个点的钟,而且下面这些关系是普遍适用的:

1.如果 B 点的钟与 A 点的钟同步,则 A 点的钟与 B 点的钟同步。

2.如果 A 点的钟与 B 点的钟同步,也与 C 点的同步,则 B、C 两点的钟也就彼此同步。

这样,我们借助于某些设想的物理实验,解决了该如何理解放在不同地点的静止的钟的同步问题,并且很明白地有了关于"同时"或"同步"以及"时间"的定义。一个事件的时间是由放在这事件发生地点的静止的钟上面的同时事件给出的,这钟与某一特定的静止的钟对准过,并且确实对于所有时刻皆同步。

我们还与经验一致地假设量

$$\frac{2AB}{t'_A - t_A} = c$$

为一普适常数——光在真空中的速度。

通过静止坐标系中的钟来定义时间是很关键的,这样定义出来的时间就是相应于静止坐标系的时间,我们叫它"静止坐标系的时间"。

§2. 长度与时间的相对性

下面这些看法基于相对性原理与光速不变原理,这两个原理我们这样定义:

1. 对于两个相互间做匀速平移运动的坐标系,物理系统的状态变化的规律是一样的。

2. 在"静止"坐标系中,不管光线是从静止的或运动的物体发出,光的运动都具有确定的速度 c,而光速为

$$速度 = \frac{光的路程}{经历的时间},$$

其中经历的时间是按 §1 所定义的时间。

设有一静止的刚性杆,用一根静止的尺来测量,设其长为 l。我们设想这杆的轴线沿着静止坐标的 X 轴放置,然后让这杆以速度 v 沿 X 轴向着 x 增加的方向匀速平移运动。我们来考究这运动的杆的长度,并设想这杆的长度用下面两种手段来确定:

(1) 观测者与所给予的尺和要测量的杆一起运动,把尺直接与杆重叠,就像大家皆静止时那样测量杆的长度。

(2) 利用按 §1 所说方法对准过的,安排在静止坐标系中的静止的钟,来测定被测的杆的两端在给定的时刻落在静止坐标系中的哪两个点。因为这两个点是静止的,两点之间的距离可根据已采用过的方法用尺测量出来,这长度同样可以叫"杆的长度"。

按相对性原理,用方法(1)所测得的长度——我们叫它"杆在运动坐标系中的长度"——应当与静止的杆一样为 l。

用方法(2)所得到的长度,我们叫它"(运动的)杆在静止坐标系中的长度"。这长度将根据我们的两个原理来确定,我们将看到 l 它与不同。

历来运动学皆默认,这两种方法所测出的长度是准确相同的,或者换句

话说,一个运动着的刚体在 t 时刻的几何形状与同样这个物体在某确定位置静止时一样。

接着我们来设想,在这杆两端 A 与 B 都放上一个与静止坐标系中的钟同步了的钟,这就是说,它们在任一时刻都指出相应于它们所在地的"静止坐标系的时间"。因而这两个钟是"在静止坐标系中同步的"〔注 3〕。

我们再进一步设想,对于这两个钟的每一个,都有一个运动的观测者,并且这两个观测者对这两个钟都采用§1所述的标准方法来判断它们是否对准。设在时间①t_A 时让一束光离开 A,设这光在 t_B 时从 B 反射回来并在 t'_A 时回到 A 点。考虑到光速不变原理,我们有

$$t_B - t_A = \frac{r_{AB}}{c-v} \text{ 及 } t'_A - t_B = \frac{r_{AB}}{c+v},$$

其中 r_{AB} 表示运动的杆的长度——由静止坐标系测量。可见,静止坐标系声称这两个钟是同步的,而与钟一起运动的观测者却发现这两个钟不同步。

所以我们看到,不可能给同时的概念以任何绝对的含义,实际情况倒是,两个从某坐标系看来是同时的事件,当从另一个与这坐标系相对运动的坐标系来考察时,就不一定仍看成同时事件。

§3.从一个静止坐标系到另一个相对于这系统做匀速平移运动的坐标系的坐标与时间的变换理论

让我们在"静止"空间取两个坐标系,就是说,两个各由 3 条刚性实物构成的线,这 3 条线互相垂直,并从同一点引出,设这两个系统的 X 轴互相重合,而 Y 与 Z 轴分别互相平行。设每一个系统中都备有一根刚性尺和好些钟,并让这两条尺以及所有两系统中的钟在各个方面都相同。现在让这两个坐标系之一(k)的原点以恒速度 v 沿着另一个坐标系(K)的 X 增加的方向运动,并让这个速度传给坐标轴以及相应的尺及钟等。对于静止系统 K 而言,在任何时刻,运动系统的这些坐标轴都有相应的确定位置,并且从对称的理由来考虑,我们有理由这样假设,k 的运动使得运动坐标系的轴在 t 时刻(这个"t"总是表示静止坐标系的时间)与静止坐标系的轴平行。

现在让我们设想,静止坐标系 K 用它的静止的尺来度量空间,而运动

---

① 这里"时间"指的是"静止系统的时间"并且也是"运动的钟在所讨论的地方其指针所指的位置"。——原注。

坐标系 k 也用与它一起运动的尺来对空间进行度量,因而我们就分别得到坐标 x、y、z 与 ξ、η、ζ。此外,设静止坐标系各点的时间 t 由放在该点的钟按 §1 所指出的借助光信号来确定。同理,运动坐标系中各点的时间 τ 由放在该点,相对于该坐标系静止的钟,用 §1 所给出的让光信号在各个钟之间往来的方法来确定。

对于每一组 x、y、z、t 数值,都完全地确定了一个事件在静止坐标系中的地点和时间,这个事件相对于坐标系 k 来说,也就有一组属于 k 坐标系的 ξ、η、ζ、τ 值,我们的任务就是找出联系着这些量的方程组。

首先,很明显,考虑到空间和时间应当是均匀的,这些方程必须是线性的。

如果我们令 $x' = x - vt$,很清楚,在 k 系中静止的一个点就必须有一组与时间无关的 x'、y、z 值。我们首先定义 τ 为 x'、y、z 与 t 的函数。要这样做,我们就必须把 τ 只不过是 k 系中所有静止的钟的读数的总代表这个事实,用方程式的形式表示出来,这些钟按 §1 所给的规则同步过。

让一束光线在时间 τ_0 从 k 的原点沿 X 轴向 x' 发出去,这光在 τ_1 时在那里被反射并在 τ_2 时回到坐标的原点,这样,我们就应该有 $\frac{1}{2}(\tau_0 + \tau_2) = \tau_1$,或者把函数 τ 的自变量放进去,并在静止坐标系中用上光速不变原理,得

$$\frac{1}{2}\left[\tau(0,0,0,t) + \tau\left(0,0,0,t + \frac{x'}{c-v} + \frac{x'}{c+v}\right)\right]$$
$$= \tau\left(x',0,0,t + \frac{x'}{c-v}\right)。$$

因而,如果 x' 取为无穷小的小量,则

$$\frac{1}{2}\left[\frac{1}{c-v} + \frac{1}{c+v}\right]\frac{\partial\tau}{\partial t} = \frac{\partial\tau}{\partial x'} + \frac{1}{c-v}\frac{\partial\tau}{\partial t}$$

或

$$\frac{\partial\tau}{\partial x'} + \frac{v}{c^2-v^2}\frac{\partial\tau}{\partial t} = 0。$$

应当指出,我们可以选取其他任意点来代替坐标系的原点以作为光线的出发点。因此,刚才所得的这个方程对于所有的 x'、y、z 皆成立。

类似的考虑——对于 Y 轴与 Z 轴——我们知道,从静止坐标系看来,光沿这两个轴传播的速度恒为 $\sqrt{c^2-v^2}$,因此有

$$\frac{\partial \tau}{\partial y}=0, \quad \frac{\partial \tau}{\partial z}=0。$$

由于 τ 为线性的函数,因此从这些方程可得

$$\tau=a\left(t-\frac{v}{c^2-v^2}x'\right),$$

其中 a 为目前尚未知道的函数 $\phi(v)$,并且为了简化起见,我们设在 k 系的原点处,当 $t=0$ 时,$\tau=0$。

借助于这个结果,我们就很易写出(按照光速不变原理结合相对性原理的要求)光在运动坐标系中以速度 c 传播的方程,从而定出 ξ、η、ζ 这些量。对于一束在 $\tau=0$ 时沿 ξ 增加方向发出的光,有

$$\xi=c\tau, \quad \text{或 } \xi=ac\left(t-\frac{v}{c^2-v^2}x'\right)。$$

但是从静止坐标系来测量,这光线相对于它在 k 中的出发点的速度为 $c-v$,所以

$$\frac{x'}{c-v}=t。$$

假如我们将这个 t 值代入 ξ 的方程,我们就得

$$\xi=a\frac{c^2}{c^2-v^2}x'。$$

按类似的方式考虑沿其他两个轴传播的光线,我们得

$$\eta=c\tau=ac\left(t-\frac{v}{c^2-v^2}x'\right),$$

还同时存在着

$$\frac{y}{\sqrt{c^2-v^2}}=t, \quad x'=0,$$

从而

$$\eta=a\frac{c}{\sqrt{c^2-v^2}}y \text{ 及 } \zeta=a\frac{c}{\sqrt{c^2-v^2}}z。$$

把 $x'=x-vt$ 代回去,我们得

$$\tau=\phi(v)\beta(t-vx/c^2),$$
$$\xi=\phi(v)\beta(x-vt),$$
$$\eta=\phi(v)y,$$
$$\zeta=\phi(v)z,$$

其中

$$\beta = \frac{1}{\sqrt{1-v^2/c^2}},$$

而 ϕ 为一个尚未知道的 v 的函数。如果对于运动坐标系的起始位置及 τ 的零点没有任何假定,则这些方程的右侧都应放上一个附加常数项。

到此为止,我们还尚未证明光速不变原理与相对性原理是互相协调的,因此现在该让我们来证明:如果像我们已假设那样,光在静止坐标系中以速度 c 传播,则从运动坐标系来观测,任何光线也以速度 c 传播。

在时间 $t=\tau=0$,即两个坐标系原点重合时,让一个球面光波从原点出发,在 K 系中以速度 c 传播。设 (x,y,z) 点为光刚到达的点,则

$$x^2+y^2+z^2=c^2t^2.$$

用我们的变换方程组把这个式子变换后,经过简单的运算,我们得

$$\xi^2+\eta^2+\zeta^2=c^2\tau^2.$$

可见,所考虑的这个光波,从运动坐标系看来,是不折不扣的一个以速度 c 传播的球面波,这就证明我们的两个原理是互相协调的。

在已推导出来的变换方程中,含有一个 v 的未知函数 ϕ,我们来确定这个函数[①]。

为了这个目的,我们引入第三个坐标系 K',这个坐标系与 k 的相互关系是平行的平移运动,K'〔注 4〕的原点以恒速度 $-v$ 沿 X 轴运动。在时间 $t=0$ 时,让所有 3 个原点重合,且当 $t=x=y=z=0$ 时,让 K' 的时间 t' 为零。我们把从坐标系 K'〔注 5〕所测得的坐标记为 x'、y'、z',接连两次应用我们的变换方程组后,我们得

$$t' = \phi(-v)\beta(-v)(\tau+v\xi/c^2) = \phi(v)\phi(-v)t,$$
$$x' = \phi(-v)\beta(-v)(\xi+v\tau) = \phi(v)\phi(-v)x,$$
$$y' = \phi(-v)\eta = \phi(v)\phi(-v)y,$$
$$z' = \phi(-v)\zeta = \phi(v)\phi(-v)z.$$

由于 x'、y'、z' 与 x、y、z 的关系不包含时间 t,坐标系 K 与 K' 相互是静止的,因此很清楚,从 K 到 K' 的变换是全等变换,从而

$$\phi(v)\phi(-v)=1.$$

---

① 洛伦兹变换方程组可以利用这样的条件更简单直接求出来:这些方程组应当使得从关系式 $x^2+y^2+z^2=c^2t^2$ 可以得出关系式 $\xi^2+\eta^2+\zeta^2=c^2\tau^2$。——英译者注。

现在让我们来考察 $\phi(v)$ 的意义。我们把注意力集中在 k 系中 Y 轴落在 $\xi=0, \eta=0, \zeta=0$ 与 $\xi=0, \eta=1, \zeta=0$ 之间的这一段。这一段的 Y 轴就相当于一条杆沿着与杆的轴线垂直的方向相对于 K 系在运动着。它的端点在 K 系中的坐标为

$$x_1=vt, \quad y_1=l/\phi(v), \quad z_1=0,$$

及

$$x_2=vt, \quad y_2=0, \quad z_2=0,$$

所以在 K 系中测得此杆长为 $l/\phi(v)$。这就给了我们关于 $\phi(v)$ 的意义，从对称的道理来看，一条给定的杆沿着与杆轴线垂直的方向运动，从静止坐标系来测量，其长度应当只与其速度值有关，而与速度的方向及指向无关，所以，把 v 改为 $-v$，静止坐标系所测得的此杆长度应当一样。因此，有

$$l/\phi(v)=l/\phi(-v),$$

或

$$\phi(v)=\phi(-v)。$$

从这个关系式以及前面得到的那个式子得中 $\phi(v)=1$，所以前面已求得的变换方程组为

$$\tau=\beta(t-vx/c^2),$$
$$\xi=\beta(x-vt),$$
$$\eta=y,$$
$$\zeta=z,$$

其中

$$\beta=1/\sqrt{1-v^2/c^2}。$$

§4. 所得到的这些方程对于运动着的刚体和钟的物理意义

我们来考察一个在运动坐标系中静止着的刚性球[①]，其球心在这坐标系的原点，半径为 R。这个相对于坐标系 K 以速度 v 运动着的球的球面方程为

$$\xi^2+\eta^2+\zeta^2=R^2。$$

这个方程在 $t=0$ 时用 x、y、z 来表示就为

---

① 指的是一个在静止时是球形的物体。——原注。

$$\frac{x^2}{(\sqrt{1-v^2/c^2})^2}+y^2+z^2=R^2。$$

所以,一个在静止情况下,具有球的形状的刚体,在运动情况下——从静止坐标系来测量——它的形状变为一个旋转椭球,其轴为

$$R\sqrt{1-v^2/c^2},R,R。$$

就是说,一个球(以及不管什么形状的物体)在运动时,Y 及 Z 方向的大小没有变化而 X 方向的大小按 $1:\sqrt{1-v^2/c^2}$ 的比例缩短,即速度越大,缩短越厉害,当 $v=c$ 时,所有运动物体——从"静止"系统看来——都收缩为没有厚度的片状物。当速度超过光速时,我们的这些讨论就变成没意义了。然而,我们下面将看到,在我们的理论中,光速扮演着物理学上的无限大速度的角色。

很清楚,当从匀速运动的系统来看"静止"系统中的物体时,上面这些结论照旧成立。

再来,我们设想有一个经过检定的钟,当它在静止坐标系里相对静止时,它能够准确指出这个坐标系的时间 t,当它与运动坐标系相对静止时,它能够准确指出这个坐标系的时间 τ,把这样的一个钟放在 k 坐标系的原点,使它准确地指出时间 τ。当从静止坐标系看来时,这钟的快慢如何?

在有关这个钟位置的各个量 x、t 及 τ 之间,很明显我们有 $x=vt$ 及

$$\tau=\frac{1}{\sqrt{1-v^2/c^2}}(t-vx/c^2)。$$

可见,这钟所指示的时间(从静止系统看来)每秒慢了 $1-\sqrt{1-v^2/c^2}$ 秒或略去 4 次及更高次项——$\frac{1}{2}(v^2/c^2)$ 秒。

从这里就跟着来了下面新奇的推论:设在 K 系中的两个点 A 及 B 各有一个静止的钟,从静止坐标系看来,这两个钟是同步的;如果在 A 处的钟以速度 v 沿直线 AB 跑到 B,则当它到达 B 时,两个钟就不再同步了。从 A 到 B 的这个钟比另一个留在 B 的慢了 $\frac{1}{2}t\frac{v^2}{c^2}$(略去 4 次以上的高次项),这里 t 为从 A 到 B 这段旅途所需时间。

立刻就可以明白,这个结论对于从 A 到 B 沿任意折线运动的钟仍然成立,对于 A、B 两个点重合的情况也是正确的。

如果我们假设刚才所证明的对于任意折线的结论对于连续弯曲的线也

仍然成立,我们就得到这样的结果:如果 A 点两个同步的钟中的一个在一条闭合曲线上匀速运动一直到再回到 A,这个旅途延续 t 秒,则与静止地留在原地的钟相比,旅行的钟到达 A 时将慢 $\frac{1}{2}t\frac{v^2}{c^2}$ 秒,从而我们得出结论:在其他条件都相同的情况下,放在赤道的摆轮钟[①]会比放在极地的完全相同的钟走得慢些,慢一个非常小的量。

§5.速度的合成

在沿着 K 系的 X 轴以速度 v 运动的坐标系 k 中,有一个点按下面方程组运动

$$\xi=\omega_\xi\tau,\quad \eta=\omega_\eta\tau,\quad \zeta=0。$$

其中 ω_ξ 与 ω_η 表示常数。

求:这个点相对于 K 系的运动。让我们借助于§3所得的变换方程组,把 x、y、z、t 这些量引入这个点的运动方程,得

$$x=\frac{\omega_\xi+v}{1+v\omega_\xi/c^2}t,$$

$$y=\frac{\sqrt{1-v^2/c^2}}{1+v\omega_\xi/c^2}\omega_\eta t,$$

$$z=0。$$

可见,按照我们的理论,速度的平行四边形法则只在一级近似的情况下成立。我们令

$$V^2=\left(\frac{\mathrm{d}x}{\mathrm{d}t}\right)^2+\left(\frac{\mathrm{d}y}{\mathrm{d}t}\right)^2,$$

$$\omega^2=\omega_\xi{}^2+\omega_\eta{}^2,$$

$$\alpha=\tan^{-1}\omega_\eta/\omega_\xi〔注6〕,$$

这里的 α 可以看成是速度 v 与 ω 之间的夹角。经过一番简单运算后我们得

$$V=\frac{\sqrt{[(v^2+\omega^2+2v\omega\cos\alpha)-(v\omega\sin\alpha/c)^2]}}{1+v\omega\cos\alpha/c^2}〔注7〕。$$

值得指出,在合成速度的表达式中,v 与 ω 的地位是对称的。假如 ω 的

---

① 不是悬摆钟,从物理学角度来看,地球也属于这种钟的一部分。我们排除这种情况。——英译者注。

方向也沿着 X 轴的方向话,我们得

$$V = \frac{v+\omega}{1+v\omega/c^2}。$$

从这个方程式得出结论,两个小于 c 的速度,其合成速度永远小于 c。因为如果设 $v=c-k, \omega=c-\lambda, k$ 与 λ 为小于 c 的正数,则

$$V = c\,\frac{2c-k-\lambda}{2c-k-\lambda+k\lambda/c} < c。$$

还可得出,光速 c 与一个小于光速的速度的合成仍然为 c。因为在这种场合我们有

$$V = \frac{c+\omega}{1+\omega/c} = c。$$

在 v 与 ω 同方向的情况下,我们也可以按照§3的变换规律来组合两次的变换,从而得到合成速度 V 的公式。如果在§3所说的坐标系 K 与 k 之外,我们再引入另一个坐标系 k'。k' 相对于 k 平行移动着,它的原点在 X 轴的移动速度为 ω,我们可得到联系着量 $x、y、z、t$ 与 k' 中对应的量的方程组。这些方程组与§3所得到的方程组的唯一差别是把“v”改为下面的量

$$\frac{v+\omega}{1+v\omega/c^2},$$

从这里,我们看到平行变换——必定——形成一个群。

到这里为止,我们已导出了与我们两个原理相对应的运动学理论所需的规律,接下来我们着手来介绍它们在电动力学中的应用。

Ⅱ、电动力学部分

§6.真空中麦克斯韦-赫兹方程组的变换,关于在磁场中运动产生电动力的本质

设真空中麦克斯韦-赫兹方程组在 K 系中很好成立,所以我们有

$$\frac{1}{c}\frac{\partial X}{\partial t} = \frac{\partial N}{\partial y} - \frac{\partial M}{\partial z}, \quad \frac{1}{c}\frac{\partial L}{\partial t} = \frac{\partial Y}{\partial z} - \frac{\partial Z}{\partial y},$$

$$\frac{1}{c}\frac{\partial Y}{\partial t} = \frac{\partial L}{\partial z} - \frac{\partial N}{\partial x}, \quad \frac{1}{c}\frac{\partial M}{\partial t} = \frac{\partial Z}{\partial x} - \frac{\partial X}{\partial z},$$

$$\frac{1}{c}\frac{\partial Z}{\partial t}=\frac{\partial M}{\partial x}-\frac{\partial L}{\partial y}, \quad \frac{1}{c}\frac{\partial N}{\partial t}=\frac{\partial X}{\partial y}-\frac{\partial Y}{\partial x},$$

其中(X,Y,Z)表示电场(强度)矢量,而(L,M,N)表示磁场(强度)矢量〔注8〕。

如果我们把§3所得到的变换用到这里这些方程组,从§3所引入的以速度v运动的坐标系来考察电磁过程。我们就会得到下列方程组〔注9〕:

$$\frac{1}{c}\frac{\partial X}{\partial \tau}=\frac{\partial}{\partial \eta}\left[\beta\left(N-\frac{v}{c}Y\right)\right]-\frac{\partial}{\partial \zeta}\left[\beta\left(M+\frac{v}{c}Z\right)\right],$$

$$\frac{1}{c}\frac{\partial}{\partial \tau}\left[\beta\left(Y-\frac{v}{c}N\right)\right]=\frac{\partial L}{\partial \zeta}-\frac{\partial}{\partial \xi}\left[\beta\left(N-\frac{v}{c}Y\right)\right]\text{〔注 10〕},$$

$$\frac{1}{c}\frac{\partial}{\partial \tau}\left[\beta\left(Z+\frac{v}{c}M\right)\right]=\frac{\partial}{\partial \xi}\left[\beta\left(M+\frac{v}{c}Z\right)\right]-\frac{\partial L}{\partial \eta},$$

$$\frac{1}{c}\frac{\partial L}{\partial \tau}=\frac{\partial}{\partial \zeta}\left[\beta\left(Y-\frac{v}{c}N\right)\right]-\frac{\partial}{\partial \eta}\left[\beta\left(Z+\frac{v}{c}M\right)\right],$$

$$\frac{1}{c}\frac{\partial}{\partial \tau}\left[\beta\left(M+\frac{v}{c}Z\right)\right]=\frac{\partial}{\partial \xi}\left[\beta\left(Z+\frac{v}{c}M\right)\right]-\frac{\partial X}{\partial \zeta},$$

$$\frac{1}{c}\frac{\partial}{\partial \tau}\left[\beta\left(N-\frac{v}{c}Y\right)\right]=\frac{\partial X}{\partial \eta}-\frac{\partial}{\partial \xi}\left[\beta\left(Y-\frac{v}{c}N\right)\right],$$

其中

$$\beta=1/\sqrt{1-v^2/c^2}\ .$$

然而相对性原理这样要求:假如真空中的麦克斯韦-赫兹方程组在 K 系中很好成立,则它们在 k 系中也应同样很好成立。这就是说,在运动坐标系中分别由作用于电荷或磁荷的可探测效应来定义的电场矢量与磁场矢量——(X',Y',Z')与$(L'M'N')$——满足下面方程组:

$$\frac{1}{c}\frac{\partial X'}{\partial \tau}=\frac{\partial N'}{\partial \eta}-\frac{\partial M'}{\partial \zeta}, \quad \frac{1}{c}\frac{\partial L'}{\partial \tau}=\frac{\partial Y'}{\partial \zeta}-\frac{\partial Z'}{\partial \eta},$$

$$\frac{1}{c}\frac{\partial Y'}{\partial \tau}=\frac{\partial L'}{\partial \zeta}-\frac{\partial N'}{\partial \xi}, \quad \frac{1}{c}\frac{\partial M'}{\partial \tau}=\frac{\partial Z'}{\partial \xi}-\frac{\partial X'}{\partial \zeta},$$

$$\frac{1}{c}\frac{\partial Z'}{\partial \tau}=\frac{\partial M'}{\partial \xi}-\frac{\partial L'}{\partial \eta}, \quad \frac{1}{c}\frac{\partial N'}{\partial \tau}=\frac{\partial X'}{\partial \eta}-\frac{\partial Y'}{\partial \xi}\text{。}$$

很明显,所得到的这两组对于 k 系而言的方程组应当表示出同样的物理内容,因为这两组方程都是与 K 系的麦克斯韦-赫兹方程等效的。同时,由于这两组方程除了矢量的符号有所不同,是要互相一致的。因此,两个方程组中对应的地方出现的函数除了一个因子 $\psi(v)$，也应相互一致。因子 $\psi(v)$ 对于方程组中的所有函数应当都相同，它与 ξ、η、ζ 及 τ 无关，只与 v 有关。这样一来，我们就有下面关系式

$$X' = \psi(v)X,$$

$$Y' = \psi(v)\beta\left(Y - \frac{v}{c}N\right),$$

$$Z' = \psi(v)\beta\left(Z + \frac{v}{c}M\right),$$

$$L' = \psi(v)L,$$

$$M' = \psi(v)\beta\left(M + \frac{v}{c}Z\right),$$

$$N' = \psi(v)\beta\left(N - \frac{v}{c}Y\right).$$

让我们用两种方式来建立这些方程组的逆方程：一种是解出刚刚获得的这些方程组，另一种是把这些方程组用于由速度 $-v$ 来表征的逆变换（从 k 变到 K）。我们知道，这样得到的两套方程组应当是完全等同的，因此 $\psi(v)\psi(-v) = 1$。再根据对称的理由[①]，$\psi(v) = \psi(-v)$，所以

$$\psi(v) = 1,$$

因而我们的方程组就取如下形式

$$X' = X, \qquad\qquad L' = L,$$

$$Y' = \beta\left(Y - \frac{v}{c}N\right), \qquad M' = \beta\left(M + \frac{v}{c}Z\right),$$

$$Z' = \beta\left(Z + \frac{v}{c}M\right), \qquad N' = \beta\left(N - \frac{v}{c}Y\right).$$

我们用下面议论作为对这些方程的解释：设有一个点电荷在静止坐标系中来测量，其电量为"1"，即当这个电荷在静止坐标系中不动时，它作用在距它为 1 厘米处的同样电量的电荷的力为 1 达因。根据相对性原理，当从运动坐标系来测量时，这样的电荷其电量也为"1"。假如这样的电量在静止坐标系中不动，则按定义，矢量 (X, Y, Z) 就等于加在这电荷上的力。假如这样的电量相对于运动坐标系静止（至少在有关时间里静止），则从运动坐标系

---

① 比如，设 $X = Y = Z = L = M = 0$，而 $N \neq 0$，则从对称的理由，很明显，v 改变符号而不改变大小时，Y' 也应改变符号而不改变大小。——原注。

所测得的,作用在这电荷上面的力等于矢量(X',Y',Z')。这样一来,上面头 3 个方程就可以用下面两种方式来概括:

1.如果某一单位电荷在电磁场中运动,则除了电力,还有一个"电动力"作用在它上面。如果我们略去乘以 $\dfrac{v}{c}$ 的二次或更高次因子的项,这个电动力就等于这个电荷的速度与磁场强度的矢积除以光速 c(老的解释)。

2.如果一个单位电荷在电磁场中运动,作用在它上面的力等于出现在该电荷所在地的电场强度,这个电场可以把场变换到与电荷相对静止的坐标系而得到(新的解释)。

对于"磁动力"也有类似情况。我们看到,在我们所发展的这个理论中,电动力只不过扮演一个辅助概念的角色,这个概念的引入是由于电场和磁场的存在与坐标系的运动状态有关。

从而,问题很清楚,在引言中说到的,当我们考虑磁铁与导体相对运动产生电流时所面临的不对称性就不复存在了。此外,电动力学中电动力(单极电机)的"地位"问题也不复存在了。

§7.多普勒原理与光行差的理论

在坐标系 K 中,在离坐标原点很远的地方,设有一个电磁波源,这电磁波在包含原点在内的这部分空间可以足够近似地用下面方程组表示

$$X=X_\circ\sin\Phi, \qquad L=L_\circ\sin\Phi,$$
$$Y=Y_\circ\sin\Phi, \qquad M=M_\circ\sin\Phi,$$
$$Z=Z_\circ\sin\Phi, \qquad N=N_\circ\sin\Phi。$$

其中

$$\Phi=\omega\left[t-\frac{1}{c}(lx+my+nz)\right]。$$

这里$(X_\circ,Y_\circ,Z_\circ)$与$(L_\circ,M_\circ,N_\circ)$是确定波列振幅的矢量,而 l、m、n 为波法线的方向余弦。我们的目的是想知道,一个静止于坐标系 k 中的观测者会怎样来描述这样的波。

把§6中所得到的关于电场与磁场的变换方程以及§3得到的关于坐标和时间的变换方程用上来,我们就直接得到

$$X'=X_\circ\sin\Phi',$$
$$Y'=\beta\left(Y_\circ-\frac{v}{c}N_\circ\right)\sin\Phi',$$

$$Z' = \beta(Z_o + vM_o/c)\sin\Phi',$$
$$L' = L_o \sin\Phi',$$
$$M' = \beta(M_o + vZ_o/c)\sin\Phi',$$
$$N' = \beta(N_o - vY_o/c)\sin\Phi'.$$
$$\Phi' = \omega'\left[\tau - \frac{1}{c}(l'\xi + m'\eta + n'\zeta)\right],$$

其中

$$\omega' = \omega\beta(1 - lv/c),$$
$$l' = \frac{l - v/c}{1 - lv/c},$$
$$m' = \frac{m}{\beta(1 - lv/c)},$$
$$n' = \frac{n}{\beta(1 - lv/c)}。$$

从 ω' 的式子可以得到这样的结论:假如一个观测者相对于无限远的频率为 ν 的光源以速度 v 运动,设对于和光源相对静止的坐标系而言,"光源——观测者"的连线与观测者的速度所成的角度为 ϕ,则这观测者接收到的光,其频率 ν' 由下面方程给出

$$\nu' = \nu \frac{1 - \cos\phi \cdot \dfrac{v}{c}}{\sqrt{1 - v^2/c^2}}。$$

这就是对于任意速度的多普勒原理。当 $\phi = 0$ 时,这个方程成为下面简明的形式

$$\nu' = \nu\sqrt{\frac{1 - v/c}{1 + v/c}}。$$

我们看到,与习惯的旧观点不同,当 $v = -c$ 时,$\nu' = \infty$。

如果我们把在运动坐标系的波法线(光线方向)与 X 轴〔注 11〕的交角叫 ϕ',则 l' 的方程取下面形式

$$\cos\phi' = \frac{\cos\phi - \dfrac{v}{c}}{1 - \cos\phi \cdot \dfrac{v}{c}}。$$

这个方程表示最一般的光行差现象。如果 $\phi = \dfrac{\pi}{2}$,则这方程变为简单的

$$\cos\phi' = -\frac{v}{c}。$$

我们还应求出,从运动坐标系看来波的振幅多大。如果我们把静止坐标系或运动坐标系所测得的电场或磁场振幅分别叫 A 或 A',我们得

$$A'^2 = A^2 \frac{\left(1 - \cos\phi \cdot \dfrac{v}{c}\right)^2}{1 - \dfrac{v^2}{c^2}},$$

如果 $\phi = 0$,这个结果就简化为

$$A'^2 = A^2 \frac{1 - \dfrac{v}{c}}{1 + \dfrac{v}{c}}。$$

从这个结论看出,如果一个观测者以光速 c 趋近一个光源,则这光源在他看来发光强度变成无限大。

§8.光线能量的变换,作用于理想反射体的辐射,压强的理论

由于 $A^2/8\pi$ 等于光在单位体积中的能量,根据相对性原理,我们就得把 $A'^2/8\pi$ 看成是运动坐标系中光的能量。这样,A'^2/A^2 就将是对于某给定的光的集合体的"运动中测量的"与"静止测量的"能量之比值,假如这个光集合体从 K 和 k 所测得的体积皆相同的话;但情况不是这样。设 l、m、n 为静止坐标系中光法线的方向余弦,则对于下面这样一个以光速运动的球面的面元来说,就没有光能量通过:

$$(x - lct)^2 + (y - mct)^2 + (z - nct)^2 = R^2。$$

因而我们可以说,这个曲面永远包含着同样的光的集合体。我们来推求,从坐标系 k 看来,这个曲面所包围的能量为多少,这能量也就是这个光集合体相对于 k 系的能量。

这个球面——从运动坐标系看来——是一个椭球面,在时间 $\tau = 0$ 时,这个曲面的方程为

$$(\beta\xi - l\beta\xi v/c)^2 + (\eta - m\beta\xi v/c)^2 + (\zeta - n\beta\xi v/c)^2 = R^2。$$

设 S 为球的体积,而 S' 为椭球的体积,通过简单计算有

$$\frac{S'}{S} = \frac{\sqrt{1 - v^2/c^2}}{1 - \cos\phi \cdot \dfrac{v}{c}}。$$

据此,假如我们把从静止坐标系所测得的此曲面所包围的光能量记为 E,而从运动坐标系所测得的记为 E',我们得

$$\frac{E'}{E} = \frac{A'^2 S'}{A^2 S} = \frac{1 - \cos\phi \cdot \dfrac{v}{c}}{\sqrt{1 - v^2/c^2}},$$

这个方程在 $\phi = 0$ 时简化为

$$\frac{E'}{E} = \sqrt{\frac{1 - v/c}{1 + v/c}} \text{。}$$

很值得注意,在这个光的集合体中,能量与频率按相同的规律随观测者的运动状态而变换。

现在设,坐标面 $\xi = 0$ 为一个理想的反射面,让 §7 所考虑的平面波在这个面上发生反射,我们来探讨这个面所经受的压强以及反射后光的方向、频率及光强。

设入射光由量 A、$\cos\phi$、ν 规定了下来(以 K 系为参考),从 k 系看来,相对应的量为

$$A' = A \frac{1 - \cos\phi \cdot \dfrac{v}{c}}{\sqrt{1 - v^2/c^2}},$$

$$\cos\phi' = \frac{\cos\phi - \dfrac{v}{c}}{1 - \cos\phi \cdot \dfrac{v}{c}},$$

$$\nu' = \nu \frac{1 - \cos\phi \cdot \dfrac{v}{c}}{\sqrt{1 - v^2/c^2}} \text{。}$$

对于反射光,以 k 系中的反射过程作为参考,我们有

$$A'' = A',$$
$$\cos\phi'' = -\cos\phi',$$
$$\nu'' = \nu' \text{。}$$

最后,变换到静止坐标系 K,我们得到反射光为

$$A''' = A'' \frac{1 + \cos\phi'' \cdot \dfrac{v}{c}}{\sqrt{1 - v^2/c^2}}$$

$$= A\,\frac{1-2\cos\phi\cdot\dfrac{v}{c}+v^2/c^2}{1-v^2/c^2},$$

$$\cos\phi''' = \frac{\cos\phi''+v/c}{1+\cos\phi''\cdot\dfrac{v}{c}}$$

$$= \frac{(1+v^2/c^2)\cos\phi-2v/c}{1-2\cos\phi\cdot\dfrac{v}{c}+v^2/c^2},$$

$$\nu''' = \nu''\frac{1+\cos\phi''\cdot v/c}{\sqrt{1-v^2/c^2}}$$

$$= \nu\,\frac{1-2\cos\phi\cdot\dfrac{v}{c}+v^2/c^2}{1-v^2/c^2}\,。$$

单位时间里射在这个镜面上单位面积的能量(从静止坐标系测量)很明显为 $A^2(c\cos\phi-v)/8\pi$。从这个面上单位面积、单位时间里离开的能量为 $A'''^2(-c\cos\phi'''+v)/8\pi$。根据能量守恒原理,这两个表示式之差就是光压强在单位时间里所做的功。如果我们把这个功记为 PV,P 为光压强,我们得

$$P = 2\,\frac{A^2}{8\pi}\,\frac{(\cos\phi-v/c)^2}{1-v^2/c^2}\,。$$

在一级近似条件下我们得到与实验也与其他理论一致的结果

$$P = 2\,\frac{A^2}{8\pi}\cos^2\phi\,。$$

所有关于运动物体的光学问题都可用这里的这种方法来解答。根本的问题是,运动物体对光的电场与磁场的影响可以变换到一个与这物体相对静止的坐标系来考虑。在这个意义上说,所有运动物体的光学问题都可以化成一系列的关于静止物体的光学问题来解决。

§9.考虑到运流电流的麦克斯韦-赫兹方程组的变换

我们从下面这些方程组说起:

$$\frac{1}{c}\left(\frac{\partial X}{\partial t}+u_x\rho\right)=\frac{\partial N}{\partial y}-\frac{\partial M}{\partial z},$$

$$\frac{1}{c}\left(\frac{\partial Y}{\partial t}+u_y\rho\right)=\frac{\partial L}{\partial z}-\frac{\partial N}{\partial x},$$

$$\frac{1}{c}\left(\frac{\partial Z}{\partial t}+u_z\rho\right)=\frac{\partial M}{\partial x}-\frac{\partial L}{\partial y},$$

$$\frac{1}{c}\frac{\partial L}{\partial t}=\frac{\partial Y}{\partial z}-\frac{\partial Z}{\partial y},$$

$$\frac{1}{c}\frac{\partial M}{\partial t}=\frac{\partial Z}{\partial x}-\frac{\partial X}{\partial z},$$

$$\frac{1}{c}\frac{\partial N}{\partial t}=\frac{\partial X}{\partial y}-\frac{\partial Y}{\partial x},$$

其中

$$\rho=\frac{\partial X}{\partial x}+\frac{\partial Y}{\partial y}+\frac{\partial Z}{\partial z}.$$

它表示了电荷密度的 4π 倍,而 (u_x,u_y,u_z) 为电荷的速度矢量。假如我们把电荷想象成一成不变地与小刚体(离子、电子)联系在一起,则这些方程就是运动物体的洛伦兹电动力学与光学的电磁方面的基础。

设这些方程式在 K 系中是成立时,利用 §3 和 §6 所给出的变换方程式把它们变换到 k 系,我们得到下面方程组:

$$\frac{1}{c}\left(\frac{\partial X'}{\partial \tau}+u_\xi\rho'\right)=\frac{\partial N'}{\partial \eta}-\frac{\partial M'}{\partial \zeta},$$

$$\frac{1}{c}\left(\frac{\partial Y'}{\partial \tau}+u_\eta\rho'\right)=\frac{\partial L'}{\partial \zeta}-\frac{\partial N'}{\partial \xi},$$

$$\frac{1}{c}\left(\frac{\partial Z'}{\partial \tau}+u_\zeta\rho'\right)=\frac{\partial M'}{\partial \xi}-\frac{\partial L'}{\partial \eta},$$

$$\frac{1}{c}\frac{\partial L'}{\partial \tau}=\frac{\partial Y'}{\partial \zeta}-\frac{\partial Z'}{\partial \eta},$$

$$\frac{1}{c}\frac{\partial M'}{\partial \tau}=\frac{\partial Z'}{\partial \xi}-\frac{\partial X'}{\partial \zeta},$$

$$\frac{1}{c}\frac{\partial N'}{\partial \tau}=\frac{\partial X'}{\partial \eta}-\frac{\partial Y'}{\partial \xi},$$

其中

$$u_\xi=\frac{u_x-v}{1-u_xv/c},$$

$$u_\eta = \frac{u_y}{\beta(1-u_x v/c)},$$

$$u_\zeta = \frac{u_z}{\beta(1-u_x v/c^2)},$$

而

$$\rho' = \frac{\partial X'}{\partial \xi} + \frac{\partial Y'}{\partial \eta} + \frac{\partial Z'}{\partial \zeta}$$

$$= \beta(1-u_x v/c^2)\rho。$$

由于——正如(§5)速度相加定理所得的那样——矢量(u_ξ, u_η, u_ζ)正是k系所测得的电荷速度,我们这就证明了以我们的运动学原理为依据,洛伦兹关于运动物体的电动力学理论的电动力学基础是符合相对性原理的。

此外,我要扼要地指出,从这些已得到的方程式很易导出这样的定律:如果一个带电体在空间的任何地方运动,从一个与这物体一起运动的坐标系来考察时,这物体的电量保持不变,则从"静止"坐标系来考察,它的电量也不变。

§10. 缓慢加速的电子的动力学

设有一带电粒子(往后叫它为"电子")在电磁场中运动,我们假设它的运动规律为:

设电子在某个给定时刻是静止的,这电子在紧接着的下一瞬间按下面方程组运动:

$$m\frac{d^2 x}{dt^2} = \varepsilon X,$$

$$m\frac{d^2 y}{dt^2} = \varepsilon Y,$$

$$m\frac{d^2 z}{dt^2} = \varepsilon Z,$$

其中x、y、z为电子的坐标,m为电子速度很小时的质量。〔注12〕

再设某一给定时刻,电子的速度为v,我们来探讨,电子在紧接着的下一时刻的运动规律。

在不影响我们所讨论问题的普遍性的条件下,我们可以而且将假设在我们开始注意电子的瞬间,电子位于K坐标系的原点且沿X轴以速度v运动,这样就很明显,在给定时刻$(t=0)$,电子相对于沿X轴以速度v平移的坐标系是静止的。

从上面的假设并结合相对性原理,很清楚,在紧接着的时刻(对于小的 t 值),从 k 坐标系看来,电子按下面方程组运动:

$$m = \frac{\mathrm{d}^2 \xi}{\mathrm{d}\tau^2} = \varepsilon X',$$

$$m = \frac{\mathrm{d}^2 \eta}{\mathrm{d}\tau^2} = \varepsilon Y',$$

$$m = \frac{\mathrm{d}^2 \zeta}{\mathrm{d}\tau^2} = \varepsilon Z'.$$

在这些式子中,符号 ξ、η、ζ、X'、Y'、Z' 皆以 k 系为参考。假设我们再进一步让 $t = x = y = z = 0$,同样有 $\tau = \xi = \eta = \zeta = 0$,则 §3 及 §6 的变换方程组成立,从而我们有

$$\xi = \beta(x - vt), \quad \eta = y, \quad \zeta = z, \quad \tau = \beta(t - vx/c^2),$$
$$X' = X, \quad Y' = \beta(Y - vN/c),$$
$$Z' = \beta(Z + vM/c)_{\circ}$$

借助于这些方程式,我们可把上面 k 系中的运动方程变换到 K 系,并得到

$$\begin{cases} \dfrac{\mathrm{d}^2 x}{\mathrm{d}t^2} = \dfrac{c}{m\beta^2} X, \\[2mm] \dfrac{\mathrm{d}^2 y}{\mathrm{d}t^2} = \dfrac{\varepsilon}{m\beta}\left(Y - \dfrac{v}{c}N\right), \\[2mm] \dfrac{\mathrm{d}^2 z}{\mathrm{d}t^2} = \dfrac{\varepsilon}{m\beta}\left(Z + \dfrac{v}{c}M\right)_{\circ} \end{cases} \qquad (\mathrm{A})$$

按通常的观点,我们来考察运动的电子的所谓"纵向"与"横向"质量,我们把(A)式写成如下形式:

$$m\beta^3 \frac{\mathrm{d}^2 x}{\mathrm{d}t^2} = \varepsilon X = \varepsilon X',$$

$$m\beta^2 \frac{\mathrm{d}^2 y}{\mathrm{d}t^2} = \varepsilon\beta\left(Y - \frac{v}{c}N\right) = \varepsilon Y',$$

$$m\beta^2 \frac{\mathrm{d}^2 z}{\mathrm{d}t^2} = \varepsilon\beta\left(Z + \frac{v}{c}M\right) = \varepsilon Z',$$

并且首先注意到 $\varepsilon X'$、$\varepsilon Y'$、$\varepsilon Z'$ 为加于电子的可探测的力的分量〔注 13〕,这力是从一个在测量瞬间与电子一起以相同速度运动的坐标系测得的(这个

力可以这样测量,如用一个静止在刚刚说到的这个坐标系中的弹簧秤来测量)。如果我们简单地称这个力为"作用于电子的力",[①]并保留这样的方程——质量×加速度＝力——且从静止坐标系 K 来测量加速度,则我们从上面方程可导出

$$纵向质量＝\frac{m}{(\sqrt{1-v^2/c^2})^3},$$

$$横向质量＝\frac{m}{(1-v^2/c^2)}。$$

采用不同的关于力与加速度的定义,我们很自然地会得到关于质量的其他数值。这告诉我们,在比较关于电子运动的不同理论时,要非常谨慎小心。

我们要指出,关于质量的这些结果对于可以直接称量的质点也是成立的。因为随便一个可以称量的质点,都可以把它做成电子(按我们本节对这词的理解),这只要在它上面加上不管多少的电荷就可以了。

我们现在来确定电子的功能。如果有一个电子在静电场 X 的作用下,从坐标系 K 中的原点由静止开始沿 X 轴运动,很清楚,从静电场中取出的能量其数值为 $\int_\varepsilon X\,\mathrm{d}x$,当电子加速度很小,因而没有以辐射形式消耗能量时,从静电场取得的能量就应当等于电子动能 W。记得我们所考虑的整个运动过程中都用上(A)的第一式,所以我们得

$$W = \int_\varepsilon X\,\mathrm{d}x = m\int_o^v \beta^3 v\,\mathrm{d}v$$
$$= mc^2(1/\sqrt{1-v^2/c^2}-1)。$$

可见,当 $v=c$ 时,W 变成无限大,不可能存在——就如我们前面已有的结论那样——超光速的速度。

这里这个动能的表示式,只要注意到上面已说过的理由就可以知道,它同样适用于一般可直接称量的质量。

下面我们列举几个可以从方程组(A)推得的关于电子运动的一些有可能用实验来验证的性质。

---

①　M. Planck 首先指出,这里所给出的关于力的定义是不方便的,更好的办法是让动量与能量定律采取最简单的形式来定义力。——英译者注。

1.从方程组(A)的第二个方程可知,当电场 Y 与磁场 N 满足 $Y = N \dfrac{v}{c}$ 时,它们作用在以速度 v 运动的电子偏转力就一样强。因而我们看到,我们的理论提供了测量电子速度的可能性。对于任意速度,可以从使电子偏折的磁场强度 A_m 与电场强度 A_e 之比按下面式子知道 v:

$$\frac{A_e}{A_m} = \frac{v}{c} \text{〔注 13〕}。$$

这个关系式可以用实验来检验,因为电子的速度可以直接测量,如利用快速振荡的电场与磁场来测量。

2.从电子动能的定义可知,电子跨过电势差 P 所获得的速度 v 与 P 必然存在着如下关系:

$$P = \int X \mathrm{d}x = \frac{m}{\varepsilon} c^2 \left(\frac{1}{\sqrt{1 - v^2/c^2}} - 1 \right)。$$

3.我们来计算当存在磁场 N(作为唯一的产生偏转力的因素)因而产生一个垂直于电子速度的偏转力的情况下,电子运动路径的曲率半径。从方程组(A)的第二式,我们得

$$-\frac{\mathrm{d}^2 y}{\mathrm{d}t^2} = \frac{v^2}{R} = \frac{\varepsilon}{m} \frac{v}{c} N \sqrt{1 - \frac{v^2}{c^2}}$$

或

$$R = \frac{mc^2}{\varepsilon} \cdot \frac{v/c}{\sqrt{1 - v^2/c^2}} \cdot \frac{1}{N}。$$

这些关系式完满地表达了按照这里所发展的理论,电子运动所该遵循的规律。

在结束的时候,我希望说,在我为这里这些问题进行工作的时候,我得到了我的朋友兼同事 M. Besso 的忠实的帮助,感谢他给了我好些很有价值的建议。

中译者注:

1.按现在通译法,*electromotive force* 本该译为电动势,但统观全文及当时的历史条件,我们认为它指的是诸如 $\dfrac{1}{c} \underline{v} \times \underline{B}$ 这样的量,因此照字面直译为电动力似更合适。

2.这一句英译者可能把德文 *nun* 误为 *nur*,因此口气与作者原意有出

入。这里我们据德文原意翻译。如按英译句子转译,这句将是:我们还没有定义 A 与 B 的共同"时间",因为除非我们通过定义确立光从 A 到 B 所需"时间"与从 B 到 A 所需"时间"相等,我们就不能定义共同时间。

3.据后面§4的结论可知,这样的两个钟 A、B,其结构必然与静止坐标系中的钟有所不同。就是说,假如让这两个钟在静止坐标系中静止下来的话,它们必然要比静止坐标系中的钟走得快些。作者本节的标题是"长度与时间的相对性",但事实上只谈到同时的相对性。由于在运动坐标系中引入了与"标准钟"结构稍有不同的,即同样静止时比标准钟走得快些的钟 A、B,这对论证同时的相对性有方便之处,但对论证长度与时间间隔的相对性,就不方便了,因此,作者事实上是在§4才论证长度与时间的相对性。

4.原文为 k。

5.原文为 K。

6.原文为 $\alpha = \tan^{-1}\omega_g/\omega_x$。

7.原文分子开方号下最后一项为 $-(v\omega\sin\alpha/c^2)^2$ 而不是这里的 $-(v\omega\sin\alpha/c)^2$。

8.按原文直译分别为电力与磁力,但据文中意思,按现在通用的术语,我们分别译为电场强度与磁场强度,下文好些地方都如此。

9.在得到这些方程组时,作者还依据下面两个方程:

$$\frac{\partial X}{\partial x}+\frac{\partial Y}{\partial y}+\frac{\partial Z}{\partial z}=0, \quad \frac{\partial L}{\partial x}+\frac{\partial M}{\partial y}+\frac{\partial N}{\partial z}=0,$$

通过变换自变量而得出的两个关系式:

$$\beta\frac{\partial X}{\partial \xi}-\frac{v}{c^2}\beta\frac{\partial X}{\partial \tau}+\frac{\partial Y}{\partial \eta}+\frac{\partial Z}{\partial \zeta}=0,$$

$$\beta\frac{\partial L}{\partial \xi}-\frac{v}{c^2}\beta\frac{\partial L}{\partial \tau}+\frac{\partial M}{\partial \eta}+\frac{\partial N}{\partial \zeta}=0。$$

10.原文为 $\frac{1}{c}\frac{\partial}{\partial \tau}\left[\beta\left(Y-\frac{v}{c}N\right)\right]$

$$=\frac{\partial L}{\partial \xi}-\frac{\partial}{\partial \zeta}\left[\beta\left(N-\frac{v}{c}Y\right)\right]。$$

11.原文直译为"光源——观测者"连线,我们认为应改为 X 轴才有道理。

12.这里最好还添上一句"ε 为电子电量"。

13."*Ponderomotive force*"一般书上译为"有质动力"这可能太专有化,

我们译为"可探测的力"可能有助于初学者理解其含意。

14.原文为 $A_m/A_e = v/c$，我们认为，这里指的是当电场、磁场及电子速度三者互相垂直但电子速度不受到偏折时的电场与磁场强度比值，这比值应为 $A_e/A_m = v/c$。

B.物体的惯性与其所拥有的能量有关吗?

前面文章的结论导致了一个很有趣的结果，这就是这里所要推导的内容：

在那篇文章中，我基于真空中的麦克斯韦-赫兹方程，以及空间电磁能量的麦克斯韦表示式，并加了这样的原理：——

物理系统状态的变化规律与描述这些状态变化的彼此间匀速平移着的坐标系的更动无关（相对性原理）。

基于这些原理[①]，我在导出其他结论的同时，导出了下面结论（§8）：

设有一个平面光波构成的系统，对于坐标系 (x, y, z) 而言，具有能量 l，设这光线（波法线）的方向与坐标系的 x 轴的交角为 ϕ。假如我们引入一个相对于坐标系 (x, y, z) 匀速平移运动着的新坐标系 (ξ, η, ζ)，这新坐标系的原点沿 x 轴以速度 v 运动，则这些光——在坐标系 (ξ, η, ζ) 中测量——拥有能量

$$l^* = l \frac{1 - \frac{v}{c}\cos\phi}{\sqrt{1 - \frac{v^2}{c^2}}},$$

其中 c 表示光速，下面我们将用到这个结果。

设在 (x, y, z) 坐标系中有一个静止的物体，并设其能量——对于 (x, y, z) 系——为 E_0。设这物体相对于上面所说的以速度 v 运动的坐标系 (ξ, η, ζ) 而言，能量为 H_0。

让这个物体沿着与 x 轴成 ϕ 角的方向发出能量为 $\frac{1}{2}L$ 的光波，并且同

---

① 光速不变原理当然地被包含在麦克斯韦方程组之中。——原注。

时向相反方向发出同样数量的光,这里能量是从(x,y,z)系计量的。在这个时候,物体相对于(x,y,z)系保持静止。能量原理必定能用于这个过程,并且(根据相对性原理)对于两个坐标系皆用得上。如果我们叫这物体发出光后相对于(x,y,z)系或(ξ,η,ζ)而言,其能量分别为 E_1 或 H_1,则根据上面所给出的关系我们得

$$E_0 = E_1 + \frac{1}{2}L + \frac{1}{2}L,$$

$$H_0 = H_1 + \frac{1}{2}L\,\frac{1 - \dfrac{v}{c}\cos\phi}{\sqrt{1 - \dfrac{v^2}{c^2}}} + \frac{1}{2}L\,\frac{1 + \dfrac{v}{c}\cos\phi}{\sqrt{1 - \dfrac{v^2}{c^2}}}$$

$$= H_1 + \frac{L}{\sqrt{1 + \dfrac{v^2}{c^2}}}\,\text{。}$$

从这些方程相减得

$$H_0 - E_0 - (H_1 - E_1) = L\left(\frac{1}{\sqrt{1 - \dfrac{v^2}{c^2}}} - 1\right),$$

这个方程中的两个 H 与 E 之差有很简单的物理意义。H 与 E 为同一个物体相对于两个相互运动着的坐标系的能量,这个物体相对于其中之一[(x,y,z)系]是静止的。因而很明显,$H-E$ 与这个物体对于另一个坐标系(ξ,η,ζ)而言的动能 K 差别仅仅是一个常数 C,这 C 由附加于能量 H 与 E 的任意常数决定,从而我们可以写成

$$H_0 - E_0 = K_0 + C,$$
$$H_1 - E_1 = K_1 + C,$$

因为在发射光的过程中,附加常数 C 是不变的。因此,我们有

$$K_0 - K_1 = L\left(\frac{1}{\sqrt{1 - \dfrac{v^2}{c^2}}} - 1\right)\text{。}$$

这个物体由于发射了光,相对于(ξ,η,ζ)系的动能减少了,而这个减少量与物体的性质无关。此外,$K_0 - K_1$ 与电子的动能(§10)一样,与速度有关。

略去 4 次以上的高次项我们可以写出

$$K_0 - K_1 = \frac{1}{2}\frac{L}{c^2}v^2 。$$

从这个方程式,直接得出结论:

假如一个物体以辐射方式放出能量 L,其质量减少 L/c^2。从这个物体取出能量与这个物体的能量变为辐射实际上是一回事,所以我们得到了更一般的结论,即

一个物体的质量是它所含的能量的量度;如果能量改变 L,则质量跟着改变 $L/9 \times 10^{20}$,能量用尔格表示而质量用克表示。

物体拥有的能量有大幅度的改变并不是不可能的(如镭盐),这个理论是可以得到检验的。

假如这个理论与事实一致,则辐射就在辐射体与吸收体之间传输着惯性。

附表:

希腊字母

希腊字母		英文注音	中文注音	希腊字母		英文注音	中文注音
A	α	alpha	阿耳法	N	ν	na	牛
B	β	beta	贝塔	Ξ	ξ	xi	克西
Γ	γ	gamma	伽马	O	o	omicron	奥密克戎
Δ	δ	delta	德耳塔	Π	π	pi	派
E	ϵ	epsilon	艾普西隆	P	ρ	rho	洛
Z	ζ	zeta	仄塔	Σ	σ	sigma	西格马
H	η	eta	艾塔	T	τ	tau	陶
Θ	θ	theta	西他	Υ	υ	upsilon	宇普西隆
I	ι	iota	约塔	Φ	φ	phi	斐
K	κ	kappa	卡帕	X	χ	chi	喜
Λ	λ	lambda	兰姆塔	Ψ	ψ	psi	普西
M	μ	mu	缪	Ω	ω	omega	奥美伽